셀카에 빠진 아이, 왜 위험한가?

공감력이 아이의 미래를 좌우한다

셀카에 빠진 아이, 왜 위험한가?

미셸 보바 | 안진희 옮김

보물창고

왜 공감력 뛰어난 아이들이
'나'만 아는 사회에서 성공하는가?

10여 년 전, 공감력을 주제로 한 강연을 마쳤을 때였다. 한 아버지가 다가와 고마움을 표했다. 그는 내게 아들의 사진을 건네면서, 아들이 집단 따돌림을 견디다 못해 목을 매어 자살했다고 말했다. 그아버지는 내게 부탁했다. 공감력의 중요성을 널리 알리는 일을 멈추지 말아 달라고.

"만약 누군가가 그 아이들에게 공감하는 법을 알려 주었더라면, 제아들은 지금쯤 살아 있을지도 모릅니다."

이 책은 그 아버지와, 또래의 잔인한 괴롭힘을 견디고 있는 모든아이들에게 약속을 지키기 위함이다.

—미셸 보바

차례

일러두기

＊**셀피**(selfie): 원서에서 '스마트폰 등으로 찍은 자신의 사진'이라는 의미로 사용된 단어는 '셀피(selfie)'이지만, 우리나라에서 더 보편적으로 사용되는 '셀카'로 번역하여 표기했습니다.

셀카증후군이 지금, 아이들의 정신건강을 위협하고 있다

−공감력에 숨겨진 힘, 공감력이 아이에게 중요한 이유

잠시 서로의 눈을 들여다보는 것보다 더 큰 기적이 있을까?
−헨리 데이비드 소로

1990년대 초반 저명한 저널리스트 존 월러크는 미국의 메인주 오티스필드에서 '평화의 씨앗'이라는 이름의 국제 여름 캠프를 열었다. 존 월러크는 중동 지역의 갈등(*중동은 '세계의 화약고'라고도 불릴 만큼 그 분쟁의 역사나 정도가 깊고 크다. 이 지역에서는 20세기 후반에만 여섯 차례 이상의 큰 국제 전쟁이 일어났다. 우리에게 잘 알려진 걸프 전쟁과 이라크 전쟁도 이에 속한다 −이하 *표시 옮긴이 주)에 대해 오랜 시간 보도해 오다가 폭력의 악순환을 끊을 수 있는 가장 큰 희망은 전쟁으로 피폐해진 지역들 —그리고 전 세계의 다양한 지역들 — 에 사는 아이들에게 갈등에 대처하는 기술을 가르쳐 주는 것임을 깨달았다. 월러크는 아이들에게 협동과 대화, 화해와 같은 기술을 가르치면 국제회의의 논지가 더 나은 방향으로 바뀔 것이라고 생각했다.

지난 30년 동안 매년 여름이 되면 이스라엘, 팔레스타인, 이집트, 요르단, 파키스탄, 아프가니스탄, 인도, 영국, 미국 등 세계 각국에서 수십 명의 아이들이 캠프에 참여하기 위해 몰려들었다. 주최자들은 이 아이들이 미래의 평화주의자이자 혁신가가 되어 집으로 돌아가기를 바랐다. 많은 사람들이 월러크의 아이디어가 이상주의적이거나 불가능하다고 여겼다. 그러나 3주간의 활동을 마칠 때가 되자 서로를 미워하고 두려워하던 아이들은 진정한 친구로 거듭났다. 시카고 대학교 연구팀은 캠프에 참여한 아이들의 태도를 캠프 직전과 직후에 조사하고, 아이들이 집에 돌아가고 9개월이 지난 뒤 다시 조사했다. 연구팀은 이스라엘과 팔레스타인의 10대 아이들 상당수가 더 우호적인 자세로, 서로 더 가깝다고 느끼며, 서로를 신뢰하게 되었다는 사실을 발견했다. 캠프를 떠나는 순간뿐 아니라 1년 가까이의 시간이 흐른 후까지도 말이다. 게다가 많은 아이들이 평화를 위해 헌신적으로 노력하고 있었다. 월러크의 꿈은 이루어졌다. 그리고 그 성공의 실마리는 바로, 공감력이었다.

나는 메인주에 있는 캠프를 방문하여 여러 대표단의 10대들을 인터뷰하고, 상담교사들과 이야기를 나누고, 주위 환경을 면밀히 관찰했다. 눈에 보이는 모든 것 —분위기, 다양한 활동, 어른과의 상호작용, 진행자가 가르치는 기술들— 이 사람 사이의 유대감을 돈독히 하고 공감력을 키워 주고 있었다.

"우리는 벽이 허물어지는 환경을 만듭니다. 아이들이 자신을 아낌없이 지지해 주는 사람들에게 둘러싸인 채로 뭔가 새로운 것을 시도해 보고 싶어 하는 그런 환경 말입니다." 캠프 사무총장 레슬리 르윈이 말했다. "공감력은 '평화의 씨앗'의 토대입니다."

이곳에서 아이들은 함께 밥을 먹고 놀고 대화하며 함께 잠이 든다. 팀을 이루어 해결해야 하는 문제들을 위해 서로에게 의지하고 머리를 맞대며 창의적인 해결책을 찾는다. 또한 그들은 진행자가 이끄는 소규모의 대화 수업을 들으면서 상대방의 생각과 감정을 배려하는 법을 배운다. 서로 마주보고 앉아 상대방에 대한 깊은 생각을 나누면, 이내 편견과 두려움은 사라진다. 아이들은 상대방의 관점으로 세상을 보고 느끼기 시작하여 마침내 자신이 상대방인 것처럼 느끼고, 자신이 상대방의 삶에 걸어 들어갈 수 있는 것처럼 느끼며, 상대방이 어떻게 느끼고 왜 그렇게 느끼는지 알게 된다. 간단히 말해 아이들은 '공감'한다. 내가 아닌 다른 사람과 정신과 마음이 연결되도록 도와주는 능력인 공감력은 우리의 삶을 완전히 바꿔 놓기도 한다. 바로 이것이 호숫가 캠프에서 10대 아이들에게 일어난 일이다. 아이들은 앞으로의 삶에서 마주할 생각, 감정, 행동의 방향을 바로잡을 공감력을 이곳에서 얻은 것이다.

"여기에 오면 마음이 바뀌지 않을 수 없어요." 소말리아에서 온 한 난민 아이가 말했다. "다른 사람들도 나와 같은 걱정과 두려움을 안고 있다는 걸 알고 나면 그들에게 공감하기 시작하고, 내면이 송두리째 바뀌죠. 여기 오기 전의 모습으로는 결코 돌아갈 수 없어요."

"어렸을 때부터 굳게 가져온 믿음이 있었기에 반대쪽의 의견을 쉽게 받아들이지 못했어요." 팔레스타인에서 온 한 아이가 말했다. "그렇지만 이제 알아요. 이스라엘 사람들 중에도 평화를 바라는 사람들이 있다는 것을요. 결국 우리 모두 똑같은 인간이잖아요."

그 순간은 내가 답을 찾기 위해 세상을 여행하고 연구했던 지난 30년 세월에 대한 보상이었다. 공감력은 학습될 수 있다. 공감력은 배우고, 연습하고, 익힐 수 있는 습관들로 이루어져 있다. 그리고 공감력이 아이들에게 일깨우는 단 하나의 진실은 다음과 같다.

'우리는 모두 같은 두려움과 걱정을 공유하는 인간이다. 그렇기 때문에 우리는 모두 존엄하게 대우받을 자격이 있다.'

"아이들이 성공하고 행복하기 위해서 진정 필요한 것은 무엇인가요?"

수많은 부모들이 이렇게 묻는다. 그리고 내 대답을 들으면 깜짝 놀란다. 내 대답은 '공감력'이다. 우리가 다른 사람들과 교감할 수 있도록 하는 이 능력은 흔히 '감수성이 예민하다'고 생각하기 쉽지만 최신 연구에 따르면 공감력은 단순히 '성격이 물렁한 것'과는 다르고, 아이의 성공과 행복을 예측하는 일에 있어서도 놀라운 역할을 한다는 사실이 밝혀졌다. 문제는 일반 대중뿐 아니라 부모들까지도 공감력을 과소평가하고 있다는 것이다. 그렇기 때문에 자녀 양육에 있어서 공감력을 길러 주는 일은 큰 비중을 차지하지 않고 있다.

『셀카에 빠진 아이, 왜 위험한가?』에서는 우리 아이들의 삶을 완전히 바꿔 놓을, 매우 단순하면서도 가히 '혁명'이라고 부를 만한 아이디어를 소개한다. 공감력은 ―단순히 아이의 발달 과정에 '보탬이 될 만한' 좋은 덕목에 불과하다기보다는― 아이들의 현재와 미래의 성공, 행복, 안녕에 필수적인 능력이다. 또한 많은 연구자들이 '공감력은 타고난 특성이 아니'라고 이야기한다. 아이들의 두뇌회로가 다른 사람에게 신경 쓰는 경향이 강하게끔 이루어져 있는 것은 사실이지만, 태어날 때부터 공감력이 뛰어난 것은 아니라는 것이다. 2 더하기 2가 4라는 사실이나 미국의 대통령이 누구인지 이미 알고 있는 채로 태어나지 않는 것과 마찬가지이다. 그렇지만 공감력은 자전거 타기나 외국어 배우기와 마찬가지로 자라면서 익히고 향상시킬 수 있는 자질이다. 정확하게 말하면 부모나 교육자와 같이 아이의 발달과정에 함께하는 사람들이 반드시 가르쳐야 하는 자질이라고 할 수 있다. 이 책에서는 공감력을 구성하는 9가지 필수 역량을 소개한다.

그렇다면 아이들은 왜 공감력을 키워야 하는 걸까? 먼저, 공감력은 건강, 부, 행복, 대인관계, 역경을 이겨내는 능력 등에 지대한 영향을 미친다. 또한 친절함, 사회 친화적 행동, 도덕적 용기를 고취시키고 집단 따돌림, 공격성,

편견, 인종차별주의를 예방하는 데 효과적인 해결책이 될 수 있다. 게다가 공감력은 아이의 시험 성적, 비판적 사고 능력을 가늠할 수 있는 중요한 예측 변수이다. 이와 같은 이유 때문에 〈포브스Forbes〉지는 기업들에게 공감력과 관점수용력을 기업운영원칙으로 삼으라고 강력히 권고했고, 〈하버드 비즈니스 리뷰Harvard Business Review〉는 공감력이 '리더십을 성공적으로 훌륭하게 수행하기 위한 필수적 자질'이라고 말하기도 하였다. 또한 미국의과대학협회는 공감력을 '필수 학습 목표'로 지정했다.

오늘날 공감력은 성공의 동의어이다. 공감력은 아이들에게 의미 있고 생산적이며 행복한 삶을 누리게 할 뿐만 아니라, 복잡한 세상을 헤쳐 나가는 데 큰 힘이 되어 줄 것이다.

사회를 문명화시키는 모든 것의 중심에는 공감력이 있다. 무엇보다 공감력은 아이들을 더 나은 사람으로 만든다. 지난 몇십 년 동안, 아이들의 공감력은 급격하게 곤두박질친 반면 아이들의 '자기몰입' 성향은 빠르게 발달해 왔다. 지금 우리 아이들의 인성은 위기에 처해 있다. 다시 말해 오늘날의 문화를 한마디로 말하자면, '우리'가 아닌 '나'인 것이다.

셀카증후군의 증가와 공감력의 저하

"셀카(*'Self'와 'Camera'가 합쳐진 신조어인 '셀프 카메라'의 준말)"란 자신의 사진을 스스로 찍는 행위를 말한다. 그리고 나서 촬영한 사진을 소셜 미디어에 올린 뒤, "너무 예뻐요!" 혹은 "완전 멋지다!" 등 다른 사람의 칭찬과 감탄을 바란다. 이 용어의 사용은 매우 빈번해져(1년 동안 17,000퍼센트 증가했고 구글 검색은 2억 3천만 번 이상을 기록했다), 2013년, 옥스퍼드 사전은 '셀카'를 '올해의 단어'로 선택하기에 이르렀다. 1960년 이후에 출간된 책들을 훑어보면 '자신(Self)'이라는 단어를 포함하거나 자신의 유일무이함 또는 다른 사람들보다 더 뛰어남을 강조하는("내가 제일 중요해", "나 혼자서 할 수 있어" 등) 구절이 뚜렷이 증가하는 추세를 발견할 수 있다. 이와 같은 현상은 분명 아이들을 변화시키고 있다. 그 결과, 오늘날에는 역사상 가장 특권 의식이 강하고, 가장 경쟁심이 강하며, 가장 자기중심적인 동시에 가장 개인주의적인 세대가 양산되고 있다.

나는 이러한 자기몰입적인 유행 현상에 '셀카증후군(Selfie Syndrome)'이라는 이름을 붙였다. 셀카증후군의 특징은 자신을 과도하게 포장하거나, 자신의 이익에만 관심을 가지고 다른 사람들의 감정, 욕구, 관심사에는 신경 쓰지 않는다는 것이다. 오늘날 셀카증후군은 문화 전반에 속속들이 스며들어 아이들의 성품을 서서히 무너뜨리고 있다.

이러한 자기몰입은 공감력을 말살한다. 그렇기 때문에 우리는 아이들이 '나'에서 '우리'로 초점을 전환하도록 도와야 한다. 다음은 우리가 '나만 아는 사회'에서 아이들을 염려해야 하는 4가지 이유이다.

1. 아이들의 공감력이 눈에 띄게 저하되고 있다

셀카증후군(그리고 이 현상이 대변하는 자기중심적 문화)이 요즘 아이들의 인성에 회복할 수 없는 손상을 입히고 있다는 사실을 알 수 있는 첫 번째 단서는, 대학생들 사이에서 나르시시즘이 증가하고 있다는 점이다. 나르시시스트는 '자기 자신'을 위한 것을 얻는 데에만 관심이 있다.

"만약 내가 세상을 다스린다면 더 나은 세상이 될 텐데."

"내 일은 내가 제일 잘 알아."

"누릴 자격이 있는 걸 다 누릴 때까지 결코 만족하지 않을 거야."

다른 사람에 대한 관심 또한 함께 증가한다면 이러한 '자기 찬양' 열풍이 크게 문제되지 않을 테지만, 현실은 그렇지 않다. 통계에 따르면, 요즘 10대들의 공감력 수준은 30년 전에 비해 40퍼센트나 하락했고, 같은 기간 동안 나르시시즘은 58퍼센트 증가했다.

2. 집단 따돌림이 증가하고 있다

공감력이 약해지면 공격성과 폭력성이 증가한다. 한 연구에 따르면 2003년부터 불과 4년 후인 2007년 사이에 집단 따돌림이 52퍼센트나 증가했다고 한다. 2014년에는 사이버 폭력이 한 해 동안 3배가량 증가했다는 사실이 또 다른 연구로 밝혀지기도 했다. 한편, 집단 따돌림 문제는 매우 극심해져서 급기야 아이들의 정신건강에까지 영향을 미치고 있다. 중학생 5명 중 1명이 집단 따돌림에 맞서는 해결책으로 자살을 고려하고 있다고 대답하였고, 이 현상을 매우 염려한 미국의 입법 관계자들은 미국의 모든 주에서 폭력방지법을 통과시켰다. 폭력성은 학습되는 것이지만 학습을 통해 없앨 수도 있다. 그렇기 때문에 공감력을 키우는 일이야말로 최고의 해결책이다. 피해자의 고통을 가늠할 수 있다면, 피해자에게 고통을 주는 일 자체가 불가능하기 때문이다.

3. 부정행위가 늘어나고 도덕적 추론 능력이 약해지고 있다

배려심과 사회적 책임감을 갖춘 아이들은 다른 사람의 감정과 욕구를 쉽게 알아차린다. 문제는 오늘날 개인주의 문화에 물들여진 아이들에게는 이와 같은 특성을 점점 더 찾아보기 힘들다는 점이다. 통계에 따르면, 성인들 중 60퍼센트가 아이들이 도덕적 가치를 배우지 못하는 것이 국가적으로 심각한 문제라고 생각한다. 지난 20년 동안 아이들의 도덕성은 급격히 저하되어, 미국인들 중 72퍼센트는 도덕적 가치가 "여전히 경시되고 있다"라고 말한다. 대다수의 대학생들이 "다른 사람들을 앞서기 위해서라면 부정행위도

할 수 있다"라고 응답했으며, 70퍼센트의 대학생들이 부정행위를 한 적이 있다고 인정하였다. 놀랄 일도 아니다. 나날이 부정행위는 증가하고 있고, 요즘 대학생들이 무언가를 판단할 때의 기준은 무엇이 '올바른' 일인지가 아니라 무엇이 자신에게 가장 '이익'이 되느냐이다. 물론 공감력이 부분적인 해결 방법이 될 수는 있겠지만 완전한 해결책은 아니다. 개개인은 윤리적 선택을 내리는 데 도움을 줄 도덕적 방향키가 필요하다.

4. 강압적인 사회가 아이들의 정신 건강을 위협하고 있다

미국 아이들 5명 중 1명은 평생 동안 최소한 한 번은 정신 장애라고 부를 수 있을 만한 수준에 도달한다. 오늘날 10대 아이들은 어른들보다 더 많은 스트레스를 받고 있다. 이 때문에 아이들의 건강은 위태로운 상태에 놓여 있으며, 그들의 공감력 또한 마찬가지이다. 불안감이 증가하면 공감력은 쇠약해진다. 더 나아가 '생존 모드(Survival mode)'에 처해 있을 때는 다른 사람에게 공감하기가 더욱 어려운데, 이미 많은 아이들이 이와 같은 상태에 빠져 있다. 여기에서 공감력의 격차가 발생한다.

우리가 똑똑하고 자신감 넘치는 젊은 세대를 만들어 내고 있는지는 모르겠으나, 확실한 것은 요즘 아이들이 역사상 가장 자기중심적이고, 가장 슬프며, 또한 가장 스트레스를 많이 받는다는 사실이다. 배려심 깊고, 행복을 느낄 줄 알며, 성공에 밑바탕이 될 재능을 갖춘 사람으로 길러 내기 위해서는 분명히 자녀의 양육과 교육 방식을 바꾸어야 할 필요가 있다. 그리고 『셀카에 빠진 아이, 왜 위험한가?』는 여러 과학 연구 결과, 효과가 입증된 가장 훌륭한 전략들을 자녀의 양육과 교육에 적용할 수 있도록 도움으로써 아이의 공감력에 어떻게 중요한 변화를 만들어 낼 수 있는지 보여 주는 청사진을 제공할 것이다.

공감력 키우기

　부모, 교사, 상담사 등 아이의 발달과정에 함께하는 사람들은 어떤 방법으로 아이들의 공감력에 긍정적인 영향을 미칠 수 있을까? 공감력을 저해하는 이유는 무엇이고, 공감력에 도움이 되기 위해서는 어떤 방법을 사용해야 할까? 더 건강하고, 더 행복하고, 더 성공적이고, 더 공감력이 뛰어난 아이로 키우기 위해 알아야 하는 과학적인 발견에는 어떤 것들이 있을까? 이 질문들은 그동안 나의 뇌리를 떠나지 않았다. 이 질문에 대한 해답을 찾기 위해 나는 지난 10년 동안 전 세계를 여행했다.

　아이들에게 공감력을 가르치는 일은 —그리고 어른들에게 아이들의 공감력을 키우는 방법을 가르치는 일은— 내 일생의 과업이다. 나는 학교 교사로 사회에 첫 발을 내디뎠고 무수히 많은 어려움과 곤경에 처한 온갖 종류의 배경을 가진 아이들을 가르쳤다. 나는 아이들을 돕기 위해 교육심리학과에서 교육 상담을 전공했고 박사 학위까지 취득했다. 박사학위논문을 준비하는 동안 수백 명의 아이들을 인터뷰하면서 나는 인생의 목표를 찾게 됐다. 바로 아이들에게 정서표현능력과 대인관계능력을 길러 주고 싶다는 것이었다. 한번은 네 살짜리 아이의 말을 듣고 머리가 멍해진 적이 있었다.

　"저도 좋은 사람이 되고 싶어요. 하지만 엄마는 '좋은 사람이 되는 법'을 가르쳐 주지 않아요."

　정말이었다! 만약 공감력이 뛰어나고, 용기 있고, 남을 배려하는 아이로 키우고 싶다면 아이에게 그렇게 할 수 있는 방법을 가르쳐 주어야 한다.

　나는 전 세계를 여행하며 유수 대학에서 일하는 최고 연구자들을 만나 교사들이 아이들이 '좋은 사람'이 되는 데 가장 효과적인 방법들을 찾는 과정을 관찰했다. 실로 놀라운 여정이었다. 뿐만 아니라 나는 미국 국방부의 초청을 받아 18개의 해외 미군 기지에서 근무하는 상담사들과 교육자들을 가르쳤으며, 교육자들에 대한 상담사 역할도 자처했다. 또한 6개 대륙에서 수많은 부모들과 교사들을 상대로 워크숍을 개최하고 연설을 했다. 그리고 알아낸 사실들을 요약해서 20권이 넘는 책들을 저술했다.

그렇지만 『셀카에 빠진 아이, 왜 위험한가?』의 윤곽이 뚜렷하게 잡혔을 때 —우리 모두에게 공감력을 키우는 일이 얼마나 필수적인지 깨달은 순간 — 는 10년 전쯤 캄보디아의 수도 프놈펜 외곽에 있는 킬링필드를 방문했을 때였다. 그곳은 100만 명 이상의 사람들이 학살당한 곳(*1975년 캄보디아의 공산주의 무장 단체가 노동자와 농민의 유토피아를 건설한다는 명분 아래 1979년까지 최대 200만 명에 이르는 지식인과 부유층을 학살한 사건)이었고, 그곳에서 나는 영혼이 완전히 뒤흔들리는 충격을 경험했다. 나는 무엇이 그토록 비인간적인 행위를 야기했고, 어떻게 하면 그러한 행위를 멈출 수 있는지에 대해서 내내 생각했다. 내가 10년에 걸친 여행길에 오른 까닭 또한 여기에 있다. 나는 아우슈비츠, 아르메니아, 르완다처럼 헤아리기조차 힘든 공포가 남아 있는 곳들을 방문했고, 비로소 대량 학살의 공통점은 공감이 결핍되었기 때문이라는 점을 알아냈다. 그리고 아동·청소년들의 폭력과 교내총격 사건 등의 문제에 대해서도 조사했다. 이를 통해 따뜻함을 마음으로 느끼고, 친절함을 직접 경험하는 일들이 인간의 잔혹한 행위를 줄여 나가는 데 핵심이라는 사실을 깨달았다. 나는 〈학교폭력과 집단따돌림 끝내기Ending School Violence and Bullying〉라는 제안서에서 아이들에게 공감력을 길러 주는 것이 얼마나 중요한지를 강조했다. 그러고 나서 나는 수백 명의 교사들과 공무원들에게 폭력을 줄일 수 있는 방안을 교육했다. 또한 아이들의 공감력을 자극하여 '방관하지 않고 나서서 행동하는 사람'이 되도록 도울 수 있는 전략들을 개발했다.

　나는 부모, 교사, 상담사, 공동체들이 아이들의 공감력을 키워 줄 수 있는 강력하면서도 간단한 방법들을 찾았다. 아르메니아에 사는 여덟 살짜리 아이들은 체스를 두면서 상대의 관점을 받아들이는 법을 배운다. 캘리포니아주 롱비치에 사는 비행청소년들은 호스피스 병동에 있는 환자들을 촬영해 환자의 가족들이 추억을 간직할 수 있도록 돕는다. 캐나다의 한 초등학교 3학년 아이들은 교실에 아기와 아기 엄마를 초대해서 감정독해력을 키운다. 샌디에이고에 사는 네 살짜리 아이들은 어른 신발을 신어 보며 엄마와 아빠의 기분을 상상해 본다. 이스라엘과 팔레스타인 10대들은 메인주 호숫가에서 열리는 캠프에서 대화 시간을 가지고 서로의 입장을 이해하는 시간을 갖는다.

　위와 같은 연구들은 매우 중요한 사실을 확인시켜 주었다. 공감력은 충분히 '배우고 길러 낼 수 있는' 특성이며, 그럼으로써 우리 아이들의 삶은 백팔십도 바뀔 수 있다는 것이다. 공감력을 기르는 데 가장 효과적인 방법은, 아이의 마음을 따뜻하게 어루만지는 주변의 배려심 깊은 어른들의 손길이다. 우리는 아이들이 좋은 사람으로 성장하도록 도울 수 있고, 또한 도와야만 한다.

　공감력에 대한 나의 확신은 직접 3명의 아들을 키우면서 더욱 굳건해졌다. 훗날 성인이 된 아이들에게 '과거를 되돌아보았을 때 어떠한 능력을 길러 준 것이 가장 자랑스러운지 말해 보라'고 한다면, 두말할 것 없이 '공감력'이라고 답할 것이다. 공감력은 아이들이 건강하고, 행복하고, 성공적인 삶을 살 수 있도록 도와준다. 요즘과 같이 디지털 문화가 증가하고, 경쟁이 극심하고, 개인주의가 팽배한 세상에서는 특히 그러하다.

　의미 있는 삶으로 향하는 길은 공감력을 갖추는 것에서부터 시작된다. 아이들에게는 현재와 미래를 통틀어 삶의 모든 영역에서 성공하기 위해 공감력이 가장 필요하다.

이 책을 활용하는 방법

아이들은 이 책에서 소개할 9가지 핵심 습관들을 통해 정서적 어려움을 헤쳐 나가고, 살면서 맞닥뜨릴 수밖에 없는 다양한 문제 상황들에 현명하게 대처할 수 있다. 공감력을 자극하며 다른 사람들을 돕도록 격려하는 이 9가지 핵심 습관들은 아동발달학, 신경과학, 사회심리학 등의 최신 연구 결과들을 선별해 종합한 것으로, 학습을 통해 충분히 습득할 수 있다. 이 책은 이러한 중요한 습관들을 아이에게 심어 주고, 평생 가는 습관으로 남을 수 있도록 도울 것이다.

1장에서는 아이가 공감력의 가장 기본적인 4가지 핵심 능력을 배울 수 있도록 돕는다.

- 감정독해력: 자신과 다른 사람들의 감정과 욕구를 알아차리고 이해할 수 있다.
- 도덕적 정체성: 도덕적으로 옳다고 생각하는 가치들을 선택하여, 공감력을 활성화시켜 다른 사람을 도울 수 있다.
- 관점수용력: 다른 사람의 입장에 서 보고 그 사람의 감정, 생각, 관점을 이해한다.
- 도덕적 상상력: 문학, 영화, 그림, 사진 등을 영감의 원천으로 삼아 다른 사람과 감정을 공유할 수 있다.

2장에서는 아이들이 공감력에 관련된 습관들을 익히도록 방법을 제시한다.

- 자기조절력: 강렬한 감정을 조절하고 스트레스를 다스린다.
- 친절 연습: 다른 사람들의 감정과 욕구에 더 많이 주의를 기울인다.
- 협동: 모두의 이익을 위한 공동 목표를 달성하기 위해 노력한다.

3장에서는 아이가 공감력을 실천할 수 있도록 돕는 방법들을 제시한다.

- 도덕적 용기: 아이는 기꺼이 자신의 목소리를 내고, 문제 상황에 개입하고, 다른 사람들을 돕는다.
- 이타적 리더십: 다른 사람을 위한 변화를 지향한다. 아무리 작은 변화라도 가볍게 넘기지 않는다.

이 책의 목표는 거대한 힘을 가지고 있는 공감력이 아이들의 평생 습관으로 자리 잡도록 만드는 것이다. 이 책에서 소개한 핵심 기술들을 하루 단 몇 분이라도 아이와 함께 연습하여 아이가 별다른 지시 없이도 자연스럽게 활용할 수 있도록 하라. 더 좋은 방법은 가족 모두가 다 함께 공감력을 연습하는 것이다. 무엇보다 아이에게 이렇게 말해 주어라.

"기타나 축구를 연습하거나 구구단을 외울 때와 마찬가지야. 더 나은 사람이 되기 위해 있는 힘껏 노력한다면, 정말 더 나은 사람이 될 수 있단다."

공감은 사람과 사람 사이에서 시작한다

이 책을 쓰면서 나는 마음을 뒤흔드는 일들을 많이 겪었다. 그중에서도 영혼에 아로새겨져 영원히 잊지 못할 경험을 한 적이 있는데, 이 경험을 통해 나는 공감력의 토대가 '사람과 사람 사이의 직접적인 연결'이라는 사실을 확인하였다. 르완다에 있는 한 고아원을 방문했을 때였다. 이곳은 부모에게 버림받은 청각장애아동들을 위한 곳이었다. 나는 이곳의 아이들에게 연필, 자, 껌 한통, 메모장, 사탕 서너 개, 미국 아이가 쓴 편지 등으로 가득 차 있는 배낭을 하나씩 나눠 주었다. 아이들은 선물을 받아들고 안에 무엇이 들어 있는지 확인하면서 환호성을 질렀다.

그때 한 아이의 근심에 찬 표정이 눈에 띄었다. 아이는 배낭에서 물건들을 모두 꺼내 조심스레 늘어놓은 후에도 가방 안을 계속 뒤졌다. 연필이 더 있나 찾는 건가? 사탕? 아니면 자? 아이는 심각한 표정으로 배낭 안을 계속 뒤졌다. 마침내 아이는 자신이 찾던 것을 발견했다. 미국 아이가 쓴 편지였다. 아이는 편지를 움켜쥐고 냄새를 한번 맡은 다음 아주 조심스럽게 종이를 펼쳤다. 나는 아이 곁으로 가까이 다가가서 편지를 읽었다.

> 안녕, 내 이름은 제이콥이야. 나는 열 살이고 미국 미네소타주에 살아. 나는 지도에서 키갈리(*Kigali, 르완다의 수도)가 어디 있는지 찾아 봤고 네가 어디에 사는지 알아냈어. 배낭 안에 물건을 넣고 포장하면서 네 생각을 했어. 마음에 들면 좋겠어. 즐거운 하루 보내!
>
> —미국에서 새로운 친구 제이콥이

아이는 글자 하나하나를 집어 삼킬 듯이 읽고 나서는 편지를 또 읽고 또다시 읽었다. 그리고 마침내 편지를 가슴에 꽉 안고서 울음을 터뜨렸다. 아이는 나를 쳐다보더니 자신의 눈물을 가리킨 후 수화로 '사랑'이라고 말했다. 그러고선 친구가 보낸 편지를 가장 소중한 보물인 양 보여 주었다. 그 아이는 그저 누군가가 자기에게 주의를 기울이고 있음을 느끼고 싶을 뿐이었다. 세상 어느 곳에서나, 모든 아이들이 그러길 원하듯이.

나는 '제이콥이 자신의 말 한마디가 이 새로운 친구에게 얼마나 큰 영향을 주었는지 두 눈으로 직접 볼 수 있었다면 얼마나 좋았을까' 하고 생각했다. 만약 그랬다면, 제이콥은 누군가의 삶을 완전히 바꿔 놓는 공감력의 힘을 곧바로 이해할 수 있었을 것이다.

제1장

공감력 키우기

모든 형태의 자기 몰입은 공감력을 파괴한다. 자신에게만 초점을 맞추면 자신의 문제와 집착은 크게 느껴지는 반면 세계는 좁아진다. 그렇지만 다른 사람들에게 초점을 맞추면 세계가 확장한다.

-다니엘 골먼, 『SQ 사회지능』

감정독해력 가르치기

"공감력이 뛰어난 아이는
자신과 타인의 감정을 잘 알아차린다"

캐나다 앨버타주의 북부에 위치한 포트 맥머레이 지역에서 자문 일을 할 때였다. 어느 날 그 지역 단체의 대표가 내게 말했다.

"3학년 교실에 가서 학생들이 얼마나 흥미롭게 감정독해력(*Emotional Literacy, 감정을 읽고 해석하는 능력)을 배우고 있는지 참관해 보세요."

다음 날 나는 여덟 살짜리 아이들 26명이 앉아 있는 커다랗고 둥근 초록색 담요 가장자리에 앉았다. 아이들은 특별한 선생님이 도착하기를 기다리고 있었다.

"오늘은 더 많이 웃을까?" 한 남자아이가 말했다.

"우리를 보고 좋아하면 좋겠어." 다른 남자아이가 말했다.

"가만히 있어. 그 애는 잘 놀란단 말이야." 한 여자아이가 나무랐다. "조슈아에겐 준비 운동 시간이 필요해."

그때 한 엄마가 남자 아기를 안고 교실로 걸어 들어왔고, 아이들은 어린 선생님에게 '환영 노래'를 불러 주기 시작했다.

"안녕, 조슈아, 오늘 기분은 어때?"

지역 단체의 자원봉사자인 아기 엄마는 아들을 담요 한복판에 조심스럽게 내려놓았다. 학기가 시작한 이후 조슈아가 세 번째로 방문한 날이었고 아이들은 조슈아가 몇 주 만에 얼마나 많이 변했는지를 보고 깜짝 놀랐다. 조슈아와 엄마는 메리 고든이 고안한 '공감력의 뿌리(Roots of Empathy, 이하 ROE)'라는 프로그램을 위해 앞으로 여섯 번 더 학교에 방문할 예정이었다. 그날 나는 아직 머리카락도 제대로 나지 않고 말도 못하는 생후 7개월 된 아기가 40분짜리 감정독해수업을 얼마나 훌륭하게 이끄는지 직접 목격했다. 아이들은 아기의 얼굴과 몸짓, 옹알이를 이용해 감정을 읽고 이해하는 법을 배우고 있었다.

"오늘 조슈아의 기분이 어떤 것 같나요?" 전문 훈련을 받은 프로그램의 강사가 물었다.

그녀가 던지는 능숙한 질문들은 아이들이 아기의 감정에 이름을 붙이고 자신의 감정을 이해하도록 도왔다.

"'여러분은' 어떨 때 짜증이 나나요?"

"'여러분은' 어떨 때 불만스러운가요?"

그런 다음 강사는 질문의 초점을 바꿔 아이들이 다른 사람들의 감정에 대해 생각해 보도록 도왔다.

"'다른 사람'이 화가 나 있다는 걸 어떻게 알 수 있나요?"

"'친구가' 불안해하면 어떻게 도와줄 수 있을까요?"

아이들은 곰곰이 고민해 보고 주위를 관찰하면서 다른 사람의 감정 상태에 대해 생각해 보았다. '자기 몰입에서 벗어나는(UnSelfie)' 이상적인 경험이었다.

그녀는 아이들에게 '아기'의 감정에 더 관심을 기울여 보라고 권했다.

"조슈아는 자기가 무엇을 원하는지 여러분에게 말할 수 없어요." 강사가 말했다. "그렇지만 몸을 이용해 여러분에게 보여 줄 수는 있죠. 조슈아가 무슨 생각을 하고 있을까요?"

"조슈아는 우리를 이해하려고 애쓰고 있어요." 한 아이가 말했다.

"계속 관찰해 보세요." 강사가 격려했다. "조슈아의 기분이 어떤 것 같나요?"

"걱정하고 있는 것 같아요." 다른 아이가 말했다.

"보세요." 한 아이가 손으로 가리켰다. "양손 모두 주먹을 꽉 쥐고 있어요."

"조슈아가 안심할 수 있도록 우리 모두 부드럽게 미소를 지어 줍시다!"

아이들은 일제히 히죽히죽 웃는 고양이처럼 이를 드러내고 활짝 웃었다. 아이들의 배려 깊은 행동이 아기에게 통했다. 조슈아는 아이들이 웃는 것을 보고 자신도 바로 따라 웃었다.

"조슈아는 공감력을 배우고 있어요." 옆에 앉아 있던 아이가 내게 속삭였다.

내 생각도 그랬다. 그렇지만 조슈아만이 '공감하는 법'을 배우는 것은 아니었다. 그날 생후 7개월 된 아기는 26명의 아이들이 다른 사람에게 관심 기울이기, 감정 알아차리기, 다른 사람의 감정과 욕구 고려하기, 친절 베풀기와 같은 중요한 개념들을 이해할 수 있도록 도왔다. 아이들이 다른 존재와의 '공감'을 경험할 수 있었던 완벽한 시간이었다.

그 후 나는 ROE 프로그램이 시행되는 교실을 몇 군데 더 찾아가 수십 명의 강사들, 학부모들, 교사들을 인터뷰했다. 그때마다 나는 깊은 감동을 받았다. ROE 프로그램은 아이들이 가슴을 열고 다른 사람의 감정에 관심을 기울일 수 있도록 고안된 완벽한 프로그램이었다. 참가한 학생들이 이 사실을 증명했다.

"이 프로그램을 통해 모든 사람의 감정이 서로 다르고, 그렇기 때문에 항상 모든 사람의 개성을 존중해야 한다는 것을 알게 됐어요." 열 살짜리 여자아이가 말했다.

열한 살짜리 남자아이도 비슷한 의견을 보였다.

"ROE 프로그램은 사람들이 겉모습이 다르다고 해서 반드시 내면까지 다른 것은 아니라는 사실을 이해하도록 가르쳐 줬어요."

2000년 이후로 ROE 프로그램은 비교연구와 무작위통제연구를 이용해 참가 학생들의 행동 변화를 측정했다. 세 대륙에서 각각 독립적인 연구가 진행됐다. 브리티시컬럼비아 대학교의 연구팀은 ROE 프로그램에 참가한 학생들과 통제집단을 비교한 후 이 아이들의 '순향 공격성(*Proactive Aggression, 원하는 것을 얻기 위해 공격성을 몰인정하게 사용하는 성향)'이 88퍼센트 낮아졌다는 사실을 발견했다. 아동기의 집단 따돌림에 관한 염려가 높아지고 있는 요즘에는 특히 경이로운 발견이었다. 이 프로그램이 정말 공감력을 기르는 법을 알아낸 것일까? 나는 더 깊이 알아보기 위해 이 프로그램을 개발한 사람을 인터뷰했다.

ROE 프로그램은 1996년 메리 고든이 개발했다. 메리 고든은 캐나다 뉴펀들랜드주 출신의 따뜻하고 매력적이고 상냥한 여성으로, 그녀는 유치원 교사로서 사회에 첫 발을 내디뎠다. 그녀는 많은 가족들과 함께 일하면서 아동학대를 목격했고 이에 대응하기 위해 이 프로그램을 개발했다. 그녀가 말했다.

"폭력이나 학대가 아이들의 삶을 얼마나 무섭게 파괴하는지 알게 된 후 그러한 악순환을 깨기 위한 방법을 모색하기 시작했죠."

또한, 메리 고든은 한 명의 아기가 여러 아이들의 삶을 완전히 바꿔 놓을 수 있는 힘을 가지고 있다는 사실을 발견했다. 그녀는 내게 대런이라는 소년의 이야기를 들려주었다. 대런은 8학년이었지만, 두 번이나 유급을 당하는 바람에 반 친구들보다 두 살 더 나이가 많았다.

대런의 엄마는 대런이 네 살이었을 때 강도에게 살해당했다. 그 후 대런은 여러 위탁입양가정을 전전해야 했다. 모두가 자신을 강인한 아이라고 생각하길 바란 대런은 뒷머리 위쪽만 남겨 두고 머리를 빡빡 밀었고, 머리 뒤편에는 문신까지 했다. 그렇지만 그의 마음속 상처는 여전히 깊었다. 그러던 어느 날, 대런이 듣는 ROE 프로그램에 한 엄마가 생후 6개월 된 아기를 데리고 방문하였다. 그러고는 자신의 아기가 도무지 다른 사람의 품에 안기려 들지 않는다고 말하자, 대런은 자신이 아기를 안아 봐도 되느냐고 물었다. 모두들 그의 말에 깜짝 놀랐다. 아기 엄마 역시 조금 걱정스러운 듯한 표정을 지었지만 이내 대런에게 아기를 넘겨주었다.

"대런은 조용한 구석으로 간 후 아기를 팔에 안고 몇 분 동안 얼렀어요." 고든이 말했다. "마침내 대런이 아기 엄마에게 돌아와서 물었어요. '아무에게 사랑받지 못했어도 좋은 아빠가 될 수 있을까요?'라고요."

그때 메리 고든은 따뜻하고, 배려심 깊고, 인정 많은 아이로 키우기 위해서는 생애 초기의 애착 관계가 매우 중요하다는 사실을 깨달았다. 또한 아이들이 공감력을 배우기 위해서는 먼저 공감력을 직접 경험해야 한다는 사실도 깨달았다. 아이들은 주변 사람들에게 공감을 표현하는 언어를 적극적으로 배워야 한다. 고든은 학생들 중 가정에서 공감력을 충분히 경험하지 못한 아이들이 있으면 교실에서 아기 엄마와 아기와 함께 공감력을 경험하도록 배려했다.

메리 고든은 '감정독해력(Literacy of feelings)'에 대해 상세하게 설명했다.

"관계를 맺는 능력은 매우 중요합니다. 읽고 쓰는 것만큼이나 말이죠." 고든은 말했다. "감정독해력이란 자신의 감정을 이해하고, 그 감정을 언어로 적절히 표현할 줄 알고, 다른 사람들의 감정을 이해할 수 있는 능력을 말합니다. 이 능력이 부족하면 우리 모두는 '외딴 섬'에 불과하게 됩니다. 그렇기 때문에 우리는 아이들에게 감정독해력을 가르쳐야 합니다."

이에 메리 고든은 아이들이 아기를 관찰하며 아기의 감정을 읽고 이해하는 법을 배우고 그 과정에서 다른 사람과 공감하는 법을 배우게 되는 이상적인 방법을 만들어 냈다.

지금까지 10개국에서 80만 명 이상의 아이들이 메리 고든의 프로그램을 이수했다. 나는 그중 워싱턴 DC에 있는 모리 초등학교를 방문했다. ROE 프로그램은 이 학교의 많은 학생들에게 영향을 미쳤고, 특히 열 살 된 한 학생에게 큰 영향을 끼쳤다. 케인은 워싱턴 DC에서 가장 가난하고 폭력이 난무하는 지역에 살고 있는데, 범죄조직과 불안한 치안 상태 때문에 방과 후에는 집 밖으로 나가지 못한다. 케인은 자신이 학교에 입학했을 때 상황이 '그다지 평탄치 않았다'고 말했다.

"학교 친구들이 항상 친절했던 건 아니었어요." 케인이 말했다. "그렇지만 이제 모든 게 달라졌어요."

"어떻게 된 거니?" 내가 물었다.

"선생님들이 아기를 데려왔어요. 그리고 모두가 변했죠. 우리는 좀 더 인간다워졌어요. 공감력이 생기면 다른 사람에게 친절하게 대하는 일 같은 걸 더 잘하게 돼요. 공감력은 친절한 사람이 되도록 도와주죠."

감정에 관심 기울이는 법 배우기

초등학생 아이가 슬픈 표정을 한 친구를 보고 친구의 어깨에 팔을 지그시 두르고서 말한다.

"괜찮아. 좋아질 거야."

10대 초반 아이가 할아버지의 얼굴이 불편해 보이는 것을 알아차리고서 묻는다.

"피곤하세요, 할아버지? 안아 드릴까요?"

이 모두가 정서지능(*Emotional Intelligence, 자기 자신이나 다른 사람들의 감정을 식별하는 능력)을 보여 주는 사례이다. 이 용어를 이해하기에 역부족인 어린아이들과 이야기를 나눌 때 나는 이와 같은 습관을 '감정에 관심 기울이기(Tuning in to feelings)'라고 말하곤 한다. 이 습관은 우리가 앞으로 이 책에서 배우게 될 공감력의 9가지 핵심 습관들 중에서 가장 우선적이고 가장 중요한 습관이다. 이 9가지 습관들은 아이에게 미래의 행복과 성공을 책임질 '공감력'을 심어 줄 것이다. 정서지능은 타고나는 것이 아니기 때문에 이제 막 걸음마를 뗀 어린아이에게도 가르칠 수 있다. 심지어 젖먹이 아기에게도 말이다.

감정독해력은 공감의 문을 여는 열쇠이다. 다른 사람에게 공감할 수 있으려면 우선 자기 자신이나 다른 사람의 감정을 읽고 그 감정에 관심을 기울일 줄 알아야 한다. 또한 감정독해력은 아이에게 다른 사람을 배려하도록 동기를 부여한다. 이러한 감정독해력은 우선 감정에 관심을 기울이는 일에서부터 시작한다. 감정을 식별하고 이해하고 표현하는 일은 공감력을 발휘하기 위해 반드시 필요한 기술들이다.

감정을 읽는 훈련을 받은 아이들은 감정을 읽을 줄 모르는 아이들보다 더 똑똑하고, 더 친절하고, 더 행복한 데다 회복탄력성(*Resilience, 크고 작은 다양한 역경과 시련과 실패를 발판 삼아 더 높이 뛰어 오르는 마음의 근력)이 더 강하다. 미래에 성공하기 위해서 정서지능이 매우 중요하다는 사실은 세계 각지에서 계속 증명되고 있다. 과학자들은 비언어적 단서로부터 감정을 읽을 수 있는 아이들이 정서적으로 더 안정되어 있고, 더 인기가 많고, 더 활달하고, 더 섬세하다고 이야기한다. 또한 정서적으로 안정된 아이들이 다른 사람들의 감정과 욕구를 배려하는 방법을 배우지 못한 아이들에 비해 신체적으로 더 건강하고 학업 성적도 더 우수했다.

다른 사람의 감정에 관심을 기울이는 것은, 자녀를 올바르게 교육하기 위한 첫걸음이다. 이를 통해 부모와 아이가 친밀한 관계를 구축할 수 있을 뿐만 아니라, 아이들에게 다른 사람의 감정을 식별하고 인식하는 방법을 가르쳐 줄 수 있다. 그렇지만 이 모든 것들은, 우선 다른 사람에게 관심을 기울이는 일에서부터 시작한다.

감정에 관심을 기울이는 것은 왜 어려울까?

어떻게 해야 아이들이 감정에 관심을 기울일 수 있는지 우리가 이미 그 방법에 대해 잘 알고 있다고 치자. 그런데도 아이들의 공감력이 계속해서 약해지는 이유는 무엇일까? 그것은 바로 잘못된 자녀 교육 방식, 24시간 인터넷으로 연결되어 있는 사회, 자기중심적인 문화 때문이다. 이러한 것들은 아이들에게서 현실에서 다른 사람들과 직접 마주하며 인간관계를 맺고 감정독해력을 배울 수 있는 기회들을 빼앗고 있다.

우리는 '24시간 인터넷에 연결'되어 있는 문화 속에 살고 있다

정서적 상호 작용을 건강하게 하고 있는지 알 수 있는 가장 좋은 방법은, 서로 얼굴을 마주 보는 의사소통을 얼마나 많이 하는지 알아보는 것이다. 이 방법은 감정에 대해 배우고 대인 기술을 향상시킬 수 있는 가장 좋은 길이기도 하다. 컴퓨터 스크린을 보고, 문자를 보내고, SNS를 하고, 인터넷 채팅을 하는 것으로는 결코 감정독해력을 배울 수 없다.

통계에 따르면, 8~18세 사이의 아이들은 평균적으로 하루 약 7시간 38분 동안 디지털 미디어 기기에 접속한다(휴대 전화로 문자를 보내거나 통화를 하는 시간은 포함되어 있지 않다). 8세 이하의 아동들 중 약 75퍼센트가 가정에서 모바일 기기를 손에 쥐고 있다. 취학 전 아동들은 하루에 4.6시간을 스크린 매체를 이용하며 보내고, 2~4세 사이 아동들 중 약 40퍼센트가 스마트폰, MP3 플레이어, 혹은 태블릿PC를 이용한다. 최신 연구 결과에 의하면, 30퍼센트의 아동들이 기저귀를 차는 시기에 처음으로 모바일 기기를 접한다고 한다.

간단한 계산을 해 보자. 만약 아이가 밤에 7시간 동안 잠을 자고, 8~9시간 동안 학교 수업을 들으며 과외 활동을 하고, 하루에 수백 개의 휴대 전화 메시지를 보낸다면, 아이가 사람들과 직접 얼굴을 마주 보고 상호작용을 할 수 있는 기회는 거의 없을 것이다.

공감력을 키워 주는 직접적인 상호작용이 아닌, 온라인 의사소통을 지나치게 많이 하게 될 경우 현실 세계를 헤쳐 나가기 위해 필요한 기술들을 충분히 갖추지 못한다. 이뿐만 아니라 부모와 아이 사이의 관계 또한 해칠 수도 있다.

디지털미래연구센터(Center for the Digital Future)에서 실시한 조사에 따르면 가족들과 어울리며 보내는 시간이 줄어들었다고 답한 부모들의 비율이 불과 2년 사이에 3배가 늘었다. 부모들은 가족들과 보내는 시간이 줄어든 가장 큰 이유를 아이들의 인터넷 사용 시간 증가로 꼽았다. 이는 매우 걱정스러운 현상이다. 아이들이 인터넷에 더 오랫동안 접속할수록 얼굴을 마주 보며 소통하고, 감정독해력을 배우고, 공감력을 훈련할 기회를 놓치게 될 뿐 아니라, 부모와 아이가 유대감을 쌓을 수 있는 소중한 시간까지도 사라지기 때문이다. 그렇기 때문에 우리는 가족 간의 상호작용을 가장 중요하게 생각해야 하고 또한 부모의 영향력을 디지털 세상에 뺏기지 말아야 한다.

우리는 남자아이와 여자아이에게 다른 것을 기대한다

대부분의 부모들은 남자아이와 여자아이를 차별하지 않는다고 말한다. 그렇지만 전문가들의 생각은 다르다. 정서 교육에 관한 한, 우리는 아이의 성별에 따라 다르게 대응하는 경향이 있다.

일반적으로 엄마들은 아들보다 딸과 더 많이 감정에 대해 의논하고 설명하곤 한다. 또한 '행복한', '슬픈', '걱정스러운'과 같이 감정과 관련된 어휘를 남자아이보다 여자아이에게 더 많이, 더 자주 사용한다. 게다가 태어난 지 얼마 되지 않았을 때부터 달라지는 남자아이와 여자아이의 행동들도 이에 한몫한다. 한 연구에 따르면, 생후 2년 6개월가량 된 여자아이는 또래의 남자아이보다 얼굴 표정과 몸짓 언어를 훨씬 더 잘 읽고("아빠가 웃고 있네. 행복한가 봐", "엄마가 피곤해 보여. 눈을 비비고 있어"), 그렇기 때문에 여자아이는 감정독해력 발달 면에서 대단히 유리하다.

더 자세히 이야기해 보자. 우리는 여자아이들과 "우리가 방문해서 할머니가 얼마나 기뻐하시는지 봤지?" 혹은 "개가 짖자 친구가 무서워하는 거 느꼈지? 네가 손을 잡아 주니까 친구가 덜 무서워했어" 등 감정과 관련된 경험을 자주 이야기한다. 이러한 대화들은 여자아이들에게 '감정 대화'를 연습할 기회를 더 많이 제공한다. 또한 우리는 감정과 관련된 상황과 실제 경험을 여자아이들에게 더 많이 강조하는 경향이 있다("저 여자아이는 아무도 자기와 놀아 주지 않아서 슬픈가 봐. 얼굴 표정이 어떤지 보이지? 어떻게 하면 저 친구의 기분이 나아지게 할 수 있을까?").

한편, 남자아이들과는 감정의 원인과 결과에 대해서만 이야기하는 경향이 있다("만약에 아이들이 널 놀린다고 해도 속상한 모습을 보이면 안 돼", "넌 너무 잘 울어. 더 강해져야 해!"). 부모의 의도하지 않은 사소한 반응이 여자아이는 더 세심해야 하고 남자아이는 자신의 감정을 통제할 줄 알아야 한다는 잘못 된 생각을 심어 줄 수도 있다. 남자아이들이 선천적으로 감정에 귀 기울이는 법을 모르는 것은 결코 아니다. 하버드 대학교 심리학과 교수 윌리엄 폴락은 생후 21개월밖에 되지 않은 남자아이들도 공감력을 보이며, 고통 받는 사람 을 도와주고 싶어 한다고 말한다. 테스토스테론(*Testosterone, 남성 호르몬) 은 공감력과 감정독해력을 저해하지 않는다. 그렇지만 부모의 의도하지 않 은 잘못된 반응이 아이를 그렇게 만들고 있을지도 모른다.

우리는 급하고, 정신없고, 산만한 세상에 살고 있다

"항상 스마트폰만 들여다보고 있어요. 진짜 짜증나요!"

"통화하는 모습을 볼 때마다 화가 나요. 슬픈 기분도 들고요."

"TV를 볼 때는 휴대 전화를 내려놓으면 좋겠어요. 나보다 휴대 전화를 더 아끼는 것 같아요."

부모들은 아이들의 휴대 전화를 비롯한 전자 기기의 사용 습관을 늘 지적 한다. 그렇지만 위의 불평은 아이들이 부모들에 대해 이야기한 것들이다. 그 렇다. 아이들은 부모들의 행동에 대해 불만을 품고 있다.

한 조사에 따르면, 학교에 입학할 만한 나이가 된 아이들 중 62퍼센트가 자신들이 부모와 대화를 나누려고 할 때 부모가 지나치게 주의가 산만하다 고 응답했다. 부모를 산만하게 만드는 가장 큰 원인은 바로 휴대 전화다. 한 연구팀이 패스트푸드 레스토랑에서 여러 가족을 자세히 관찰한 결과, 아이 들의 불만은 사실임이 밝혀졌다. 의학 학술지 〈소아과 의학Pediatrics〉에 발표 된 이 연구에서는 부모가 탁자 위에 휴대 전화를 꺼내 놓고 있을 때 부모의 주요 관심 대상은 아이가 아니라 휴대 전화라는 사실을 밝혔다. 부모가 휴대 전화를 만지작거리고 문자를 보낼 때마다 아이들과 마주 보거나 옆에 앉아서 이야기를 나눌 시간은 줄어들고 그 결과, 공감력을 키워줄 수 있는 기회는 사라진다.

또 다른 연구에서는 TV 시청이 부모와 아이 사이의 상호작용을 단축시킨다는 사실을 발견했다. 아이들에게 녹음기를 장착한 후, 몇 개월 동안 가정에서 나오는 소리들을 분석한 결과 주변에서 TV 소리가 들릴 때마다 아이들은 1시간당 500~1,000개의 단어를 더 적게 말하거나 적게 들었다. 약 30퍼센트의 가정이 일상적으로 TV를 틀어 놓고 있으며(심지어 아무도 보고 있지 않을 때조차) 어린아이들은 하루 평균 232분 동안 TV에 노출되고 있다. 이러한 시간들은 결국 언어력과 감정독해력, 사회성의 발달뿐만 아니라 가족과의 관계에도 심각한 영향을 미친다.

SNS 세대인 우리 아이들의 공감력을 키우는 일에 방해 요소들이 많기는 하지만, 해결책이 없는 것은 아니다. 그렇지만 아이들의 공감력을 키워 주기 위해 무엇보다 중요한 것은 바로 부모가 아이와 얼굴을 마주 보면서 대화를 나누는 기본적인 일임을 명심해야 한다.

과학이 말하는 것: 우리가 타인의 감정을 알아차리는 방법

아이들이 다른 사람의 입장을 이해할 수 있으려면 먼저 얼굴 표정, 몸짓, 자세, 목소리 높낮이 등에 있는 비언어적 신호를 읽는 능력부터 키워야 한다. 지난 10년간 과학자들은 연구를 거듭해 아기들과 어린아이들이 우리가 상상했던 것보다 감정에 대해 훨씬 더 많은 것을 알고 있다는 사실을 밝혀냈다. 그리고 아기들이 선천적으로 공감력이 뛰어나다는 사실을 알아냈다. 거의 태어날 때부터 말이다!

대부분의 부모들은 아기들이 예상보다 훨씬 더 일찍 다른 사람의 감정을 안다는 사실을 알고 깜짝 놀란다. 제니 매시와 브라이언 매시는 TV 쇼를 촬영하는 동안 이 사실을 발견했다. 매시 부부는 여섯 쌍둥이를 둔 자랑스러운 부모이고, 당시 나는 자녀교육 전문가로서 그들이 〈여섯 쌍둥이 키우기〉라는 프로그램에서 여섯 쌍둥이들의 '미운 세 살'을 잘 헤쳐 나가도록 돕고 있었다.

촬영 중간의 휴식 시간 동안, 아빠인 브라이언 매시는 자랑스러운 표정으로 사람들에게 여섯 쌍둥이 중 한 아이가 태어나서 처음으로 머리를 자르던 순간을 촬영한 비디오를 보여 주었다. 영상 속에서 그랜트는 의자에 앉아 이 기념비적인 순간이 영 마땅치 않은 표정을 짓고 있었다. 엄마가 머리를 한 움큼 자르자 그랜트는 훌쩍거렸다. 그리고 두 번째로 머리를 싹둑 자르자 통곡하기 시작했다. 그 순간 그랜트에게 지원군이 생겼다. 그랜트가 우는 모습을 본 그랜트의 형제들도 눈이 퉁퉁 붓도록 울어 댄 것이다. 그랜트가 속상해 보였기 때문이었다. 형제들이 함께 울어 준 덕분인지 그랜트는 차차 울음을 그쳤다. 아직 배변 훈련조차 받지 않은, 게다가 네 마디 이상 말하지 못하는 6명의 어린 아기들이 서로의 고통을 감지하고 일제히 합심하여 통곡을 했다! 이 현상을 '감정전염(Emotional Contagion)'이라고 부르는데, 감정전염은 공감력을 키우는 데 핵심 열쇠이다. 아이들이 다른 사람의 감정에 공감하도록 도와주기 때문이다. 심지어 태어난 지 얼마 안 되는 갓난아기조차도 말이다.

아기들은 타고난 공감의 달인이다

산부인과의 신생아실을 방문해 보면 '통곡의 방 현상(Wailing Room Phenomenon)'을 직접 경험할 수 있을 것이다. 신생아는 다른 아기가 우는 소리를 듣는 그 즉시 함께 통곡한다. 이윽고 모든 아기들이 앞다퉈 일제히 울기 시작한다! 이게 대체 어떻게 된 일일까?

한 연구에 따르면, 생후 하루 된 신생아들은 다른 때보다 또 다른 신생아가 괴로워하며 우는 소리의 녹음을 들었을 때 더 울 가능성이 높았다. 태어난 지 하루밖에 되지 않았음에도 불구하고 아기는 자신이 타고난 사회적 동물이며 다른 사람들과 연결되기를 원한다는 사실을 보여 준 것이다. 뉴욕 대학교에 재직 중인 저명한 심리학자 마틴 호프먼은 이처럼 다른 사람과 함께 우는 선천적 성향을 '공감력을 보여 주는 가장 최초의 전조'라고 말한다.

또한 아기들은 사람의 얼굴을 쳐다보는 것을 좋아하고, 똑바로 눈을 맞추는 사람들을 선호하며, 다른 어떤 소리보다도 사람의 목소리를 듣는 것을 좋아한다. 이 사실을 알아내기 위한 실험에서 연구자들은 아기들에게 두 얼굴 중 하나를 선택하게 했다. 한 얼굴은 눈을 똑바로 응시하고 있는 얼굴이었고 다른 한 얼굴은 시선을 피하고 있는 얼굴이었다. 아기들은 자신을 바라보고 있는 얼굴을 더 오랫동안 쳐다보았다. 즉, 자신과 똑바로 눈을 맞추는 사람을 보는 것을 더 선호하는 것이다.

그렇지만 아마 지난 10년 동안의 발견 중 가장 흥미로운 발견은 다음일 것이다. 위스콘신 대학교의 교수 리처드 데이비슨과 심리학자 나단 폭스는 아기들의 두뇌 속에서 일어나는 감정 이해 과정을 판독했다. 10개월 된 아기 38명에게 8개의 전극이 들어 있는 작은 스컬캡(*skullcap, 테두리가 없는 베레모. 주로 유대인 남성, 가톨릭 주교가 쓴다)을 씌우고 나서 아기 엄마가 아기를 안았다. 그런 다음 각 아기에게 여배우가 웃거나 우는 영화 장면을 보여 주었다. 아기들은 여배우가 웃는 장면을 볼 때 방긋 웃었고 그때마다 두뇌의 좌측 전두엽 영역이 활성화됐다. 반면, 아기들은 여배우가 흐느끼는 장면을 볼 때 침울해했고 심지어 어떤 아이는 통곡하기도 했다. 이때는 두뇌의 우측 전두엽 영역의 활동이 왕성해졌다. 이 연구는 감정신경과학과 감정과 두뇌의 기본원리에 대한 첫 연구였다. 그리고 또다시 아기들이 다른 사람을 걱정하는 일에서 으뜸이라는 사실이 밝혀졌다.

캘리포니아 대학교 심리학과 교수인 앨리슨 고프닉은 자신의 저서 『요람 안의 과학자The Scientist in the Crib』에서 두 살짜리 아들의 감동적인 이야기를 들려주었다. 어느 날 고프닉 박사가 힘든 일을 겪어서 울고 있을 때였다. 걱정스럽게 바라보던 그녀의 아들은 어디론가 가서 반창고가 담긴 커다란 상자를 들고 돌아왔다. 그러더니 엄마 품에 반창고를 몽땅 들이붓고는 엄마의 눈물과 '아야한 곳'이 사라지게 하려고 애썼다. 갓 걸음마를 뗀 아기가 '엄마가 낫게 하기 위해' 생각해 낼 수 있는 최선의 방법이었다.

어느 모로 보나 엄마를 걱정하는 행동이었다. 또한 이 이야기는 감정을 읽는 일이 어떻게 친화적인 행동을 이끌어 내는지 보여 주기도 한다. 이 아기는 '눈물 = 슬픔'이라는 공식을 알고 있었기 때문에 —아기는 이전에 자신의 얼굴에서 눈물방울을 느껴 본 적이 있었을 테고— 엄마를 달래려고 한 것이다.

다른 사람이 느끼는 고통의 미묘한 메시지를 해석할 수 있다는 것은 공감력이 발달했다는 사실을 알 수 있는 또 다른 신호다. 아이들은 두 살쯤 되었을 때 최초로 진정한 공감력을 보이기 시작한다. 그보다 더 어린 아기들은 다른 사람이 괴로워하는 모습을 보거나 들으면 울기만 한다. 그렇지만 두 살 정도의 아이들은 '상황을 더 나아지게 만들기 위해' 노력한다. 이 아이들은 단순히 상대의 고통을 느끼는 데에 그치지 않고 그 고통을 완화시키려고 애쓴다. 아이는 상대가 자신과 분리된 별개의 인간이라는 사실 —자신이 아닌 다른 사람도 속상함을 느낄 수 있다는 사실— 을 알 뿐만 아니라 상대에게 위로나 토닥임이 필요하다는 사실 또한 알고 있다. 정말 기적 같은 일이 아닐 수 없다.

"진정한 공감은 다른 사람도 당신과 똑같이 느낀다는 사실을 아는 데에서 그치지 않습니다." 고프닉은 말한다. "공감은 서로 똑같이 느끼지 않음을 알고도 어쨌든 염려하고 돌보는 것입니다."

아이들은 자라면서 지속적으로 자신의 감정독해력을 확장시켜 다른 사람의 얼굴이나 목소리 높낮이, 몸짓에서 더 능숙하게 감정을 읽고, 각각의 감정을 묘사하는 단어들을 더 잘 익혀 나간다. 언어는 공감력을 더욱 발달시킨다. "슬퍼 보여요" 혹은 "친구가 무서워하는 것 같아요"와 같은 말들은 아이들이 나밖에 모르는 자기중심적인 위치에서 벗어나 다른 사람에게 공감하고 다른 사람을 배려하는 사람이 될 준비가 되었다는 신호이다.

물론 감정 어휘를 갖췄다고 해서 모든 아이가 감정을 공유하고, 다른 사람을 보살피고 위로할 것이라고 장담할 수는 없다. 공감력이 완전히 꽃피우기 위해서는 올바른 양육, 부모의 모범, 행동의 강화, 경험, 인지 발달 등이 반드시 필요하기 때문이다. 그렇지만 공감력의 뿌리는 아기 때부터 생겨나기 시작한다. 아기들이 다른 아기의 울음소리를 듣고서 함께 울기 시작할 때부터 말이다.

아이가 감정을 구별하게 하려면 어떻게 해야 할까?

공감력은 인간관계에 뿌리를 두고 있다. 그렇기 때문에 아이의 감정을 길러 주는 가장 좋은 방법은 아이들이 감정에 관련된 사건을 직접 경험할 수 있도록 하는 것이다. 아기가 아이들에게 이상적인 선생님이 되는 이유도 여기에 있다. 아기는 흥미롭고, 매력적인 존재다. 아기가 반복적으로 교실을 방문하면 아이들은 아기의 감정에 관심을 기울이고 아기에게 신경 쓰는 법을 배운다. 그렇지만 아기만이 유일한 대안은 아니다. 당신의 아이에게 가장 효과가 좋은 방법을 찾으면 된다.

유명한 심리학 교수이자 부모들의 필독서『내 아이를 위한 사랑의 기술The Heart of Parenting』의 저자 존 가트먼은 '감정 코칭(Emotion Coaching)'이라는 방법을 고안해 냈다. 아이들에게 다양한 감정들의 이름, 감정이 일어나는 이유, 감정에 대응하는 방법을 알려 주고, 이로 하여금 아이가 정서지능과 공감력을 키울 수 있도록 돕는 방법이다. 또한 존 가트먼은 30년간의 연구를 통해 이 방법을 이용하는 부모 아래 자란 아이들의 공감력이 매우 뛰어나다는 사실을 발견했다. 즉, 이 아이들은 더 행복하고, 회복탄력성이 더 강하고, 스트레스를 덜 받고, 적응을 더 잘하고, 국어와 수학 과목에서 더 높은 점수를 얻는다. 이 능력은 단순하면서도 매우 효과적이다. 나는 직접 교실에서 이 능력이 발현되는 모습을 목격하기도 했다.

리키는 평생 잊지 못할 학생이다. 리키는 늘 다른 사람들의 감정에 관심을 가지고 그들에게 세심한 주의를 기울였다. 그런 리키는 모든 사람의 사랑을 받았다. 그러던 어느 날 나는 리키가 공들여서 카드를 만들고 있는 모습을 보았다.

"엄마 드리려고요." 리키가 수줍어하며 말했다.

"엄마 생신이니?"

"아뇨." 리키가 말했다. "엄마가 항상 절 행복하게 만들어 주시기 때문에 카드를 드리려는 거예요."

나는 리키의 엄마가 리키를 어떻게 행복하게 만들었기에 리키의 공감력이 이토록 높을 수 있는지 알고 싶었다. 기회는 일주일 뒤에 찾아왔다. 나는 학교 행사에 리키의 엄마와 리키가 함께 있는 모습을 보게 됐다. 그들이 만난 시간은 기껏해야 1분도 채 되지 않았다. 그렇지만 그녀의 의사소통 방식은 매우 특별했다. 그녀는 아들 쪽으로 상체를 숙여 아들과 서로 얼굴을 마주봤다. 그녀의 눈은 아들의 눈에만 초점을 맞추고 있었다. 아들이 이야기하는 동안 엄마는 아들의 말에 귀를 기울이면서 아이 이외의 모든 것은 차단했다. 두 사람은 서로 하나가 되어 있었다.

엄마는 아이의 말을 듣는 데에 그치지 않고 말 뒤에 숨은 감정에도 귀를 기울이고 있었다. 엄마는 감정을 분명하게 알 수 있는 짧은 말들을 이용했다.

"엄청 행복하구나!"

"그 일을 해내서 스스로가 자랑스럽구나."

엄마가 아이의 감정에 이름표를 달아 준 것이다. 혹은 "그 일을 해내서 어떤 기분이 들었니?"라고 물으며 아이가 곰곰이 생각해 볼 수 있도록 돕기도 했다. 리키의 존재 자체가 내 눈앞에서 반짝반짝 빛나고 있었다.

리키의 엄마는 리키의 '감정 코치(Emotion Coach)'를 자처함으로써 리키가 감정을 이해하도록 돕고 있었다. ROE 프로그램 강사 역시 여러 질문을 던져서 학생들이 아기의 감정 상태를 깊이 생각해 보도록 도우며 이와 비슷하게 접근했다. 다음 5가지를 통해 아이에게 감정 식별하는 법을 가르칠 수 있다.

1. 감정 코치가 되라

자연스러운 순간을 찾아 아이와 서로 마주보고, 이야기를 들어 주고, 아이의 감정을 확인하라.

2. 아기를 이용하라

만약 아기를 이용할 수 있는 여건이 된다면 ROE 프로그램 유형의 접근법을 집에서 사용해 보라. 아이에게 갓난아기인 형제(혹은 사촌이나 옆집에 사는 이웃)를 관찰하게 하면서 감정에 대해 이해하도록 이끌어 주는 방법은 어떤가? 아이의 놀이 집단에 감정을 가르칠 만한, 아기 있는 부모가 있지는 않은가?

3. 반려동물을 키우라

반려동물은 아이에게 감정을 효과적으로 가르쳐 줄 수 있다("바둑이의 꼬리를 잘 보렴. 강아지가 뭐라고 말하고 있는 것 같니?", "고양이가 겁먹었다는 건 어떻게 알았니?"). 혹은 상황이 여의치 않다면, 아이에게 동물 보호소에서 자원봉사를 해 보라고 권유하는 것도 좋은 방법이다.

4. 아이가 다른 사람을 가르치게 하라

아이에게 국어, 수학, 스포츠, 미술, 음악 혹은 그 밖의 과목에서 어려움을 겪고 있는 학생을 가르치라고 권유해 보라. 아이가 다른 사람들을 도움으로써 자신과 상대방의 감정을 이해할 수 있도록 해 주자.

5. 가까운 누군가와 영상통화를 하게 하라

'스카이프(Skype)'와 '페이스타임(Face Time)'과 같은 영상통화 서비스는 사랑하는 사람들과 얼굴을 마주 보며 교감할 수 있는 훌륭한 방법 중 하나이다. 영상통화를 하며 공감력을 키우기에 앞서 아이와 통화할 상대방의 감정상태에 대해 아이와 함께 곰곰이 생각해 보라("할머니가 기분이 어떠신지 어떤방법으로 알 수 있을까?", "할머니가 지난번처럼 피곤하실까?", "할머니 얼굴에 어떤 신호가 나타나면 통화를 끝내야 할까?").

공감력 강화하기: 감정에 관심 기울이기

아이에게 감정을 더 정확히 읽는 법을 가르치면 아이의 감정독해력까지 높아질 수 있다. 공감력을 함양하는 첫 번째 단계가 바로 이것이다. 다음에 나오는 4단계의 공감력 강화 훈련을 이용하여 첫걸음을 내디뎌 보자. 아이가 다음 단계를 밟을 준비가 될 때까지 한 번에 한 단계씩 연습하라.

1단계 : 일단 멈추고 관심 기울이기

공감력은 상대방에게 관심을 기울이는 일에서부터 싹튼다. 그러므로 아이와 대화를 나눌 때는 하고 있던 모든 일을 일단 멈추고서 온전히 서로에게 관심을 기울여라. 특히 디지털 기기가 가족의 유대를 깨뜨리지 않도록 하기 위해 다음과 같은 '4금(禁) 규칙'을 세우고 실천하라.

'다른 사람이 같이 있거나 대화를 할 때는 문자 금지, 스마트폰 금지, 통화 금지, TV 시청 금지'.

2단계 : 마주 보기

아이들은 눈 맞춤을 통해 사람들의 감정을 읽는 법을 배운다. 그러므로 아이와 대화를 할 때에는 아이와 눈높이를 맞추고 서로 얼굴을 마주 보기 바란다. 항상 말하는 사람의 눈을 마주치는 습관을 들이라. 이 규칙은 아이가 눈을 맞추고, 얼굴 표정·목소리 톤·감정 신호들을 알아차릴 수 있도록 돕는다.

팁: 가족끼리 눈싸움을 하면서 얼마나 오랫동안 눈을 깜빡이지 않고 눈 맞춤을 할 수 있는지 알아보는 것도 좋은 방법이다. 이처럼 재미있는 방법을 통해 아이가 상대방과 눈을 마주치는 일을 더 편안하게 느끼도록 도울 수 있다. 만약 그럼에도 아이가 눈 맞춤을 불편해한다면 이렇게 제안해 보자.

"말하는 사람의 콧등을 보렴."

3단계 : 감정 집중하기

여러 감정들에 이름표를 붙이는 일은 공감력과 밀접히 연관되어 있고, 아이가 감정 어휘를 늘리도록 도와준다. 다음의 간단한 3가지 방법은, 아이들이 감정에 초점을 맞추도록 도와준다.

- 감정에 이름을 붙이라: "화가 난 것처럼 보이는구나.", "불만스러운 것 같구나.", "짜증난 목소리네?"
- 감정에 관심을 기울이게 하는 질문을 던지라: "화났니?(긴장되니? 불안하니? 걱정되니? 불만스럽니?)"
- 감정과 몸짓 언어의 짝을 맞추라: "얼굴을 찡그리고 있구나. 피곤하니?", "주먹을 꽉 쥐고 있구나. 불안하니?"

아이의 감정을 평가하지 말라. 단지 공감하며 들어 주어라. 그리고 아이가 드러내는 감정을 확인하라.

4단계: 감정 표현하기

일단 감정 어휘를 갖추고 나면 아이는 감정을 표현하는 연습이 필요하다. 메리 고든은 이렇게 말했다.

"우리는 항상 '너는 왜 ~한 기분이 들어?'와 같은 질문으로 대화를 시작해야 한다고 생각합니다. 요지는 아이들이 느끼는 감정을 스스로 설명하도록 돕는 것이죠. 다음에 어떤 일이 생겼을 때 그 감정어휘를 사용할 수 있도록 말입니다. 그때가 되면 아이는 이렇게 말할 수 있을 거예요. '존을 때렸을 때 느꼈던 기분과 비슷한 기분이 들어요'라고요."

그러므로 아이에게 일단 이렇게 물어보기 바란다.

"너는 기분이 어때?"

아이가 자신의 감정을 표현할 수 있게 된다면 이제는 주어를 바꿔서 질문해 보자.

"그 사람은 기분이 어떨까?"

작은 변화일 뿐인데도 아이는 자신의 감정에서 벗어나 다른 사람의 걱정 거리에 대해 고민하기 시작한다.

아이가 감정독해력을 익힐 수 있도록 돕는 방법

감정은 스크린을 보거나 문자를 보내거나 휴대 전화 화면을 터치하거나 전자기기에 대고 말을 하는 방법으로는 배울 수 없다. 감정을 배우는 가장 첫 번째 단계는, 디지털 기기를 사용하지 않는 시간 동안 가족들이 서로에게 집중하는 것이다.

1. 디지털 기기 사용 시간을 점검하라

가정에서 휴대 전화, 이메일, 문자, SNS, TV, 비디오 게임, 태블릿PC, 컴퓨터 등의 총 사용 시간을 정기적으로 점검하라. 현재 당신의 가족은 평소 하루에 몇 시간 정도 디지털 기기를 사용하는가? 가족의 얼굴보다 모니터 화면을 더 오래 보고 있지는 않은가?

2. 디지털 기기를 사용하지 않는 시간을 정하라

카이저가족재단(Kaiser Family Foundation)이 실시한 연구에 따르면 디지털 기기 사용 규칙을 엄격하게 정해 놓은 가정의 아이들은 디지털 미디어를 더 적게 사용한다고 한다. 가족만의 소중한 시간(가령 식사 시간)과 장소(가령 거실)를 확인하고 모든 가족에게 해당하는 디지털 미디어 사용 제한 시간을 명확하게 정하라.

3. 부모의 디지털 기기 사용 습관을 점검하라

부모가 스스로 디지털 기기 사용 시간을 제한하면 아이들은 자신이 부모에게 가장 중요한 존재라는 사실을 깨닫게 될 것이다. 그러므로 끊임없이 휴대 전화를 확인하는 습관을 버리도록 노력하라. 중요한 전화를 해야 한다면 알람 기능을 설정하고, 규칙적으로 한 시간에 한 번씩 확인을 하고, 다음을 규칙으로 삼자.

"아이와 대화할 때는 휴대 전화 전원 *끄기!*"

4. 함께 식사하라

연구 결과에 따르면, 일주일에 여러 번 ―디지털 기기를 옆에 두지 않고― 가족이 함께 편안히 밥을 먹는 시간을 가지는 것만으로도 아이의 학업 성취도 · 사회성 발달 · 정서 발달에 긍정적인 영향을 끼칠 수 있음을 밝혔다. 최소한 일주일에 하루 저녁이라도, 온 가족이 모여 함께 식사를 하며 대화를 나누고 하루 동안 각자의 기분이 어땠는지에 대해 이야기하라. 감정 어휘가 적힌 카드들을 넣은 바구니를 옆에 두고 주제를 지정할 수도 있다. 감정 카드 ―예를 들어 '자랑스러운'이라고 적힌 카드― 를 고른 다음 이렇게 물어보자.

"이번 주에 스스로 가장 자랑스러웠던 순간은 언제였니?"

모두가 다음 문장으로 시작하며 자신의 경험을 차례대로 공유할 것이다.

"이번 주에 내가 가장 자랑스러웠던 순간은……."

누가 가장 흥미로운 경험을 했는지에 대해 투표를 해도 좋다. 잠들기 전이나 아이와 단 둘이 자동차 안에 있을 때 해도 좋다.

5. 디지털 기기 사용 금지 시간에는 아이와 감정을 공유하라

감정독해력을 가르칠 수 있는 가장 간단한 방법은 부모 자신이 '어떻게' 느끼는지 그리고 '왜' 그렇게 느끼는지를 아이에게 설명하는 것이다. 『도덕적인 아이로 키우기Raising Good Children』의 저자 토마스 리코나는 아들들과 함께 자동차를 탈 때 지켜야 하는 규칙을 만들었다. 라디오와 디지털 기기를 모두 끈 다음 아이들이 아빠에게 하루가 어땠는지 묻는다.

"익숙해지기까지 시간이 좀 걸렸지요." 리코나가 말했다. "그렇지만 이내 우리는 하루에 대한 모든 감정을 공유하게 됐습니다."

가족들이 자신의 감정을 공유할 수 있는 시간을 만들도록 하라.

연령별 접근법

아이가 감정독해력을 배우도록 돕는 방법은 수십 가지가 있지만 내가 가장 좋아하는 방법은 캘리포니아주 팜스프링스에 사는 수학 교사 댄 빈이 사용한 방법이다. 댄 빈이 재직하는 중학교는 이미 또래 간의 공감력을 강화하는 학습 방법들을 사용하고 있었다. 그렇지만 그는 거기에 그치지 않고, 학생들이 교사의 감정에도 관심을 기울여야 한다고 생각했다. 그래서 빨간색, 노란색, 초록색 종이를 동그랗게 잘라 매일 자신의 기분을 나타내는 색깔의 종이를 교실 문에 테이프로 붙였다. 대부분 '좋은 날'을 의미하는 초록색 동그라미가 붙어 있었고, 그럴 때 학생들은 아무 말도 하지 않았다. 가끔씩 '주의 바람!'을 뜻하는 노란색 동그라미가 붙어 있을 때면 학생들이 물었다.

"선생님, 괜찮으세요?"

그러던 어느 날, 처음으로 빨간색 동그라미가 붙자 학생들은 그를 걱정했다. 빈의 어머니는 병을 앓고 있었는데, 그는 학생들이 자신이 힘든 시간을 겪고 있다는 사실을 알아주길 바랐다.

"아이들은 제 어머니를 알지 못합니다. 그렇지만 제게 관심을 기울이고 무슨 일인지 알아보려 했지요." 그가 말했다. "저는 아이들이 얼마나 세심하고 얼마나 우리에게 관심을 기울이는지 깨달았습니다. 우리가 허락하기만 한다면 말이죠."

이 밖에도 아이들이 감정을 이해하도록 돕는 방법들은 많다. 한 엄마는 댄빈의 방법을 응용해서 자신의 감정을 나타내는 여러 색깔의 자석을 냉장고에 붙였다고 말했다. 그러자 그녀의 아이들은 놀라울 정도로 세심해졌다.

또 다른 엄마는 '방해하지 마시오' 팻말을 침실 방문에 걸어 아이들에게 엄마가 힘든 하루를 보냈다는 사실을 경고했다. 그러자 그녀는 두 가지 일이 벌어졌다고 말했다. 먼저, 그녀의 아이들은 그녀에게 평소보다 더 관심을 기울였다. 또 하나, 아이들은 또한 힘든 하루를 겪으면 자신의 침실 방문에 감정을 나타내는 팻말을 걸었다.

"서로에게 관심을 기울였어요!" 그녀가 웃으면서 말했다.

아이들이 감정에 관심을 기울이도록 돕는 방법은 실질적이고, 연령과 능력을 고려해야 하고, 의미가 있어야 한다. 다음 방법들 중에서 여러분의 가족에게 가장 잘 맞는 방법을 찾아보길 바란다.

알파벳은 추천 연령과 활동 적합 연령을 가리킨다.
ⓛ=Little Ones(어린아이), Ⓢ=School Age(만 6~12세 사이의 초등학생),
Ⓣ=Tweens and Olders(10대 초반과 그 위의 아이), Ⓐ=All Ages(모든 연령)

• 감정 어휘를 배우라 Ⓐ

아이가 '감정 어휘'를 확장할 수 있도록 돕자. 그렇게 하면 아이는 다수의 감정 어휘를 이해하여 이 어휘를 상황에 맞게 이용할 수 있을 것이다. 감정 어휘에는 다음과 같은 것들이 있다.

쾌활한, 화난, 짜증이 난, 불안한, 걱정되는, 끔찍한, 배신감이 드는, 지루한, 용감한, 침착한, 유능한, 배려하는, 발랄한, 편안한, 자신감 있는, 혼란스러운, 만족하는, 협조하는, 창의적인, 잔인한, 궁금한, 우울한, 실망한, 혐오감을 느끼는, 심란한, 황홀한, 당황스러운, 즐거운, 격분한, 들뜬, 기막히게 좋은, 무서운, 지긋지긋한, 자유로운, 우호적인, 좌절감을 느끼는, 너그러운, 온화한, 침울한, 죄책감이 드는, 행복한, 기분이 상한, 무시당한 느낌인, 조바심 나는, 불안정한, 흥미를 느끼는, 질투하는, 아주 기뻐하는, 외로운, 어떻게 할 줄 모르는, 다정한, 압도된, 극심한 공포를 느끼는, 평화로운, 깊은 생각에 잠긴, 즐거운, 자랑스러운, 느긋한, 안심한, 슬픈, 안전한, 만족스러워 하는, 겁먹은, 예민한, 진지한, 수줍어하는, 스트레스를 받는, 신경이 날카로운, 신이 난, 불안해하는, 두려워하지 않는, 불편한, 걱정하는.

• 비언어적 신호를 해독하라 Ⓐ

비언어적 메시지를 부정확하게 해석하면 심각한 오해가 생길 수 있다(특히 10대 초중반 아이들은 감정 신호를 '잘못' 해석하기 쉽다). 그러므로 부모 자신의 감정 상태를 정확하게 말하여 아이의 오해를 바로잡아 주자.

"내가 정신이 나갔나 하는 생각이 들지? 단지 몹시 피곤할 뿐이야."

그런 다음, 신체 자세가 비언어적 감정 메시지를 담을 수 있다는 사실을 가르쳐 주자.

"어깨가 처져 있는 건 스트레스를 받고 있다는 뜻이야."

"나는 화가 난 게 아니라 불만스러운 거야. 화가 나면 이를 간단다."

• 음향을 끄고 영상을 보라 Ⓐ

몇 분 동안 TV 소리를 끄고 아이와 함께 배우의 신체 언어를 보면서 배우가 어떤 감정을 느낄지 추측해 보자. 손톱을 깨물거나 머리카락을 손가락으로 배배 꼬는 것은 긴장했다는 의미일 수 있다. 이를 악무는 것은 겁을 먹었다는 의미일 수 있다. 눈을 굴리거나 상대방에게서 시선을 돌리는 것은 관심이 없다는 뜻일지도 모른다. 고개를 끄덕이며 몸을 앞으로 기울이는 것은 관심이 있다는 뜻일지도 모른다.

• 육아 일기를 이용하라 Ⓛ, Ⓢ

가족 앨범을 꺼내서 가족들의 아기 때 사진들을 함께 보라. 사진에 있는 아기의 감정 상태에 아이가 주목하게 만들어라.

"이 사진에서 너는 어떤 기분인 것 같니?"

"무엇 때문에 그렇게 생각하지?"

"이 사진에서는 남동생이 뭐라고 말하고 싶어 하는 것 같니?"

어떤 부모들은 아이의 아기 때 사진들로 미니 앨범을 만들고 그 위에 감정 어휘 카드를 부착해서 아이가 정확하게 감정들을 구분하도록 돕기도 한다.

• '감정 탐정'이 되라 Ⓛ, Ⓢ

쇼핑몰이나 슈퍼마켓, 공원, 놀이터 등에서 아이와 함께 다른 사람들의 얼굴 표정이나 신체 언어를 관찰하고 아이가 특정한 감정과 연관 지을 수 있도록 돕자. 그런 다음 그들의 대화를 듣지 않은 상태에서 그들의 감정을 함께 추측해 보라.

"그녀가 어때 보이니? 그녀는 어떤 감정을 느끼고 있을까?"

"저 여자아이가 주먹을 꽉 쥐었어. 얼굴을 찌푸리고 있는 거 보이지? 저 애가 옆의 여자아이에게 뭐라고 말하고 있을까?"

• 감정 어휘를 더 많이 사용하라 (특히 남자아이에게!) Ⓐ

평상시 여자아이들은 남자아이들보다 훨씬 더 많은 감정 어휘를 듣는다. 그러므로 당신이 사용하는 어휘를 약간 바꿔 보자. 남자아이와 감정에 대해 더 많은 이야기를 나누고 아이에게 자신의 감정을 드러내 보이거나 전달해도 괜찮다고 말해 주자.

팁: 남자아이들은 어떤 활동을 하고 있는 동안 더 쉽게 마음을 터놓는다. 그러므로 남자아이와 '함께' 게임을 하거나, 레고를 쌓거나, 운동을 하며 감정에 대해 대화를 주고받아 보라.

• 감정이 나오는 영화를 이용하라 Ⓐ

함께 영화를 보며 쉽고 재밌는 방법으로 아이들이 감정을 인식하도록 도울 수 있다. 다양한 감정을 그리고 있는 영화를 골라서 각 캐릭터들의 감정을 구분하고, 관객으로서 어떻게 느끼는지 아이와 함께 이야기를 나눠 보자.

• 감정 카드를 만들어 아이와 함께 몸짓 놀이를 하라 Ⓐ

몇 장의 카드에 감정 어휘들을 하나씩 적어 보자. 아이가 매우 어리다면 '행복한', '슬픈', '화난', '두려운', '놀란', '혐오스러운'의 6개의 기본 감정만 적고, 아이가 더 자랄 때마다 감정 어휘를 천천히 늘려 나가라. 그런 다음 잡지나 인터넷에서 사진들을 찾아 자른 후, 사진에 표현된 감정과 대응하는 카드를 매치시킨다. 어휘를 가리고 사진을 보여준 다음 아이에게 어떤 감정인지 추측해 보도록 하거나, 그런 감정을 경험한 순간에 대해 이야기해 보도록 하자. 혹은 카드를 이용해 감정 몸짓 놀이를 해 보자. 방법은 각자가 카드를 하나씩 뽑은 다음 소리를 내거나 말을 하지 않은 채 얼굴과 신체만을 이용해 그 감정을 표현하고, 다른 사람은 그 사람의 감정을 알아맞히면 된다.

• 감정에 대한 그림책을 읽으라 ⓛ, ⓢ

감정에 대해 이야기하는 그림책을 찾아라. 아이와 함께 책을 읽으면서 캐릭터의 얼굴과 그에 적절한 감정을 짝을 지어 보자. 예를 들어, 『라마 라마: 혼자서도 잘 자요Llama Llama Red Pajama』에는 엄마 라마가 곁에 없다는 사실을 두려워하는 아기 라마의 표정을 묘사한 장면이 나온다. 이 장면을 보고 아이에게 이렇게 물어보라.

"아기 라마의 얼굴이 어때 보이니? 아기 라마는 왜 두려움에 떨고 있을까? 아기 라마처럼 겁이 난 표정을 지어 보렴. 너도 그렇게 겁이 났던 적이 있니?"

그 밖에도 알리키 브란데르크의『감정Feelings』, 엘리자베서 크래리의『나는 몹시 화가 나요I'm Mad』, 재넌 캐인의『기분이 어때?The Way I Feel』, 닥터 수스의『하루하루 다른 색깔My Many Colored Days』 등을 추천한다.

• "기분 어때?" 카드를 만들라 ⓢ, ⓣ

『소녀들의 심리학Odd Girl Out』의 저자 레이첼 시먼스는 사춘기를 겪는 많은 아이들이 또래 친구들과의 감정 표현을 어려워한다고 말한다. 레이첼 시먼스는 비영리기구인 여학생리더십학교(Girls' Leadership Institute)를 설립해 소녀들의 적극적인 자기표현 기술과 정서지능을 길러 주고 진정성 있는 관계를 쌓는 데 도움을 주는 프로그램을 진행해 오고 있다. 가령 두 명의 여자아이가 서로 다퉜다고 가정해 보자. 이런 상황에서 그녀가 제안하는 해결책은 각 여자아이에게 다양한 감정들(예를 들어, 혼란스러운 / 불안한 / 배신감을 느끼는 / 죄책감을 느끼는 / 이용당했다는 기분이 드는 / 질투하는)을 보이는 20개의 얼굴이 그려진 '기분 어때?' 카드를 나눠 주는 것이다. 그러면 아이들은 자신이 현재 느끼는 감정의 얼굴 카드를 가리키기만 하면 된다. 그러면 그 아이들은 서로 '마음을 터놓고서' 화해를 하게 된다. 이는 말다툼을 진정시킬 때만이 아니라 가족들과 대화를 시작할 때에도 유용한 방법이다.

감정독해력을 길러 주기 위해 알아야 할 5가지

1. 대면 접촉은 아이들이 감정을 읽는 법을 배우고 공감력을 키울 수 있는 가장 좋은 방법이다.

2. 아이들은 하루에 최소한 7시간 30분 동안 디지털 기기를 이용하는데, 이 시간 동안 아이들은 가족들과 유대감을 쌓을 기회뿐만 아니라 공감력을 배울 기회 또한 박탈당한다.

3. 의미 있는 경험, 감정을 자극하는 경험, 친밀하고 개인적인 경험은 아이들이 감정을 이해하도록 하는 데 가장 큰 도움이 된다.

4. 아이의 감정독해력을 키우기 위해서는 우선 아이에게 감정을 설명할 수 있는 감정 어휘를 가르쳐야 하고, 감정 어휘를 어떻게 사용해야 하는지 안내해야 한다.

5. 부모들은 남자아이보다 여자아이에게 감정을 더 많이 논의하고 설명하며 공유하라고 북돋는 경향이 있다.

마지막 1가지

과학 연구 결과, 아기들은 사회성과 공감력을 갖추고 태어나지만 자라면서 그 능력들을 계속 간직하리라는 보장은 없다. 그렇기 때문에 이러한 능력들은 어른들이 길러 주고 키워 주어야 한다. 아이들에게 감정 어휘를 가르치고, 감정에 대해 이야기하고, 다른 사람들의 감정에 관심을 기울이는 것은 아이의 공감력을 키우는 일에 있어서 필수적이다. 특히 다른 사람의 감정에 관심을 기울이는 것은 아이들이 다른 사람의 감정에

민감하게 반응하도록 만들고, 다른 사람의 관점을 이해하도록 돕는다. 이 습관을 가르치면 아이의 공감력을 키우는 일에 있어 매우 유리해지게 된다. 자신의 감정을 인식하고 이해하고 표현하는 일에 능숙한 아이들은 그렇지 않은 아이들보다 더 건강하고, 회복탄력성이 더 높고, 다른 사람을 돕는 일에도 더 적극적이며, 더 인기가 많다. 게다가 학교 성적도 더 뛰어나다.

그렇지만 지름길은 없다. 아이에게 감정을 알려 주는 일은 아이와 얼굴을 마주보고 지속적으로 의사소통을 할 때에만 가능하다. 일대일 인간관계를 더 많이 맺고, 디지털 기기를 더 적게 사용할수록 아이의 공감력이 꽃피울 가능성은 더 높아질 것이다. 이 모든 일은 일단 다른 사람의 감정에 관심을 기울이는 일에서부터 시작한다.

도덕적 정체성 확립하기

"공감력이 뛰어난 아이는
도덕적 정체성이 뚜렷하다"

제2차 세계 대전 후의 1950년대는 아이들이 아무 근심 걱정 없이 자유롭게 뛰어놀던 시대였다. 오늘날처럼 전자 기기를 손에서 놓지 않는 시대가 아니라 말이다. 말하자면 아이들에게 아직까지 '유년기'가 있던 때였다. 이 '행복한 시절'에, 텍사스주의 데니슨 외곽에서 체슬리 설렌버거라는 이름의 소년이 성장했다. 체슬리의 성장과정은 '행복한 시절'의 이미지와 딱 맞아떨어졌다. 주말에는 캠핑을 하고, 하이킹을 하고, 낚시를 하고, 시내에 있는 극장에서 가끔 영화를 봤다.

체슬리의 가정은 중시하는 가치가 뚜렷했다. 체슬리는 늘 공손했는데, 이는 부모님이 나이가 더 많은 사람들에게 항상 경의를 표하라고 가르쳤기 때문이었다. 또한 체슬리의 부모님은 체슬리가 어렸을 때부터 그에게 강한 사회적 책임감과 직업윤리를 심어 주었고, 이는 체슬리의 삶에 평생 동안 영향을 미쳤다. 어릴 때부터 집안일을 도와야 했던 체슬리는 주말이 되면 아침 7시에 일어나서 아버지를 도왔다. 체슬리와 그의 누나는 아버지를 보면서

'불가능이란 없다!'라는 사실을 배웠으며, 어머니로부터는 헌신적인 봉사 정신을 배웠다고 했다.

체슬리의 가족들은 NBC의 뉴스 프로그램 〈헌틀리-브링클리 리포트 Huntley-Brinkley Report〉를 보며 저녁식사를 할 때가 많았다. 1964년 3월의 어느 저녁, 체슬리의 가족들은 키티 제노비스라는 이름의 젊은 여성이 자신이 살고 있는 뉴욕 아파트 앞에서 칼에 찔려 살해됐다는 뉴스를 봤다. 경찰은 인터뷰에서 '38명의 목격자가 도와 달라고 외치는 소리를 듣거나 잔인한 공격 과정을 지켜봤지만 아무도 도와주지 않았다'고 말했다. 전해진 바에 의하면 '연루되고 싶지 않기 때문'이었다는 것이다.

키티 제노비스의 이웃이 보인 무관심은 체슬리에게 커다란 충격을 주었다. 체슬리는 '아무도 그녀를 돕지 않았다'는 사실을 도저히 받아들일 수가 없었다. 이 사실은 체슬리가 그간 믿어 온 모든 신념을 뒤집어 버렸을 뿐만 아니라, 체슬리의 자아의식에도 영향을 미쳤다. 그날 체슬리는 한 가지 맹세를 했다.

'만약 키티 제노비스 같은 누군가가 내 도움을 필요로 하는 상황에 있게 된다면 나는 적극적으로 행동할 거야. 내가 할 수 있는 일이라면 뭐든지 할 거야. 절대 포기하지 않을 거야.'

이 열세 살 소년의 맹세는 다른 사람들에게 관심을 기울이고 그들의 고통을 절대 방관하지 않으며 살아가겠다는 자신과의 약속이었다. 그 후로도 체슬리가 정체성을 형성하는 데 수많은 사람과 다양한 경험이 영향을 미쳤지만 이때 한 약속은 체슬리의 도덕적 정체성을 규정하여 그가 성장하고, 대학에 가고, 사회생활을 시작하고, 가정을 꾸리는 내내 마음속에 남아 있었다. 이 맹세가 엄청난 의미를 가지게 된 것은 처음 맹세를 하고 45년이 지난 후였다.

2009년 1월 15일, 텍사스 소년은 유년기의 꿈을 이미 이룬 터였다. 체슬리는 항공기 조종사였다. 어느 날이었다. 체슬리가 조종하는 US항공 비행기가 막 뉴욕의 라구아디아 공항에서 이륙한 순간, 비행기는 옆에서 날아가던 한 무리의 거위 떼와 부딪혀 양쪽 엔진이 모두 망가졌다. 안전하게 착륙할 수 있는 유일한 곳은 허드슨강뿐이었다. 체슬리 설렌버거 기장은 고장 난 비행기를 허드슨 강 위에 기적적으로 착륙시켰고, 승객과 승무원 155명의 목숨을 전부 구했다.

이 사건은 이후 '허드슨강의 기적'이라고 불리며 항공 역사상 가장 놀라운 비상 착륙 사고 중 하나로 손꼽히게 되었다. '절대 방관자가 되지 않겠다'고 맹세했던 소년은 그렇게 영웅이 되었다. 스스로의 맹세에 부끄럽지 않게, 체슬리는 폭발 직전인 비행기의 통로를 두 번이나 왔다 갔다 하며 비행기 안에 누구도 남아 있지 않다는 것을 완전히 확인한 후 맨 마지막으로 비행기를 떠났다. '위험에 처한 사람들 중 그 누구도 포기하지 않겠다'라고 어린 시절에 했던 맹세를 자신만의 방식으로 충실히 지킨 것이다.

진정한 용기란 무엇인지 보여 주는 놀라운 이야기이다. 체슬리는 자신이 2009년 1월 15일에 보인 진실성, 용기, 연민이 이미 매우 오래전부터 자기 안에 내포되어 있었다고 믿는다.

"저는 많은 경험들을 하고 많은 사람들의 도움을 받으며 형성되었습니다." 체슬리가 말했다. "마치 제 인생의 많은 순간들이 은행에 예치되어 있었던 것만 같아요. 제가 필요한 순간에 꺼내 쓸 때까지 말이죠."

도덕적 정체성을 키우는 법 배우기

도덕적 정체성을 키우는 일의 가장 첫 단계는 아이들이 스스로 '자신은 다른 사람들의 생각과 감정을 소중하게 생각하는 배려 깊고 책임감 있는 사람'

이라고 정의하도록 만드는 것이다. 스스로 배려 깊은 사람이라고 믿는다면, 다른 사람을 배려할 가능성은 더욱 높아진다. 체슬리는 스스로 다른 사람들을 도울 책임이 있는 사람이라고 믿었기 때문에, 추락한 비행기의 통로에 마지막까지 남아서 모든 승객이 무사히 빠져나갔는지 확인했던 것이다. 공감력이 높은 아이로 키우는 일에 도덕적 정체성이 매우 결정적인 요소인 이유가 여기에 있다.

"넌 정말 똑똑한 아이야!"

"재능이 뛰어나구나!"

"그렇게 좋은 성적을 받다니 정말 자랑스럽구나."

물론, 부모는 아이의 성취와 성공을 자랑스러워한다. 그렇지만 아이의 기분을 좋게 만들려 애쓰는 과정에서 부모는 아이의 지적·사회적·신체적 성취에만 초점을 맞추는 경향이 있다. 연민·관대함·사려 깊음·다른 사람에 대한 배려 등과 같은 도덕적 성취는 간과한 채 말이다. 심지어 부모들도 이를 인정한다. 통계적으로, 93퍼센트의 성인들이 우리가 아이들에게 어떠한 가치를 심어 주는 데 실패하고 있다고 느끼며, '친절과 배려'의 덕목은 아이들의 우선순위에는 올라와 있지도 않다. 또한 청소년들 중 3분의 2가 자신의 개인적 행복이 선량함보다 중요하다고 말한다.

그렇지만 이러한 사회 친화적인 덕목들은 아이들의 자아의식(*자신의 역할이나 존재에 대하여 가지는 생각)을 형성한다. 일반적으로 우리는 자신의 자아상과 일치하는 방식으로 행동한다. 그러므로 아이의 공감력이 높아지기를 바란다면, 아이 스스로 자기 자신을 배려 깊은 사람으로 여겨야 한다. 그런 다음 다른 사람들의 생각과 감정을 소중하게 여기는 법을 배워야 한다. 이것이 바로 아이들이 자신의 도덕성과 배려심을 인식하도록 도와줘야 하는 이유이다. 도덕적 정체성은 아이의 성품과 미래를 형성하는 동시에 공감력을 높이고 잘 살아가도록 도와주는 중요한 요소이다.

도덕적 정체성을 키우는 것은 왜 어려울까?

모든 문화권에는 저마다 중요하게 생각하는 가치와 우선순위가 있다. 그리고 이는 그 문화권에 속한 아이들의 정체성을 형성한다. 셀렌버거는 강한 사회적 책임감과 다른 사람을 돕는 일을 중요하게 여기던 1950년대를 살았다. 그렇지만 요즘은 '좋은 성품' 대신 '성공'이 그 자리를 꿰찼다. 오늘날 우리의 우상은 유명 인사들이고, 우리의 목표는 부와 명성이며, 우리의 최우선 순위는 자기 자신이고, 우리의 좌우명은 "그냥 해(Just do it)!"이다. 가치와 우선순위의 뚜렷한 문화적 변동 때문에 요즘 아이들은 다른 사람의 관점과 감정을 존중하고 강한 도덕적 정체성을 형성하기가 어렵다. 여기서 요즘 사회의 문제점들 중 일부를 소개한다.

급속히 확산되는 나르시시즘

지난 수십 년 동안 나르시시즘은 지속적으로 증가해 왔다. 특히 서구 국가들에서 더 높은 비율로 증가했다. 미국 여론조사기관인 갤럽(Gallup)은 10대 초반 아이들 11,000명 이상을 대상으로 한 여론 조사의 응답을 비교했다. 400개가 넘는 항목들 중에서 지난 40년 동안 가장 큰 변화를 보인 항목은 "나는 중요한 사람이다"라는 항목이었다. 1950년대에는 대상자의 단 12퍼센트만이 이 표현에 동의한다고 답한 한편, 1980년대 후반에는 대상자의 80퍼센트 이상이 자신이 '매우 중요하다'고 생각했다. 나르시시즘 평균 수치도 지난 20년 동안 30퍼센트 높아졌다. 나르시시즘은 지금 이 순간에도 계속 증가하고 있다. 아이들이 단단한 도덕적 정체성을 가졌으면, 하는 사람들에게는 걱정스러운 뉴스이다. 일종의 '특권 의식'을 느끼는 아이들은 '자신의' 욕구와 감정에만 집중하고, '자신의' 경험에만 기초하여 '자신의' 관점을 정하고, '자신의' 눈을 통해서만 세상을 바라본다. 다른 사람들은 안중에도 없다. 다른 사람들을 소중하게 여기는 법을 배울 기회 역시 사라지고 만다.

부모들과 주위 사람들이 퍼붓는 과도한 칭찬

아이들을 '자기 몰입 모드(Self mode)'에 가두는 요소는 다양하지만 가장 심각한 원인 중 하나는 과도한 칭찬을 지속적으로 받는 것이다. 요즘은 어느 집 냉장고에서든지 아이가 손가락에 물감을 묻혀 휘갈겨 놓은 그림을 과시하듯 붙여 둔 것을 볼 수 있다. 아이가 받은 트로피, 상장, 성적표가 선반을 장식하기도 한다. '우리 아이는 우등생'이라고 적힌 스티커가 승용차 범퍼에 붙어 있다. 잘한 일에 대해 아이들을 적절하게 격려해 주는 것은 괜찮지만, 오늘날의 '자존심 세워 주기'는 정도가 지나쳐 오히려 아이들을 위태롭게 만들고 있다.

최근 오하이오 주립대학교의 연구팀은 1년 반에 걸쳐 부모와 아이들을 조사하여 나르시시즘이 시간의 흐름에 따라 어떤 방식으로 발달하는지를 알아냈다. 결과는 명확했다. 연구를 시작할 때 자신의 아이를 '과대평가했던' 부모들의 아이들은 나르시시즘 수치가 높게 나왔다. 부모들은 이 아이들에게 '다른 아이들보다 더 특별하고, 특별한 것들을 충분히 누릴 자격이 있는 아이'로 묘사했다. 자신의 양육방식이 아이에게 중요한 영향을 미치는지 아닌지에 대해 궁금했던 부모라면 이 연구 결과를 보고 의심이 사라질 것이다.

"아이들은 부모가 자신에게 다른 아이들보다 더 특별하다고 말하면, 정말 그렇다고 믿습니다." 연구팀 중 한 명인 브래드 부시맨은 말했다. "이는 아이 자신에게도, 사회 전체에도 좋지 않을지 모릅니다."

과도한 칭찬은 도덕적 정체성은 물론 공감력을 키우는 데에도 좋지 않다.

비대해진 자존감은 학교 밖까지 영향을 미친다

자녀 양육 방식의 주요 변화는 일반 문화에까지 천천히 스며든다. 많은 학교들이 '자존감 키우기 캠페인'에 참여하고 있는 까닭을 여기에서 알 수 있다. 심지어 어떤 학교들은 교사가 빨간펜으로 체크를 하는 것이 학생들의 자존감을 떨어뜨릴 것을 염려하여 교사들의 빨간 색연필 사용을 금지하기도 하였다. 미국의 유명 펜 제조사인 '페이퍼 메이트(Paper Mate)'는 더 편안하고 덜 비판적이라고 여겨지는 보라색 펜의 생산을 늘리는 방법으로 '더 친절하고 온화한 교육 시스템'을 구축하는 일에 한몫을 했다.

운동 코치와 스포츠 산업 또한 이 흐름에 동참하고 있다. 한 전국스포츠협회 지부는 연간 예산의 약 12퍼센트를 사용하여 트로피를 제작함으로써 모든 아이들이 스스로 특별하다고 느낄 수 있도록 한다. 고작 '참가상'에 불과한 트로피일 뿐일지라도 말이다.

그렇지만 아이들의 자아(Ego)를 지나치게 부풀리는 것은 여러 문제를 야기한다. 첫째로, 아이들은 칭찬을 많이 들을수록 점점 더 많은 칭찬을 필요로 한다. 두 번째로, '특권 의식'을 가진 아이들은 세상이 자신에게 특별한 대우를 해 줘야 한다고 믿는다. "옆 사람은 잊어버려. 인생에선 내가 전부야"와 같은 생각처럼, 내가 제일 중요하다고 여기는 자기중심적 신념은 한 번 뿌리박히면 오랫동안 사라지지 않는다. 그 결과, 역사상 가장 많은 칭찬을 받으며 자란 요즘 세대가 '나는 특별하다'는 생각을 학교 밖으로까지 가져가면서 많은 문제들이 발생하고 있다.

대학 교수들은 학생들이 그들 스스로 특별대우를 받아야 한다고 생각한다며 불만을 터뜨린다. 설문조사에 의하면, 대학생들 중 3분의 2가 만약 자신이 열심히 노력했다는 사실을 증명하면 교수는 자신의 성적을 특별히 신경써 주어야 한다고 생각한다. 나머지 3분의 1은 수업에 출석하는 것만으로도 최소한 B 학점을 받아야 한다고 생각하며, 심지어 대학생들 중 3분의 1은 만약 기말고사가 자신의 휴가 계획과 겹치면 기말 고사 일정이 변경되어야 한다고 생각한다.

부모라면 아이가 기분이 좋도록 도와주고 싶은 마음이 드는 것은 당연하다. 그렇지만 우리의 그런 양육방식이 아이가 다른 사람들을 배려하지 않도록 만들고 있는 것일지도 모른다. 다행히 여러 과학적 연구 결과들이 칭찬을 이용하여 아이에게 강한 도덕적 정체성을 심어 주는 방법과 공감력이 높고, 다른 사람을 배려하며, 이타적인 아이로 키우는 방법들을 알려 주고 있다. 이 연구 결과들은 매우 비범한 사람들에게서도 확인할 수 있는데, 바로 방관자가 되기를 거부한 사람들이다.

과학이 말하는 것: 도덕적 정체성을 형성하는 방법

수십 년 동안 나는 공감력을 키우는 가장 좋은 방법이 무엇인지 연구했다. 수십 명의 전문가들을 인터뷰하고 수천 편의 논문을 샅샅이 뒤졌지만 정작 그 답은 대량 학살과 인간 본성의 가장 어두운 면을 연구하는 동안 찾을 수 있었다. 또한 나는 답뿐만 아니라 희망도 함께 찾았다. 내가 방문한 모든 대량 학살 현장들 —아우슈비츠, 르완다, 아르메니아, 다하우, 캄보디아 등— 은 상상 불가능한 참상을 기록한 한편, 인간애의 최고 경지를 몸소 보여 준 사람들 또한 빼놓지 않고 묘사하고 있었다. 방관자가 되기를 거부한 이들을 우리는 '이타적인 구조자들(Altruistic Rescuers)'이라고 부른다. 사회학자들은 이들의 동기를 알아내기 위해 수백 명을 인터뷰했다. 이들은 모두 평범한 시민에 불과했는데, 그들 중 대부분이 인간애에 대한 깊은 믿음을 가지고 있었다는 사실을 발견했다. 그들은 다른 사람들의 감정과 생각을 배려했다.

"돕지 않을 수 없었어요." 한 구조자가 말했다.

"마음이 시키는 대로 했습니다." 또 다른 구조자가 말했다.

더 흥미로운 사실은 이들 중 대부분이 자신에게 강한 도덕적 정체성을 심어 준 사람으로 부모를 꼽았다는 점이다.

잠재적 이타주의는 분명히 존재하고, 이는 우리가 아이들에게 충분히 함양해 줄 수 있는 자질이다. 아이가 공감력을 갖추기를 원한다면, 우리는 아이가 스스로 다른 사람을 배려하고 소중하게 여기는 사람이라고 생각하도록 도와야 한다. 그리고 유년기에 걸쳐 서서히 이 믿음이 자리 잡도록 도와야 한다.

부모는 아이에게 도덕적 정체성을 심어 주어야 한다

사무엘 올리네르는 나치에 의해 가족이 살해당했지만, 발비나라는 이름의 한 폴란드 여성 농민 덕분에 겨우 목숨을 부지했다. 사무엘 올리네르와 그의 부인인 펄 올리네르는 약 30년에 걸쳐 나치가 점령했던 유럽에서 살아남은 이들을 구조했던 사람들과 그러지 않았던 사람들 1,500여 명을 인터뷰했다. 왜 발비나와 같은 사람들이 아무런 보상이 없는데도 불구하고 스스로 커다란 위험을 무릅썼는지 알아내기 위해서였다. 이 연구는 홀로코스트(*Holocaust, 제2차 세계 대전 중 아돌프 히틀러가 이끈 나치당이 독일 제국과 독일군 점령지 전반에 걸쳐 계획적으로 유태인과 슬라브족, 집시, 동성애자, 장애인, 정치범 등 약 1천 1백만 명의 민간인과 전쟁포로를 학살한 사건) 시기에 유대인을 구조했던 사람들의 특징과 왜 그들이 다른 사람들에게 그토록 깊이 마음을 썼는가를 다룬 연구 중 가장 규모가 큰 것이었다. 올리네르 부부가 『이타적 성격The Altruistic Personality』이라는 책에서 밝힌 연구 결과는 도덕적 정체성을 가진 아이들로 키우는 일에 있어서 부모의 역할이 얼마나 중요한지를 잘 보여 준다.

올리네르 부부는 일반인들과 구별되는 그들의 몇 가지 특징을 찾았다. 먼저, 구조한 사람의 대부분은 공감력이 매우 높았다. 그들은 문제 상황을 방관하거나 다른 사람들이 고통받는 모습을 지켜보기만 하지 않았다. 또한 그들 중 많은 수가 강한 '자기 효능감(*Self-efficacy, 어떤 상황에서 스스로 적절한 행동을 할 수 있다는 기대와 믿음)'을 가지고 있었으며, 자신이 세상에 선한 영향을 미치고 다른 사람들을 도울 수 있다고 생각했다. 이들 중 대다수는 부모로부터 배운 배려의 가치와 사회적 책임 윤리를 기반으로 하는 강한 정체성을 함양하고 있었다. 부모로부터 어떠한 가치들을 배웠느냐는 질문을 받았을 때 이들 중 44퍼센트가 '배려' 혹은 '관대함'이라고 말했다. 반면, 피해자들을 돕지 않았던 사람들은 자신의 욕구를 훨씬 더 중시하거나 좁은 범위의 주변 사람들에 대해서만 의무감을 느꼈다. 이들의 부모는 배려나 도덕성보다 금전적 가치("절약해라", "좋은 직장에 취직해라")를 강조하는 경향이 높았다.

이타주의자는 타인에 대해 책임감을 느낀다

캘리포니아 대학교의 교수 크리스틴 먼로 역시 홀로코스트 당시 유대인들을 구조한 사람들, 혹은 자선가 등을 포함한 수많은 이타주의자들을 대상으로 심층인터뷰를 실시했다. 먼로는 그들의 심리를 분석해 이들의 동기가 무엇인지를 찾았다. 그의 발견 가운데 가장 중요한 사실은 이타주의자들이 남들과 다른 방식으로 세상을 바라본다는 점이었다.

먼로는 자신의 저서 『이타주의의 심장The Heart of Altruism』에서 이렇게 말했다.

"보통 사람들은 다른 사람들을 '나와는 관계가 없는 타인' 정도로 여기는 반면, 이타주의자들은 다른 사람들을 동료나 이웃이라고 여깁니다."

먼로 교수는 배려를 기초로 하는 강한 도덕적 정체성이 우리의 행동에 영향을 미칠 뿐만 아니라 이타주의를 구성하는 데도 핵심 요소라고 생각한다. 그는 모든 사람은 잠재적으로 이타주의를 지니고 있다고 확신한다. 그렇지만 이타적으로 행동하는 것은 다른 사람과의 관계에서 자기 자신을 어떻게 바라보느냐에 따라 크게 달라진다. 이타주의자들은 다른 사람에 대해 커다란 책임감을 가지고 있기 때문에 그들을 돕지 않을 수 없다. 그렇다고 해도 그 행동이 우연히 발생하는 것은 아니며, 반드시 도덕적 정체성이 수반되어야 한다.

이타주의자가 중시하는 가치들은 자기 정체성의 연장선이다

발달심리학자인 앤 콜비와 윌리엄 데이먼은 이타주의에 대한 또 다른 수수께끼를 연구했다. 바로 '다른 사람에 대한 배려심은 어떻게 형성되는가?'에 대해서였다. 콜비와 데이먼은 23명의 '도덕적 모범 사례'를 찾아냈다. 이들은 더 나은 세상을 만들겠다는 도덕적 목적을 위해 오랜 기간 동안 노력해 온 헌신적인 미국인들이었다. 콜비와 데이먼은 심층인터뷰와 그들의 삶의 방식을 참고하여 어린 시절부터 시작된 그들의 놀라운 삶을 추적했고, 『보살피는 사람들: 도덕적으로 헌신하는 삶을 사는 사람들Some Do Care: Contemporary Lives of Moral Commitment』이라는 책에 연구 결과를 저술했다.

이들의 발견 중 한 가지는 우리에게 이미 익숙하다. 도덕적 모범을 보인 모든 사람들이 다른 사람에 대한 책임감에 기초를 둔 강한 도덕적 정체성을 가지고 있었다는 것이다. 이들에게는 배려하는 마음이 매우 뿌리 깊게 박혀 있었으며, 그들이 생각하는 가치에서 큰 부분을 차지하고 있었다.

콜비와 데이먼은 이들이 헌신하는 이유가 정체성과 선량함에 대한 믿음이 밀접하게 연결되어 있기 때문이라고 생각했다.

"이들의 도덕적 정체성은 자기 정체성과 단단히 통합되어 있습니다. 녹아들어 있다시피 하다고 할 수 있어요." 연구 대상자 중 한 사람은 이렇게 설명했다. "제가 어떠한 사람인지와 무엇을 하고 싶은지 그리고 현재 무엇을 하고 있는지는 서로 분리해서 생각하기 힘듭니다."

일반적으로 이들의 도덕적 정체성은 어린 시절부터 형성된 것이다.

이타주의자는 스스로를 '누군가를 배려하는 사람'이라고 생각한다

사무엘 올리네르와 펄 올리네르 부부, 크리스틴 먼로 교수, 윌리엄 데이먼과 앤 콜비 박사를 비롯해 점점 더 많은 사회심리학자들이 '이타적 성향(Altruistic Disposition)'이라는 것이 존재하고, 이 성향은 어린 시절부터 길러질 수 있다고 생각한다. 100퍼센트 장담하기는 힘들지만, 한 아이가 스스로 '나는 다른 사람을 배려하는 아이야'라고 생각한다면 이 아이는 그렇게 생각하지 않는 아이보다 다른 사람들을 도울 가능성이 더 높을 것이다. 그렇지만 오늘날의 아이들이 자기중심적 태도에서 벗어나도록 하는 일은 그다지 쉽지 않아 보인다. 특히 부모들이 그토록 계속해서 칭찬을 퍼붓는다면 말이다.

아이들의 도덕성을 강화하려면 어떻게 해야 할까?

캘리포니아주 산타마리아에 거주하는 네 아이의 부모가 인생 상담 토크쇼인 〈닥터 필 쇼Dr. Phil Show〉에 사연을 보냈다. 자신의 아이들은 모두 반항적이고, 그중 세 살짜리 아이는 항상 무기력한 상태이니 도와달라는 사연이었다. 필은 촬영 팀과 내가 그 집을 방문하도록 했다. 나는 그 집에 들어선 지 몇 분도 되지 않아 기진맥진하고 말았다. 그 부모는 아이들에게 부정적인 지적을 가차 없이 해 댔는데, 특히 세 살인 트리니티에게 가장 심했다. 엄마 아빠에게 주목을 받고 싶었던 작은 여자아이는 관심을 끄는 행동을 하며 지나치게 까불었고, 그 때문에 계속해서 타임아웃(*Time-out, 말썽을 일으키는 대상이나 공간으로부터 잠시 동안 멀어지게 하는 훈육법)을 받아야만 했다. 트리니티는 마음고생을 하고 있었다. 나는 그날 아이에게는 대안적 행동들을, 부모에게는 부정성을 줄이는 방법을 알려 주었다.

그 후 촬영 팀의 영상을 보는데 등골을 서늘하게 하는 장면이 나왔다. 트리니티가 침대에 누워 엄마가 한 말을 자신에게 끊임없이 반복해서 하고 있었다.

"넌 못된 애야, 트리니티, 넌 못된, 못된 아이야."

부모가 한 말은 트리니티의 내면 목소리가 되어 버렸다. 트리니티는 그러한 부정적이고 파괴적인 말을 곧이곧대로 받아들였다. 아이들은 자신이 듣는 대로 행동한다는 사실을 이렇게 충격적으로 보여 준 사례는 이제껏 없었다.

아이는 부모의 말을 듣고, 자신이 어떤 사람인지 그리고 장래에 어떤 사람이 될 것인지를 규정한다. 지나치게 많은 칭찬은 아이를 더 자기중심적이고 더 경쟁적이며 다른 사람을 깎아내리는 경향을 더 강하게 만들 수 있는 반면, 몹시 드문 칭찬은 아이의 자존감을 낮출 수도 있다. 올바른 표현으로 하는 적절한 빈도의 칭찬만이 아이들이 스스로를 친절하고 사려 깊고 배려하는 사람으로 바라볼 수 있게 만들며, 아이가 그러한 방식으로 행동하도록 도울 수 있다. "너는 다른 사람을 도와주는 걸 좋아하는 사람이지"와 같은 긍정적인 꼬리표를 사용하면 아이는 기꺼이 다른 사람들에게 손을 내밀 것이다. 또한 긍정적인 꼬리표는 아이들이 그러한 심상들을 차곡차곡 쌓아서 자신의 도덕적 정체성을 형성할 때 이용하도록 돕기도 한다. 다음의 검증된 5가지 방법을 시도해 보자.

1. 현실을 살피라

아이가 당신의 칭찬에 어떻게 반응하는지 살펴보라. 그런 다음 당신이 '과도하게' 칭찬하고 있다는 신호가 있지는 않은지 유의해서 살펴보라.

- 아이가 자기중심적이고 다른 사람들의 도움을 잊는다: "다 내가 잘해서 그래!"
- 칭찬에 의존하고 끊임없이 인정을 필요로 한다: "맘에 들어요, 엄마?"
- 포상을 기대하거나 요구한다: "왜 '잘했어'라고 말 안 해 줘요?"
- 자기 만족을 위해 다른 사람들을 깎아내린다: "하지만 내가 더 잘해요!"

위와 같은 모습이 아이에게서 반복적으로 보인다면 당신의 양육 방법을 바꿔야 할 때인지도 모른다.

2. 성품에 맞추어 칭찬하라

한 실험에서 아이들은 역할 모델이 게임 상금을 기부하는 것을 보고 자신이 딴 상금의 일부를 기부했다. 또한 기부를 한 이유에 대해 "네가 다른 사람들을 돕기 좋아하는 사람이기 때문이야"라고 들은 아이들은 "그렇게 해야 하기 때문이야"라고 들은 아이들보다 장래에 훨씬 더 관대한 사람으로 성장했다. 그러므로 아이의 행동을 아이의 정체성과 연결하는 방법을 이용해 아이가 스스로를 '좋은 사람'으로 바라보도록 도와라. 가령 이렇게 말해 보자.

"랜디, 너는 도움이 필요한 사람에게 항상 손을 내미는 사람이지."

"너는 다른 사람을 배려하는 아이야. 항상 다른 사람들을 기분 좋게 만들지."

"샐리, 항상 세심하구나. 정말 사려가 깊어."

단, 칭찬이 꼭 필요한 상황인지 확실히 확인하길 바란다.

3. 동사가 아닌 명사를 이용하라

애덤 그랜트는 자신의 저서 『기브앤테이크Give and Take: Why Helping Others Drives Our Success』에서 3~6세 아이들을 대상으로 문법의 미묘한 변화가 아이의 행동에 어떠한 영향을 미치는지 알아보는 실험을 했다. 한 상황에서는, '도움'을 동사로 언급했다("어떤 아이들은 다른 사람들을 '돕고(Help)' 싶어 한다"). 다음 상황에서는 '도움'을 명사로 언급했다("어떤 아이들은 '돕는 사람(Helper)' 이 되고 싶어 한다"). 같은 뜻인데도 '돕는 사람'이라는 명사를 들은 아이들은 '돕다'라는 동사를 들은 아이들보다 실제로 다른 사람들을 도울 가능성이 훨씬 더 높았다. 메시지에 문법적 변화를 조금만 줘도 아이들의 행동에 영향을 미칠 수 있다는 사실이 증명된 것이다. 연구자들은 "'돕는 사람'이라는 명사를 사용하면 돕는 행위가 한 사람의 정체성에 긍정성을 부여한다는 암시를 받는 것일지도 모른다. 그런 이미지가 아이들에게 다른 사람을 더 많이 돕도록 자극하는 것일 수 있다"라고 추측했다. 그러므로 아이가 스스로 자신이 배려하는 사람이라고 생각하길 바란다면, 대화에 명사를 사용해 보자.

4. 행동이 아닌 성품에 초점을 맞추라

7~10세 아동을 연구한 결과 아이의 행동보다 아이의 성품을 칭찬해야 아이가 이타주의를 정체성의 일부로 내면화하는 데 도움이 된다는 사실이 밝혀졌다. 아이의 행동이 아니라 성품을 강조하는 꼬리표를 이용하자. 아래를 통해 표현상의 차이를 알아보자.

- 성품에 초점을 맞춘 칭찬: "너는 다른 사람들을 돕는 걸 좋아하는 사람이지.", "너는 사려 깊고 남을 돕는 사람이지."
- 행동에 초점을 맞춘 칭찬: "연필들 중 일부를 고아원에 보냈다니 착하구나.", "장난감을 친구들과 같이 가지고 노는 건 사려 깊은 행동이야."

5. 모범을 보이라

한 실험에서는 6~12세 사이의 아이들 140명에게 게임에 이긴 대가로 상품권을 주었다. 그런 다음 자신이 그것을 가지거나, 아니면 가난한 아이들에게 기부할 수 있다고 말했다. 결정을 내리기 전 아이들은 선생님이 자신의 상품권을 가지고 어떻게 결정하는지를 지켜보았다. 선생님이 아이들에게는 상품권을 기부하라고 말하면서 자신은 가진 경우, 아이들은 관대함을 베풀 가능성이 현저히 낮았다. 또한 선생님이 기부의 가치에 대해 이야기한 다음 자신도 상품권을 기부했을 경우, 아이들은 그 순간에는 관대함을 보였지만 시간이 흐른 뒤에는 큰 영향을 받지 않았다. 그렇지만 선생님이 기부의 가치에 관해 일절 이야기하지 않은 채 상품권 전부를 기부했을 때, 자신의 상품권을 기부한 아이들이 가장 많았으며 그 아이들은 이후에도 지속적으로 관대하게 행동했다. 아이에게 바라는 행동이 있다면 몸소 모범을 보이는 것을 잊지 말자.

공감력 강화하기: 유혹을 거부하고 자신의 신념을 지키는 방법

중요한 원칙을 지키는 일은 쉽지 않다. 게다가 또래압박(*Peer Pressure, 또래 집단으로부터 받는 정신적 압박)은 아이가 스스로를 믿지 못하도록 만들고 나아가 아이의 도덕적 정체성까지 흔들리게 할 수 있다. 그러므로 다음과 같은 거부 기술들을 가르쳐서 아이가 자신의 신념을 지키고 유혹에 맞서도록 도와야 한다. '거부'라는 뜻의 영어 단어 'REFUSE'는 아이가 이 기술들을 잊지 않도록 도와줄 것이다. 습관으로 자리 잡을 때까지 한 번에 한 가지 기술씩만 연습한 후 다음 기술로 넘어가자.

- R = Review who you are(자신이 어떠한 사람인지 확인하라)

"이 사람이 내게 안전하지 않거나 친절하지 않은 일을 하라고 하는가? 그 일이 우리 가족의 규칙, 지지하는 가치에 어긋나는가? 만약 그렇다면 나는 '거부해야' 한다."

- E = Express your belief(자신의 신념을 표현하라)

짧은 대답거리를 미리 준비하자. 가령 "내 스타일이 아니야", "그렇게 하지 않겠다고 아빠와 약속했어", "그건 좋은 일이 아냐" 같은 대답이 될 수 있다. 혹은 "만약 엄마가 알게 된다면 날 평생 집에 가둬 둘 거야"라고 말하며 부모나 교사를 핑계거리로 삼도록 하라.

- F = Firm voice(단호한 목소리로 말하라)

강한 —소리 지르지는 말고— 톤으로 생각을 말하여 자신의 입장을 이해시켜라.

- U = Use strong posture(강한 자세를 취하라)

확신에 찬 신체 언어를 사용하면 상대는 진지하게 받아들일 것이다. 어깨를 쫙 펴고, 두 발은 약간 벌리고, 두 손은 양옆에 붙이고, 고개를 당당하게 들고서 눈을 마주쳐라.

• S = Say no and don't give in(단호히 싫다고 말하고 절대 굴복하지 말라)

기억하라. 스스로에게 중요한 것은 상대방의 마음을 바꾸려 애쓰는 것이 아니라 자신의 신념을 지키는 것이다. 약해지고 있다는 느낌이 들면 반복해서 싫다고 말하라. 그렇게 말할 때마다 자신감이 생길 것이다.

• E = Exit(자리를 떠나라)

때때로 가장 좋은 방법은 그냥 그 자리를 떠나는 것이다. 단, 곤란하거나 위험한 상황에서 아이가 요청한다면 별다른 질문 없이 그냥 아이를 데리러 간다는 방침을 미리 아이와 정해 놓도록 하자.

아이가 도덕적 정체성을 형성하도록 돕는 방법

설렌버거는 열세 살의 나이에 자신의 '핵심 신념(Core Belief)'을 정했다. 하지만 설렌버거만이 그랬던 것은 아니었다.

유명한 UCLA 농구 코치 존 우든은 중학교 2학년 때 아버지에게서 접힌 종이 하나를 받았다. 그 종이에는 인생을 위한 7가지 신조가 적혀 있었다. "자기 자신에게 진실해라", "다른 사람을 도와라", "매일 축복받은 일들을 되새기고 그에 감사하라" 같은 말들이었다. 그는 평생 이 종이를 지니고 다녔다.

"이에 따라 살려고 노력하고, 이에 따라 선수들을 가르치려고 노력했습니다." 존 우든은 말했다.

에이브러햄 링컨은 자신의 신념을 지켜 내기 위해서 셰익스피어의 작품에 나오는 구절들을 암기했다. 그의 아들인 로버트 링컨은 아버지가 대통령 재임 기간에도 항상 셰익스피어 희곡집을 가지고 다녔다고 말했다. 로버트 케네디는 셰익스피어의 작품에 나오는 인물 헨리 5세에게서 깨우침을 얻었고,

사회활동가인 도로시 데이(*Dorothy Day, 미국의 가톨릭 평화주의자, 작가, 언론인, 생태운동가, 사회운동가, 사회주의자)는 톨스토이나 도스토옙스키의 작품에 나오는 구절에서 도움을 받았다.

신념이나 정체성을 확립하는 데 도움이 되는 적절한 글들은 도덕적 정체성을 강화하는 데 도움을 줄 뿐만 아니라 때로는 힘든 시기를 겪을 때 우리를 지탱해 준다. 위대한 군인 영웅 제임스 스톡데일(*James Stockdale, 미국의 해군 장교)은 베트남 전쟁 당시 8년 동안 포로로 잡혀 있으면서 극심한 고문을 당했다. 그렇지만 결코 신념이 흔들리지 않았다. 그는 그 이유가 고등학교 때 에픽테토스(*Epictetos, 고대 그리스의 스토아학파의 대표적인 철학자로, 인간의 목적은 그 자신의 삶의 주인이 되는 것이라고 주장하였다)와 세네카(*Seneca, 고대 로마 제국 시대의 정치인, 사상가, 문학자로, 인간은 육체에 구속되어 있지만 올바른 이성에 의해 인간답게 살아간다는 주장을 펼쳤다)의 글을 배운 덕분이라고 말했다. 우리 아이들에게도 삶의 지침이 될 글들이 필요하다.

아이의 도덕적 정체성을 강화하는 가훈 만들기

가훈은 아이들이 스스로를 어떠한 사람인지 규정하고, 그 안의 메시지를 자아의 일부로 받아들일 수 있도록 도울 수 있다. 또한 가족의 핵심 가치들을 규정하도록 돕기도 한다. 베스트셀러 작가인 브루스 파일러와 그의 부인인 린다 로튼버그는 이를 직접 실행해 보았다. 어느 토요일 밤, 두 딸들과 파자마 파티를 하며 "우리 가족을 가장 잘 묘사하는 단어는 무엇일까?", "우리 가족에게 가장 중요한 것은 무엇일까?"와 같은 질문들에 답을 썼다. 그러고 나서 "우리 가족은 사람들을 화합시킨다", "우리 가족은 다른 사람들이 날개를 펼칠 수 있도록 돕는다"라고 적은 다음 이를 가훈으로 만들었다.

브루스 파일러는 이와 같은 과정이 가족에게 바라는 이상향을 구상하고,

공식화하게 만든다고 말한다. 또한 이 과정은 아이들의 도덕적 정체성을 키우는 데에도 도움이 된다. 다음의 단계를 거쳐 가훈을 만들어 보자.

1. 특별한 가족 모임을 만들라

가족모임을 특별하게 만들자. 하루 중 따로 시간을 내어 피자를 주문하고, 휴대 전화의 전원을 끄고, 가족 구성원 모두가 참석하게 하라. 앉은 자리에서 바로 가훈을 만들어 내야 할 필요는 없다. 아이들의 관심에 따라 모임 횟수를 정하기 바란다. 단, 재미있어야 한다!

2. 가족 모임 규칙을 점검하라

모든 사람의 말을 귀 기울여 들어야 한다. 사소한 의견일지라도 깔아뭉개서는 안 된다. 의견이 다르다 하더라도 정중하게 표현하자. 모든 사람에게 기회를 주어야 한다.

3. 우리 가족이 어떠한 가족인지 논의하라

이 시간이 자신의 신념에 대해, 어떠한 가족이 되고 싶은지에 대해 말할 수 있는 기회라고 설명하라. 또한 아이들이 자기 자신과 가족을 어떻게 바라보고 있는지 들을 수 있는 기회이기도 하다. 브루스 파일러는 대화의 시작으로 다음과 같은 질문들을 제안한다.

- 우리 가족은 어떤 가치를 지지하는가?
- 우리는 어떤 가족이 되고 싶은가?
- 우리는 어떤 원칙들을 따르고 싶은가?
- 우리가 어떻게 기억되기를 바라는가?

• 우리는 어떻게 세상을 더 나은 곳으로 만들 수 있는가?

4. 가족이 중시하는 핵심 가치들을 알아내라

당신의 가족에게 가장 중요한 의미를 지니는 가치 또는 아이들이 가졌으면 하는 가치가 무엇인지 의견을 나눠 보라. 당신이 가장 중요하게 여기는 가치들을 명확하게 알아낼수록 아이가 그 가치들을 실천할 가능성은 더 높아진다. 도덕적 정체성을 심어 주는 가치들에는 수용, 인정, 연민, 배려, 협동, 용기, 공감, 너그러움, 감사, 도움, 올바름, 친절, 평화, 존중, 책임, 봉사와 같은 덕목들이 있다.

5. 당신의 가족을 가장 잘 설명하는 가훈을 만들라

가훈은 당신의 핵심 가치와 인생 신념을 표현하는 짧은 구절이다. 가족 문장은 아이가 자기 자신을 규정하는 데에도 도움이 된다. 가족을 가장 잘 묘사하는 짧은 구절을 만들어라. 가령 "우리 가족은 문제에 개입해서 돕는다", "우리는 자신이 대우받고 싶은 방식으로 다른 사람을 대한다" 같은 것들이 있다.

6. 기억하기 쉽게 하라

아이가 가훈을 자주 접해야 이를 내면화할 수 있다. 그러므로 가훈을 일상에 스며들게 할 방법들을 찾아보라. 여러 방법이 있을 수 있다. 갤빈 가족은 가훈을 무려 25년 동안이나 냉장고에 붙여 놓았다.

7. 아이가 자신만의 슬로건을 만들게 하라

이제 같은 방법을 이용하여 아이가 스스로를 정의할 수 있는 슬로건을 만들도록 도와라. "나는 배려하는 사람입니다", "나는 친절한 사람입니다", "나는 손을 내밀어 다른 사람들을 돕습니다"와 같은 것들 말이다. 책이나 영화 혹은 명언을 인용한 글귀여도 좋다. 아이에게 잘 맞기만 하면 된다. 시각적인 형태로 만든다면 아이가 기억하는 데 도움이 된다. 포스터처럼 만들어 벽에 붙여 놓거나, 컴퓨터의 바탕화면으로 지정해 두어도 좋다.

연령별 접근법

나는 교사로 일하면서 교육심리학 박사 학위 과정을 밟던 때에 '도덕성 발달'에 대한 인지이론에 매료되었다. 이는 하버드 대학교 심리학 교수인 로렌스 콜버그가 주장한 것으로, 그녀는 '도덕성은 단계별로 발달하고 도덕적 딜레마를 겪으면서 더욱 발달한다'고 이야기했다. 나는 콜버그의 아이디어를 수업에 적용했고, 몇몇 학생들의 도덕적 추론 능력이 더 높아졌을 때 희열을 느꼈다. 그렇지만 그들 중 가장 뛰어난 두 학생이 돌멩이를 던지고 놀다가 이웃사람의 머리를 맞히는 일이 일어났을 때는 몹시 실망했다. 이 아이들은 몇 바늘을 꿰매야 했던 그 이웃에 대해 염려하는 기색도 별로 없었다.

"그 사람이 있는지 몰랐어요." 한 아이가 말했다.

"그 집 담벼락에 던진 거예요. 심하게 다치지 않았을걸요. 작은 돌멩이일 뿐이니까요." 다른 아이가 말했다.

나는 당혹스러웠다. '도덕적' 답변으로 나를 감동시켰던 그 아이들이 정말 맞나? 어떻게 공감력이 이렇게 낮을 수 있지? 이들은 내가 던진 질문에 교과서 같은 답변을 했다.

"그 사람의 기분이 어떨 것 같니?"

"슬플 것 같아요."

"누가 너에게 그렇게 하면 어떨 것 같니?"

"엄청 화가 날 것 같아요."

이 아이들은 감정독해력을 마스터했을지는 모르지만, 다음과 같이 질문하자 말문이 막혔다.

"그 사람에게 그런 고통을 가했는데 기분이 어떠니? 걱정되니?"

아이들은 깜짝 놀라서 아무 말도 못 했다. 그렇지만 이내 솔직하게 말했고 나는 큰 깨달음을 얻었다.

"우리는 다른 사람을 배려하는 유형의 사람은 아닌 것 같아요."

이때 나는 도덕적 판단력과 감정독해력이 뛰어나다고 해서 다른 사람을 배려하는 행동이 보장되지는 않는다는 사실을 깨달았다(다른 사람의 관점을 이해하거나 다른 사람에게 공감하는 것 또한 보장되지 않는다). 누군가에게 공감하기 위해서는 먼저 자신이 다른 사람을 배려하고 다른 사람의 생각과 감정을 중시하는 사람이라고 믿어야 한다. 이 아이들에게는 행동 지침으로 삼을 도덕적 정체성이 없었다. 도덕적 정체성이라는 중대한 요소가 없으면 공감력에 거대한 구멍이 생기기 마련이다.

알파벳은 추천 연령과 활동 적합 연령을 가리킨다.

Ⓛ=Little Ones(어린아이), Ⓢ=School Age(만 6~12세 사이의 초등학생),

Ⓣ=Tweens and Olders(10대 초반과 그 위의 아이), Ⓐ=All Ages(모든 연령)

• **부모의 신념을 공유하라 Ⓐ**

강한 도덕적 정체성을 가진 아이들을 둔 부모들은 단순히 운이 좋아서 그렇게 된 것이 아니다. 그들은 아이에게 가족이 지향하는 바를 알게 했다고 말했다. 그들이 중요하게 생각하는 가치들을 반복해서 이야기하며 아이가 당신의 신념 뒤에 숨은 '이유'를 이해할 수 있도록 하자.

"우리 가족은 폭력적인 영화를 보지 않아. 폭력에 반대하기 때문이지."

"친구들이 욕을 쓴다고 너도 따를 필요 없어. 우리 가족은 상호 존중을 지지하니까."

"우리 가족은 보답을 믿어. 그러니 얌전하게 사용한 장난감 두 개를 필요한 가족에게 주자."

• 스스로 역할 모델이 되라 Ⓐ

당신이 일상생활에서 보여 주는 행동 하나하나가 아이가 정체성을 형성하는 데 강력한 영향을 미칠 수도 있다. 당신이 가족, 친구, 이웃, 다른 사람을 대하는 방식이나 즐겨 보는 영화, 즐겨 읽는 책과 TV 프로그램 그리고 아이의 욕설이나 아이 친구의 부정행위, 이웃의 쓰레기 불법투기 같은 여러 갈등 상황에 대응하는 방식 등 아이는 당신의 모든 결정을 면밀히 관찰한다. 매일 자신에게 다음 질문을 던져라.

"만약 내가 아이가 도덕적 정체성을 배우는 유일한 본보기라면, 아이는 오늘 나를 보고 무엇을 배웠을까?"

• 가족이 함께 토론하라 Ⓢ, Ⓣ

아이가 자신의 정체성을 확립하기에 가장 좋은 장소는 '집'이다. 그렇다면 가족이 함께 토론을 해 보는 건 어떨까? 가족 규칙, 용돈, 귀가 시간과 같은 가정 안의 문제부터 복지 제도, 선거 연령, 최신 시사와 같은 사회문제에 이르기까지 주제는 무궁무진할 수 있다. 어떤 주제이든 간에, 아이가 자신의 의견을 공개적으로 말하도록 격려하라. 그렇게 하면 아이는 다른 사람들 앞에서도 자신의 의견을 더 수월하게 내세울 수 있을 것이다. 또한 토론은 아이가 자신이 어떤 사람인지 규정하는 것을 돕고 아이의 도덕적 정체성을 강화시켜 준다.

• 선행 스크랩북을 만들라 Ⓐ

아이가 단지 학업 성취뿐만 아니라 내면의 특징과 배려하는 자질을 깨달을 수 있도록 스크랩북을 만들어라. 한 어머니는 아이가 친구들에게 친절하게 대하는 모습, 동물들에게 연민을 느끼는 모습, 팀에서 스포츠 정신을 발휘하는 모습 등을 찍은 사진으로 작은 앨범을 채웠다

"요즘 시대에는 경쟁이 엄청나죠. 저는 아이가 인생에 시험 점수 이외에 다른 것들도 있다는 사실을 알았으면 해요." 그녀가 말했다. "아이는 힘들 때마다 '친절한 제프리'라고 적힌 그 앨범을 읽어 본답니다."

• 생일 편지를 쓰라 Ⓐ

아이가 도덕적 정체성을 키우도록 돕는 특별한 방법 중 하나는 아이에게 매년 생일 편지를 쓰는 것이다. 그 해의 특별한 순간을 강조하고 친절함, 사려 깊음, 베풂 등 아이의 배려심에 대해 말하라. 그리고 편지를 함께 읽고 보관하자. 아이의 정체성이 나날이 발달하는 것을 기념할 수 있을 것이다.

• "그게 나야?" 테스트하기 Ⓢ, Ⓣ

몇 가지 양심 테스트를 통해 아이가 곤란에 처한 경우 자신의 정체성을 지킬 수 있도록 도와라. 먼저 아이에게 문제 상황에 대해 생각해 보라고 하자("클라라의 말대로 캐롤이랑 어울리지 말아야 할까?"). 그런 다음, 자신이 생각하는 자기 자신의 모습이 그 상황에 맞는지 생각해 보라고 하라(만약 맞지 않는다면 아이는 앞에서 언급한 REFUSE 전략을 사용할 수 있을 것이다). 다음은 추천할 만한 몇 가지 테스트이다.

▶ '눈에는 눈, 이에는 이' 테스트: "사람들이 내게 똑같은 행동을 해도 괜찮나?"

▶ '나는 누구인가?' 테스트: "이 행동은 나의 신념과 우리 가족 문장에 어긋나지 않는가?"

▶ 조례 시간 테스트: "만약 교장선생님이 학교 조례 시간에 이 일을 알린다 하더라도 이 일을 할 것인가?"

▶ 신문 테스트: "이 일이 신문 1면에 나온다고 하더라도 이 일을 할 것인가?"

▶ 가족 테스트: "이 행동은 우리 가족 문장과 가족 규칙에 어긋나지 않는가?"

▶ 할머니 테스트: "만약 할머니가 이 일에 대해 듣더라도 이 일을 할 것인가?"

▶ '득이냐 독이냐' 테스트: "이 행동은 다른 사람에게 득이 되는가, 독이 되는가? 나는 득이 되는 일만 할 것이다."

▶ 3R 테스트: "이 행동은 나의 인간관계(Relationships)나 평판(Reputation)에 피해를 입힐 수 있는가? 혹은 내가 나중에 이 행동을 후회(Regret) 할 수도 있는가?"

• **자기 대화(Self-talk)를 하도록 격려하라** Ⓢ, Ⓣ

매우 자신감 넘치는 아이조차도 누군가에게 조롱을 들으면 자신의 신념을 의심하게 된다. 그러므로 아이에게 머릿속으로 말할 문장(이를 '자기 대화'라고 부른다)을 가르쳐서 만약 누군가가 아이의 정체성을 훼손한다면 그에게 반격할 수 있도록 대비하라.

"나는 내가 어떤 사람인지 알아. 그건 내가 아냐."

"나는 좋은 사람이야. 이런 취급을 받아야 할 이유가 없어."

"이건 그 아이의 문제야. 내 문제가 아니야."

문제는 자기 자신이 아닌 가해자에게 있다는 사실을 아이가 깨닫도록 도와야 한다.

• 'KIND 규칙'을 이용하라 ⑤, ⑦

아이에게 'KIND' 규칙을 가르쳐서 아이 내면의 도덕적 나침반이 어떤 상황에서든지 아이를 옳은 방향으로 안내하게 하라.

"확신이 안 들 때면 스스로에게 네 가지 질문을 던져 보렴. 이 말은 친절한가(Kind)? 이 말은 힘이 되는가(Inspirational)? 이 말은 필요한가(Necessary)? 이 말은 확실한가(Definite)? 만약 그렇지 않다면 어떠한 경우에도 입 밖으로 꺼내서는 안 된단다."

이 규칙을 종이에 적어 냉장고와 컴퓨터 앞에 꼭 붙여 놓기를 바란다.

💬 도덕적 정체성을 길러 주기 위해 알아야 할 5가지

1. 도덕적 정체성은 공감력을 고양하고, 연민을 활성화하며, 다른 사람을 배려하는 행동에 동기를 부여한다.

2. 상대방에게 공감하기 위해서는 그 사람의 생각과 감정을 소중하게 여겨야 한다.

3. 지나친 칭찬은 과도한 경쟁심을 불러일으키고 다른 사람들을 헐뜯게 만들며 공감력을 떨어뜨린다.

4. 아이를 과대평가하고 지나친 자격을 부여할수록 아이의 나르시시즘

은 커지고 도덕적 정체성이 저해될 수 있다.

5. 스스로를 '다른 사람을 배려하는 사람'이라고 생각하는 아이는 실제로 다른 사람을 배려할 가능성이 더 높다.

❤️ 마지막 1가지

저스틴은 약한 아이들을 괴롭히곤 해 항상 학교에서 골칫거리 취급을 받아 왔다. 이에 저스틴의 잘못된 행동을 멈추게 하기 위해 교사들이 수많은 방법을 써 봤지만 아무 소용이 없었고, 결국 교장은 저스틴을 퇴학시키려 하였다. 그때 보건 교사였던 베스 시몬스가 결정을 한 번만 더 보류해 달라고 요청했다.

"저스틴의 집에는 저스틴에게 관심을 가지는 사람이 아무도 없습니다." 시몬스가 말했다. "퇴학을 시키면 분노만 커질 테고, 우리는 영원히 저스틴을 잃게 될 것입니다."

교장은 저스틴에게 한 번의 기회를 더 주자는 데에는 동의했지만 한 가지 단서를 붙였다. 저스틴이 매일 6교시마다 시몬스의 감독 아래 유치원생의 멘토 역할을 해야 한다는 조건이었다. 시몬스는 이 봉사 활동을 통해 저스틴이 스스로를 다르게 바라보고, 그의 공감력을 일깨울 수 있을 것이라고 생각했다. 시몬스는 지금까지 단 한 번도 관심 받은 적 없는 저스틴의 공감력이 잠시 멈추어 있을 뿐이라고 생각했다.

시몬스는 몇 주 동안 매일 저스틴을 만나 다섯 살인 노아를 위해 간단한 읽기 수업을 진행하도록 했고, 끊임없이 노아를 격려하도록 하게 했다. 그리고 수업이 끝날 때마다 저스틴에게 수업이 어땠는지 그리고 노아에 대해 무엇을 새로이 알게 됐는지 간단히 이야기하도록 했다. 이 방법이 효과가 있을지는 미지수였지만, 시몬스는 저스틴이 스스로 '다른 사람을 돌볼 수 있는 사람'이라고 여길 기회를 한 번도 가지지 못했다는 사실을 알고 있었다. 또한 그녀는 저스틴의 내면에 있는 따뜻한 마음을 느꼈다.

그러던 어느 날, 마법 같은 일이 벌어졌다. 저스틴이 노아에게 세심하게 주의를 기울이는 장면을 유치원 교사가 목격한 것이다. 저스틴은 노아가 행복해하면 함께 미소를 지었고, 노아가 이야기를 하면 귀를 기울였고, 노아가 뭔가 새로운 행동을 하면 격려해 주었다. 둘 사이에는 새로운 관계가 형성되고 있었다. 교사들 역시 저스틴이 긍정적인 방향으로 변화했다고 이야기했다. 저스틴은 생애 처음으로 자신을 '다른 사람을 배려하는 사람'으로 여기고 있었으며, 공감력은 점점 더 커지고 있었다.

노아 또한 변화를 알아차렸고 유치원 교사에게 이렇게 말했다.

"저스틴은 좋은 형이에요. 스스로 그걸 아는 데 시간이 조금 걸리는 것뿐이죠." 그러고선 현명한 조언을 덧붙였다. "선생님도 아이들을 포기해서는 안 돼요. 좋아지는 데 시간이 걸릴 때도 종종 있거든요."

『도덕적인 아이Moral Child』의 저자 윌리엄 데이먼은 도덕적 정체성을 형성하는 일이 자신의 행동에 대한 다른 사람들의 반응, 다양한 인간상에 대한 관찰, 경험의 반추, 가족과 학교와 종교 그리고 대중매체로부터 영향을 받으며 진화하는 평생에 걸친 여정이라고 말한다. 그렇지만 부모는 일정 시기까지 항상 배의 키(rudder)를 잡고 있어야 하고, 아이가 스스로를 좋은 사람으로 여기도록 격려해야 한다. 어느 시대이든지 단 한 가지는 변하지 않는다. 부모는 아이가 자기 자신을 다른 사람들을 배려하는 사람으로 여기도록 도와야 한다. 이 두 번째 핵심 습관은 아이에게 공감력을 키워 주는 또 하나의 방법이다.

관점수용력과 역지사지의
자세 익히기

"공감력이 뛰어난 아이는 타인의 입장을 이해한다"

1968년 4월, 마틴 루터 킹 목사는 아이오와주 라이스빌에 있는 한 초등학교의 3학년 교실에서 '이달의 영웅'을 차지했다. 같은 달, 킹 목사가 멤피스에서 살해당했을 때 학생들은 자신들의 영웅이 살해당한 정확한 이유를 알고 싶어 했다. 아이들은 백인들로만 이루어진 공동체에 살고 있었기 때문에 이제껏 인종차별을 경험해 본 적이 없었다. 담임교사 제인 엘리엇은 차별이 어떤 느낌인지 학생들에게 이해시키기 위해서는 단순히 이야기만 해 주는 것보다 더 좋은 방법이 있어야 한다고 생각했다. 그리고 다음 날 아침, 엘리엇은 아주 독특한 수업을 진행하기로 결정했다.

"실제로 차별을 경험해 보지 못했다면 흑인 아이로 지내는 게 어떠한 느낌인지 알기 힘들다고 생각해요." 엘리엇이 학생들에게 말했다. "어떠한 느낌인지 알고 싶은가요?"

학생들은 그렇다고 했다. 엘리엇은 28명의 학생들을 두 그룹으로 나누었다. 한 그룹은 눈동자가 푸른색이거나 녹색인 학생들이었고, 다른 그룹은 눈동자가 갈색인 학생들이었다. 그런 다음 엘리엇은 갈색 눈의 학생들은 모두 '더 우수하고' 따라서 특별대우를 받을 것이라고 공표했다. 가령 쉬는 시간을 더 길게 가지고, 점심식사를 더 빨리 하고, 점심 파트너를 자유로이 선택할 수 있고, 조장을 할 수 있었다. 반면 푸른 눈이나 녹색 눈의 학생들의 권리는 박탈되었다. 이들은 점심을 더 늦게 먹어야 했고, 운동장에서 놀거나 놀이기구를 이용하는 것이 금지되었다.

학생들 사이의 변화는 금방 나타났다. 갈색 눈의 아이들은 더 행복해하고 더 기민하게 반응했으며 이전보다 훨씬 더 성적도 좋아졌다. 반면 푸른 눈이나 녹색 눈의 아이들은 비참해했다. 이들의 신체 자세, 얼굴 표정, 행동 태도는 더 열등하게 변했고 학업 성적도 나빠졌다.

그다음 주 월요일, 엘리엇은 두 그룹의 역할을 서로 바꿨다.

"사실은 푸른 눈의 학생들이 갈색 눈의 학생들보다 더 뛰어나고 더 똑똑합니다." 엘리엇이 학생들에게 말했다.

다시 한번 실험이 시작됐고, 학생들의 행동은 역전되었다.

실험이 모두 끝난 화요일, 엘리엇은 아이들에게 실험을 하는 동안 기분이 어땠느냐고 물어보았다. 그리고 그녀는 아이들이 얼마나 깊이 영향을 받았는지 듣고 깜짝 놀랐다.

"제가 더럽다고 느껴졌어요."

"손발이 묶인 느낌이었어요."

"울고 싶었어요."

몇몇 부모들도 변화를 눈치챘다.

"어떻게 하신 거예요?" 한 엄마가 물었다. "아이가 집에서 완전히 달라졌어요. 동생들에게 더 친절하게 군답니다."

엘리엇도 마찬가지로 변화를 알아차렸다. 공격적이던 남자아이가 하룻밤

사이에 더 상냥하고 친절한 아이로 바뀐 것이다. 모든 학생들이 더 배려심이 많아진 것처럼 보였다.

실험이 매우 성공적이었기 때문에 엘리엇은 해마다 새로이 맡은 학생들을 데리고 '차별의 날' 수업을 진행했다. 14년이 지난 후, 엘리엇은 이 실험의 진짜 가치를 새삼 깨닫게 됐다. 그녀가 가르쳤던 3학년 학생들 중 11명이 동창회를 위해 모였고, 그녀에게 '차별의 날' 수업이 자신들의 인생을 어떻게 변화시켰는지 이야기했다.

"그때 얻은 교훈은 저희의 마음에, 감정에 계속 살아 있어요." 누군가가 말했다.

"더 마음이 넓어졌어요." 또 다른 누군가가 말했다. "아이들이 우리에게서 편견을 배우는 법은 없을 거예요."

실험은 이들이 아이를 키우는 방법까지도 바꿔 놓았다.

실험 후 거의 40년 가까운 시간이 지나고 난 뒤, 한 기자가 엘리엇의 학생들 중 50명을 추적해서 미국의 과학 잡지인 〈스미소니언Smithsonian〉지에 그들의 회고록을 실었다.

"실험에 참여한 모든 이들이 마치 어제 있었던 일인 것처럼 실험을 생생히 기억했다." 기자는 이렇게 적었다.

"그 경험이 우리에게 미친 영향을 과소평가해서는 안 됩니다."

"그 경험을 겪은 사람들 중 누가 자신이 변하지 않았다고 말할 수 있을까요."

"누군가가 다른 사람과 다르게 취급받는 것을 볼 때마다 갈색 눈의 아이들이 차별을 받았던 그날의 기분이 떠오릅니다."

엘리엇의 역할수행실험은 학생들의 기억에 오래 남았을 뿐만 아니라 그들의 관점 또한 변화시켰다. 그러한 힘을 가진 특별한 수업이었다.

아이들의 공감력은 교과서나 수업이 아닌 서로 얼굴을 맞대는 적극적이고 직접적인 경험에 의해 자극을 받는다. 제인 엘리엇의 실험이 40년 후까지도 학생들의 마음에 남아 있는 이유이다. 아이들의 관점수용력을 강화시키고자 한다면 아이들의 심금을 울리고 다른 사람의 생각이나 감정을 상상해 볼 수 있게 만드는 현실적이고 의미 있는 활동을 찾아야 한다. 그렇게 노력해야 하는 데에는 아주 고결하고 고귀한 이유가 있다. 아이들이 좋은 사람이 되도록 돕는 일이기 때문이다. 이제 제인 엘리엇의 말을 자녀 교육의 금언으로 삼자.

"아이들은 제가 바랐던 그런 어른들로 자랐답니다."

타인의 입장에 서 보는 법 배우기

관점수용력(Perspective taking)은 다른 사람의 생각, 감정, 욕구 등을 이해하는 능력이다. 나는 관점수용력을 '공감력으로 향하는 필수 관문'이라고 즐겨 칭하는데, 우리를 다른 사람의 입장에 서게 하고, 다른 사람이 어떻게 느끼는지 느끼게 하며, 그 사람의 관점으로 세상을 이해하도록 돕기 때문이다. 관점수용력을 익히는 일은 다른 사람들과 깊고 따뜻한 유대 관계를 형성하기 위해 매우 중요하다. 또한 아이들 인생의 모든 부분 —놀이터 싸움에 대처하는 현재의 일에서부터 회의실 논쟁을 해결하는 미래의 일까지— 에 대비해 꼭 필요한 습관이기도 하다.

다른 사람의 입장을 이해할 수 있을 때 공감력을 발휘하고, 갈등을 평화적으로 해결하고, 성급하게 단정 짓지 않고, 차이를 중시하고, 피해자를 변호하고, 다른 사람을 돕고 위로할 가능성이 더 높아진다.

또한 여러 연구는 다른 사람의 관점을 이해하는 아이들이 공감력이 높다는 사실을 보여 준다. 이 아이들은 더 정서적으로 안정돼 있고, 더 인기가 많고, 더 건강한 또래관계를 맺는다. 게다가 관점수용력은 '나'에 대한 과도한 몰입에서 빠져나오는 데 도움을 준다. 다른 사람들의 고민으로 시선을 돌리도록 만들기 때문이다.

관점수용력은 공감력의 다른 측면들과 마찬가지로, 걸음마를 하고 있는 아기부터 중·고등학생 혹은 그 이상의 아이들까지 모두에게 가르칠 수 있다. 연구에 따르면, 단순히 다른 사람의 입장에 서 보는 것만으로도 무의식 속에 존재하는 편견을 상당히 줄일 수 있고 자신과 다른 모습을 가진 사람들과의 상호작용이 뚜렷하게 좋아질 가능성이 있다고 한다. 관점수용력을 키울 경우, 세상을 더 따뜻하게 만들 수 있을 뿐만 아니라 인종차별과 학교폭력을 줄일 수도 있는 것이다. 그렇다면 아이들에게 이 습관을 키워 주기 위해서는 어떻게 해야 할까? 계속 이야기해 보자.

관점수용력을 가르치는 것은 왜 어려울까?

아이들에게 관점수용력을 가르치는 가장 좋은 방법은 자신의 입장과는 '다른' 면을 경험할 방법을 찾는 것이다. 그렇게 할 수 있는 방법에는 수십 가지가 있다. 위에서 언급한 제인 엘리엇의 역할수행실험은 특히 기억에 남는 방법이다. 그렇지만 이 밖에도 아이들이 관점수용력을 배울 수 있는 방법이 몇 가지 있다.

1. 다시 하기

"조슈아, 네가 한 말이 팀을 슬프게 만들었어. 다시 말해 볼래? 이번에는 팀을 기쁘게 만드는 방법으로 말이야."

2. 상대의 입장에 서서 역할극하기

"여기서 멈추고 다시 해 보자. 이번에는 놀이에 초대받지 못해서 케빈이 어떤 기분일지 생각해 봐. 내가 네 역할이 되어 '케빈, 넌 우리랑 놀 수 없어'라고 이야기한다고 가정해 보자. 이제 네가 케빈이 되어 따돌림을 받을 때 어떤 기분과 생각이 들지 연기해 보렴."

3. 그대로 멈춘 다음 생각해 보기

"그대로 멈추고 가만히 있어 보자. 이제 아빠의 얼굴을 보면서 네 자신에게 물어보는 거야. 딸이 그런 식으로 말하면 어떤 기분이 들 것 같니? 아빠에게 뭐라고 말해야 할까?"

핵심은 아이가 자신의 행동이 다른 사람들에게 어떤 영향을 미치는지 이해하도록 도울 수 있는 훈육의 순간을 놓치지 않고 아이의 공감력을 키워 주는 것이다. 그러면 언젠가 아이는 부모의 도움 없이도 올바르게 행동할 수 있을 것이다. 그렇지만 부모와 교육자들이 맞닥뜨리는 큰 어려움 중 하나는 아이가 그릇된 행동을 할 때, 아이에게 공감력을 '몸소 보여 주는' 동시에 한계를 설정하고 아이를 훈육해야 한다는 점이다. 훈육은 각 가정에 따라 매우 사적인 문제이기 때문에 어떤 방법이 옳고 어떤 방법이 그르다고 말할 수는 없다. 하지만 만약 부모가 아이에게 다른 아이를 때리면 안 된다고 말해 놓고 곧바로 규칙을 위반했다는 이유로 아이의 엉덩이를 때린다면, 아이가 이해할 수 있겠는가? 당신이라면 이해가 되겠는가?

미국 부모들은 2~10세의 아이들을 평균적으로 약 6~9분에 한 번씩, 즉 대략 하루에 50번씩 훈육한다. 이를 합하면 1년에 15,000번 이상의 훈육 상호작용이 이루어지는 셈이 된다. 그중 아이가 다른 사람의 감정을 배려하지 않아서 훈육하는 경우가 얼마나 될까? 만약 그 수가 얼마 되지 않는다면 우리는 공감력을 키워 줄 많은 기회를 놓치고 있다고 할 수 있다. 다음은 전형적인 훈육 방법들이다. 이 방법들이 어떻게 아이들이 공감력, 특히 관점수용력을 배우지 못하게 방해하는지 살펴보자.

엉덩이 때리기

미국 부모 중 94퍼센트는 아이가 네 살이 될 때까지 아이의 엉덩이를 때린다고 인정했는데, 이는 공감력을 키워 주는 데 걸림돌이 된다. 툴레인 대학교 연구원들은 연구의 대상이 된 2,500명의 아이들을 추적·조사한 결과이고, 세 살쯤에 자주 엉덩이를 맞은 아이들은 다섯 살쯤에 이르러 공격적으로 행동할 가능성이 훨씬 더 높다고 밝혔다. 물론 다른 요소들도 작용하기는 하지만(어떤 방식으로, 누구에 의해 체벌이 이루어졌는지 등) 엉덩이 때리기가 공격성, 반사회적 행동, 정신건강 문제, 도덕성 발달의 저해, 공감력의 감소 등의 부정적 결과를 낳는 것과 연관이 있다고 밝힌 연구 결과를 부정하기는 어렵다.

소리 지르기

많은 부모들이 엉덩이 때리기와 같은 체벌의 유해성을 알고 있지만 이를 대체할 만한 효과적인 훈육 방법에 무엇이 있는지 잘 알지 못한다. 그래서 아이가 버릇없는 행동을 계속하면 많은 부모들은 불만을 억누르다가 결국 소리를 지른다. 부모들도 소리를 지르고 나서 기분이 좋지는 않을 것이다(부모들 중 3분의 2가 아이에게 소리 지르는 행위가 가장 죄책감을 유발한다고 말했다). 그렇지만 마땅한 훈육 대안을 찾지 못한 상태에서의 '소리 지르기'는 새로운 엉덩이 때리기가 되어가고 있다. 소리를 지르는 행위 자체가 정서적 고통을 야기하기도 하지만, 소리 지르는 내용 또한 아이에게 상처를 입힌다. 이러한 환경에서 자란 아이의 두뇌를 촬영한 결과, 수치심을 주거나, 무시하거나,

조롱하는 등 '말로 때리는 일'이 아이의 두뇌신경회로에 손상을 입힐 수 있다는 사실이 밝혀졌다. 훈육 수단으로 계속해서 소리를 지른다면 세 가지 면에서 공감력에 문제를 야기할 수 있다.

1. 소리 지르기는 부모와 아이의 관계를 손상시킨다

공감력의 씨앗은 부모와 아이의 관계 안에 심어져 있다. 여러 연구들이 공감력이 뛰어난 사람들은 부모와 더 가깝고, 더 따뜻하고, 더 우호적인 관계를 맺는 경향이 있다고 밝혔다.

2. 수치심은 공감력을 떨어뜨린다

수치심은 아이가 잘못된 행동에 대해 죄책감이나 부끄러움을 느끼게 만드는 것이 아니라, 죄의식을 갖게 하고 다른 사람을 배려하지 못하게 만든다. 수치심은 아이를 위축시키고 열등감과 고통을 느끼게 만들며 다른 사람의 평가에 점점 더 집착하게 만든다. 또한 여러 연구 결과에 따르면, 수치심을 기반으로 한 훈육 방법은 아이가 자신이 괴롭힌 상대방의 감정에 덜 공감하게 만든다고 한다.

3. 아이는 소리 지르는 부모를 본보기로 삼는다

부모가 평소에 소리를 자주 지른다면 아이는 그 모습을 보고 따라하며, 아이 또한 그렇게 행동할 가능성이 높다. 이에 대한 연구 결과도 명확하다. 반면, 공감력이 뛰어난 아이를 키운 부모들은 아이와 함께 있을 때나 그렇지 않을 때나 항상 다른 사람을 배려하는 행동을 몸소 보여 준다. 또한 친절을 강조하고, 아이가 모든 사람들에게 친절하게 대하기를 기대한다.

타임아웃

또 하나의 훈육 방법은 아이를 활동에서 떨어뜨려 혼자 앉아 있게 하는, 일명 '타임아웃(Time-out)'이다. UCLA 의과대학원의 교수 다니엘 시겔은 "애착에 대해 수십 년간 연구한 결과, 고통스러운 순간에는 자신을 사랑하는 사람들과 가까이 있으면서 위로를 받아야 한다는 사실이 밝혀졌다"라고 말한다. 그렇지만 아이가 감정을 통제하지 못할 때, 부모는 아이를 방에 혼자 둔 채로 마음을 진정하고 무엇을 잘못했는지 생각해 보라고 하는 경우가 많다. 전문가들은 이러한 타임아웃 훈육이 아이들이 적합한 행동에 대해 배우거나 자신이 상처 입힌 사람의 감정을 생각해 보는 데 도움이 되지 않는다고 말한다. 게다가 두뇌촬영영상을 보면 거부나 고립으로 인해 정서적으로 고통 받고 있는 아이의 두뇌는 육체적 고통이나 학대를 겪고 있는 아이의 두뇌와 유사한 형태를 보인다.

보상하기

"착하게 굴면 과자 줄게!", "칭찬 스티커 하나를 더 받았으니 장난감을 받을 수 있겠네!" 등 장난감, 사탕 혹은 돈을 보상으로 하여 아이에게 착하게 굴 것을 요구하는 것은 흔한 훈육 방법 중 하나이다.

그렇지만 『보상은 처벌과 마찬가지다Punished by Rewards』의 저자인 알피 콘은 70개 이상의 연구 결과를 인용하면서 이러한 접근법이 역효과를 낳을 수 있다고 말한다. 특히 공감력의 측면에서 그러하다. 아이들이 '친절하게 행동해야 하는 이유는 보상을 받기 위해서'라고 생각할 수 있기 때문이다. 게다가 아이들은 착하게 행동하는 것에 대한 외적인 보상이 일단 충족되고 나면 사회 친화적으로 행동할 가능성이 더 낮아진다. 낚시 바늘은 다른 사람을 배려하게 만들었던 미끼를 잃어버리고, 아이들이 다른 사람의 입장에 서 볼 기회는 사라진다.

물론 아이들이 부적절한 행동을 해도 그냥 넘어가야 한다는 뜻은 아니다. 아이는 어떤 행동이 적절하고 어떤 행동이 부적절한지 알아야 하고, 부모나 교사는 이에 대한 기준을 알려 줄 수 있어야 한다. 그렇기 때문에 딜레마가 생긴다.

"버릇없는 행동을 막고 아이들에게 자신의 행동이 다른 사람들에게 영향을 미친다는 사실을 깨닫도록 돕는 가장 좋은 방법은 무엇일까?"

다행히도 과학에 그 해답이 있다.

과학이 말하는 것: 한계를 설정하는 방법

"우리 아기가 다른 아이들을 자꾸 물어요."

"어떻게 하면 딸아이가 동생을 괴롭히는 걸 막을 수 있죠?"

"아들이 스쿨버스에서 아이들을 괴롭힌다고 하네요. 어떻게 벌 줘야 하죠?"

훈육에 대해서는 서로 상충되는 조언들이 매우 많기 때문에 부모들이 혼란을 느끼는 것도 당연하다. 그렇기 때문에 우리는 과학적 연구 결과를 근거로 하여 해결책을 강구해야 한다.

뉴욕 대학교 심리학과 교수인 마틴 호프먼은 40년 이상 아이들의 공감력에 대해, 특히 공감력과 훈육 사이의 관계에 대해 연구했다. 그 결과 호프먼은 아이가 버릇없는 행동을 할 때마다 피해를 받는 사람의 고통을 지속적으로 강조하고, 아이가 자신의 행동이 상대방에게 어떠한 영향을 미치게 되는지 이해할 수 있도록 도왔던 부모들이 아이의 공감력을 크게 키워 준다는 사실을 발견했다. 호프먼 교수는 이 훈육 방법을 '유도 훈육(Induction)'이라고 불렀고 많은 연구들이 이 훈육 방법의 효과를 증명했다. 이 훈육을 통해 아이들은 행동이 개선됐을 뿐만 아니라 관점수용력이 커졌고, 다른 사람에게 도움을 주려는 마음이 커졌을뿐만 아니라, 공감력 또한 강화됐다.

아이들도 타인의 생각에 신경 쓴다

캐롤린 잔-왁슬러와 매리언 래드케-야로우는 30년간 공감력을 연구해 왔다. 이들은 아이가 자신의 행동이 상대방에게 어떠한 영향을 미치는지 관심을 기울이는 것이 공감력을 높이는 데 효과적이라는 것을 발견했다. 심지어 매우 어린 아이들도 그러했다. 이들은 한 연구에서 아이 엄마들을 연구 보조로 모집한 다음, 그들의 생후 15~29개월인 아기들의 데이터를 수집했다. 엄마들은 다른 아이들의 괴로움이나 슬픔 등의 감정에 유아들이 보이는 반응을 각 사건이 일어나기 전, 일어나는 동안, 일어난 후를 기준으로 기록했다. 보고서에 적힌 9개월 동안의 시간을 분석한 결과, 잔-왁슬러와 래드케-야로우는 유도 훈육을 이용한 엄마들은 그렇지 않은 엄마들에 비해 아이의 관점수용력과 사회 친화적 행동에 크게 영향을 미쳤다는 사실을 발견했다. 다음은 한 엄마가 생후 22개월 된 아들 존과 아들의 놀이 친구인 제리 그리고 자신의 양육 방법에 대해 쓴 보고서이다.

"제리는…… 화를 내며 시끄럽게 울어대기 시작했고 멈추려 하지 않았다. 존은 계속 제리에게 장난감들을 건네면서 제리가 기운을 차리도록 만들려고 애썼다. 존은 "여기 있어, 제리" 같은 말들을 했고, 나는 존에게 "제리는 슬퍼. 제리는 지금 기분이 좋지 않아. 오늘 주사를 맞았대"라고 말해 주었다. 존은 눈살을 찌푸리면서 나를 쳐다봤다. 제리가 울보여서가 아니라 진짜로 기분이 안 좋기 때문에 울고 있다는 사실을 이해한 것처럼 보였다. 존은 제리에게 다가가 제리의 팔을 문지르면서 "잘 참았어, 제리"라고 말한 다음 계속해서 제리에게 장난감들을 가져다줬다.

이 방법을 '현실'에서 어떤 식으로 이용할 수 있을까? 아이가 친구로부터 장난감을 빼앗은 후 돌려주지 않는다고 가정해 보자. 유도 훈육은 아이에게 희생자의 위치에 있으면 어떤 기분일지 상상하게 함으로써 아이가 자신의 행동이 다른 아이에게 미치는 영향을 이해하도록 돕는다. 이 방법은 아이가 관점수용력을 습득하도록 도울 뿐 아니라 도덕성을 키워 준다. 또 다른 한 가지 방법은 아이가 가장 좋아하는 장난감을 이용한 역할놀이를 통해 상상해 보는 것이다. 아이에게서 장난감을 빼앗은 다음 물어보자.

"누군가가 네 장난감을 뺏는다면 어떤 기분이 들 것 같니? 과연 아무렇지 않을까? 아니라면 왜지? 어떻게 문제를 해결할 수 있을까?"

과학은 우리가 특정한 단계를 밟아야 한다고 말한다. 원하는 결과를 이끌어내기 위해서는 적절한 목소리 톤을 이용하여 유도 훈육을 해야 한다. "그만 둬!" 혹은 "넌 조니를 꼬집었어"와 같은 구두 경고나 단순한 설명만으로는 아이로부터 이타주의적인 반응을 이끌어내기 어렵다. 아이에게 어떤 행동이 잘못된 '이유'를 설명해 주는 엄마들은 아이로 하여금 괴로워하는 친구를 돕거나 위로하게 만들 가능성이 더 높다. 누군가에게 상처주고 싶어 하는 아이는 없다. 만약 아이에게 아이의 행동이 다른 아이들에게 어떠한 영향을 미치는지에 대해 비난하지 않으면서 명확하고, 간결하게 알려 준다면, 아이들은 그 사실을 마음속 깊숙이 새길 것이다. 이것이 유도 훈육의 기본이다.

부모 수업: 아이의 행동이 왜 잘못됐는지 아이에게 분명하게 설명하고 아이가 상대방의 고통에 집중하도록 하라. 그리고 목소리 높낮이를 적당하게 조절하라. 지나치게 가혹해서도 안 되고, 지나치게 부드러워서도 안 된다. 알맞게 적절해야 한다. 아이가 당신이 기대하는 행동을 정확히 알 수 있도록 말이다.

분노가 아닌 실망을 표현하라

아이들이 또래 친구들의 생각에만 신경 쓰는 것은 아니다. 아이들은 부모의 반응에도 신경 쓴다. 아이의 행동에 대한 부모의 감정적인 반응은 또래 친구들의 반응만큼이나 영향력이 크다는 사실이 밝혀졌다. 그리고 이러한 영향력은 아이가 나이를 먹을수록 점점 더 커진다.

이 주제에 대해 또 다른 연구는 11~13세 아동의 부적절한 행동에 대한 부모의 훈육 반응을 분석하여 다양한 훈육 방식이 아이의 공감력과 행동에 어떠한 영향을 미치는지 알아보았다. 첫 번째로, 연구자들은 엄마들에게 아이의 여러 부적절한 행동에 어떻게 반응할 것인지를 물었다. 두 번째로, 연구자들은 아이들에게 부모가 어떻게 반응할 것 같은지를 물었다. 마지막으로, 연구자들은 5개의 테스트를 통해 각 아이의 공감력 수준을 측정했다. 결과는 다음과 같았다. 유도 훈육을 이용한 부모 ―이들은 아이의 부적절한 행동 때문에 부모 자신이 어떻게 느끼는지 솔직히 말했다― 의 아이들은 높은 수준의 공감력, 관점수용력, 사회 친화적 행동을 보였다. 그러나 특권을 박탈한다거나 엉덩이 때리기 같은 신체적 처벌 등 권력과시형 훈육에 주로 의존한 부모들의 아이들은 이와 반대였다. 부모를 실망시키는 일에 대한 두려움은 부적절한 행동을 강력히 억제하는 동시에 공감력을 끌어올린다.

부모 수업: 아이의 행동에 대해 실망했다는 사실을 아이에게 말하는 것을 꺼리지 말라. 여러 연구는 이 방법이 부모가 아이의 나쁜 행동에 반응할 수 있는 매우 좋은 방법 중 하나라고 말한다. 중요한 것은 아이 자체가 아니라 아이의 부적절한 행동에 중점을 두는 것이다.

"그런 험한 말을 쓰는 걸 듣고 싶진 않구나. 네게 어울리지 않아!"

"우리 집 가족들은 다른 사람들을 배려하지. 엄마는 네가 그렇게 행동한 게 실망스럽구나!"

실망을 표현하는 것은 부모가 지지하는 가치를 강조할 수 있는 기회일 뿐 아니라 아이가 친절하게 행동하고 다른 사람을 배려하기를 바란다는 사실을 전달할 수 있는 기회이기도 하다.

10대들도 부모가 어떻게 생각하는지 신경 쓴다

10대 초반 아이들과 그들의 엄마들을 대상으로 실시한 한 연구에 따르면 부적절한 행동의 영향을 지적하는 방법은 10대들에게도 매우 효과적이라고 말한다. 10대 초반 학생들에게 엄마가 가장 많이 사용하는 훈육 방법이 무엇인지와 그 방법이 정당하고 적절하다고 생각하는지를 물었다. 또한 연구자들은 아이들의 도덕적 자아개념을 평가했다. 그런 다음 아이 엄마들에게 어떤 훈육 방법을 사용하는지 그리고 얼마나 자주 사용하는지 물었다. 그 결과 유도 훈육 방법을 이용하며 아이의 부적절한 행동에 실망을 표현한 엄마 밑에서 자란 10대 아이들은 도덕적 정체성과 관점수용력이 더 강했다.

만약 10대 아이가 가게에서 물건을 훔치는 일 같은 터무니없는 행동을 했다고 가정해 보자. 이 경우, 이 엄마들은 아이의 행동이 다른 사람에게 미치는 영향을 지적하며 훈육을 할 것이다.

> 엄마: 좋아, 조던. 비디오 가게 사장에 대해 생각해 보자. 만약 가게에 있는 물건을 도난당한다면 그의 기분이 어떨까?
>
> 조던: 화날 것 같아요.
>
> 엄마: 왜?
>
> 조던: 사람들이 자꾸 가게에서 물건을 훔쳐 가니까요.
>
> 엄마: 그래. 그럼 누가 분실품에 대해 돈을 지불해야 한다고 생각하니?
>
> 조던: 잘 모르겠어요……. 사장이요?
>
> 엄마: 그렇구나. 만약 어떤 사람이 네게서 뺏어간 물건에 대해 네가 돈을 지

불해야 한다면 어떤 기분이 들 것 같니?

조던: 화날 거예요.

엄마: 만약 네가 번 월급을 이용해서 그 돈을 지불해야 한다면, 정당하다고 느낄 것 같니?

조던: 아니요. 죄송해요. 돌려줄게요.

부모 수업: 10대 아이들에게는 지속적으로 유도 훈육 방법을 이용하고 아이의 행동이 어떠한 결과를 불러일으키는지 설명하라. 그렇게 하면 아이는 배려가 중요하다는 사실을 내면화하고 강한 도덕적 정체성을 형성할 것이다. 나이를 먹으면서 더 큰 문제에 맞닥뜨리더라도 이겨 낼 수 있을 만큼 말이다. 또한 무신경한 행동에 대해서는 실망을 표현하라. 아이의 행동이 피해자의 감정에 어떠한 영향을 미치는지를 강조하여 아이가 다른 사람의 관점을 이해할 수 있게 하라.

아이가 타인의 입장에 서 보게 하려면 어떻게 해야 할까?

유도 훈육이 아이의 관점수용력을 강화하는 데 이토록 효과적이라면 부모는 어떠한 방법으로 유도 훈육을 실행할 수 있을까? 다음은 유도 훈육 방법의 4단계이다.

1단계: 무신경한 행동을 주의하라

이 단계는 두 부분으로 이루어져 있다. 하나는 아이가 '무엇'을 잘못했는지 이름을 붙이는 일이고, 다른 하나는 '왜' 그 행동이 무신경한 행동인지 설명하는 일이다. 많은 부모들은 이 과정을 다 건너뛰고 바로 잔소리를 퍼붓거나 훈육을 한다. 마틴 호프먼은 이를 '권력 행사(Power Assertion)'라고 부른다. 물론 부모도 아이의 버릇없는 행동 때문에 화가 나거나 좌절하거나 혼란스러울 것이다. 그렇지만 그 행동이 '왜' 잘못됐는지 짚어 주지 않는다면 관점수용력을 가르치고 공감력을 키워 줄 절호의 기회를 놓치게 된다. 아이들은 자신의 행동이 다른 사람에게 어떤 식으로 영향을 미치는지 이해해야 한다. 아이가 무신경하게 구는 순간, 아이 행동에 주의를 집중하라. 그리고 아이의 행동이 무신경한 이유와 당신이 그 행동을 용납하지 않는 이유를 아이와 둘만 있는 곳에서 차분하게 설명하자.

"마이크가 골을 넣을 수 없다고 외친 건 심술궂은 행동이야."

"버트에게 샐리와 놀아야 하니까 가라고 한 건 사려 깊지 못한 행동이야."

"할아버지가 말씀을 하시는 동안 휴대 전화를 만지는 건 무례한 행동이야."

2단계: 무신경한 행동이 타인에게 어떤 영향을 미치는지 평가하라

관점수용력은 저절로 생기지 않는다. 아이들은 자신의 행동이 다른 사람에게 어떤 영향을 미치는지 잘 이해하지 못할 때가 많다. 『배려하는 아이The Caring Child』의 저자 낸시 아이젠버그는 공감력을 키워 주는 가장 좋은 방법 중 하나는 아이의 행동이 다른 사람에게 미치는 영향을 지적하는 것("봐, 네가 저 애를 울게 만들었어")이나 상대방의 감정을 강조하는 것("지금 저 애는 기분이 안 좋아")이라고 말한다. 이 방법을 통해 관점수용력이 커진 아이는 상대방의 생각, 감정, 혹은 욕구에 초점을 맞출 수 있다. 이 방법은 매우 어린 아이들에게도 효과적이다. 핵심은 아이에게 상대방의 입장에 서면 어떤 느낌일지 상상해 보게 함으로써 아이가 상대방의 고통을 느껴보도록 하는 것이다. 처음에는 일단 아이에게 자신이 만약 똑같은 방식으로 대우를 받는다면 무엇을 느끼고, 생각하며, 어떤 것이 필요할지에 대해 생각해 보라고 하라. 아이가 자신의 관점에서 문제를 이해하도록 하고, 그다음에는 아이가 상대방의 입

장에 서 보고 희생자의 감정, 생각, 욕구에 초점을 맞추도록 도와라.

"만약 팀이 네 장난감을 뺏는다면 어떤 기분이 들 것 같니? 팀의 기분을 얼굴 표정으로 표현해 보렴. 팀이 어떻게 느끼고 있지?"

"네가 사라라고 상상하고 누군가가 너에 대해 문자를 보낸 사실을 발견했다고 생각해 봐. 어떤 기분이 들겠니? 문자를 보낸 사람에게 뭐라고 말할 것 같아? 사라는 어떤 생각이 들까?"

3단계: 상처 치유와 보상을 요구하라

자신의 행동이 다른 사람에게 어떤 고통을 야기했는지 이해하도록 돕는 것은 관점수용력을 가르치는 데 필수적이다. 일단 아이가 이 관련성을 이해하고 나면("내가 저 애를 슬프게 만들었구나. 이제 저 애가 어떤 기분인지 알겠어") 일반적으로 양심의 가책을 느끼기 시작한다. 상대방의 상처를 치유하는 일은 아이의 죄책감을 완화해 주는 길이기도 하다. 하지만 그에 대한 보상은 진심이어야 하고, 적합하며, '적당한 수준'이어야 한다. 다음은 한 아빠가 아들이 한 친구를 놀린 일에 대해 친구의 상처를 치유하도록 도운 방법이다.

아빠: 마크가 어떤 기분이 들게 만들었다고 생각하니?
아들: 마크는 슬플 거예요. 저라면 그렇게 느낄 것 같아요.
아빠: 그렇다면 마크에게 네가 미안해하고 있고, 신경 쓰고 있다는 사실을 알리기 위해 무엇을 할 수 있을까?
아들: 우리 집에 놀러오고 싶은지 물어볼래요.
아빠: 그래, 하지만 친구는 네가 아까의 행동을 후회하고 있다는 사실을 모를 수도 있어.
아들: 전화를 걸어서 미안하다고 말할 거예요.
아빠: 쉽지는 않겠지만 사려 깊은 행동이구나.

4단계: 실망을 표현하고 배려에 대한 기대를 강조하라

마지막 단계는 부모가 아이의 무신경한 행동에 대해 어떻게 느끼는지 설명하고 실망을 표현하는 단계이다. 아이의 행동에 실망을 표현한다고 해서 죄책감을 느끼지 않기를 바란다. 한 연구에서는 가장 효과적인 훈육 방법 중 하나가 아이의 좋지 않은 행동에 대한 실망을 표현하는 것이라고 말한다. 또한 아이가 더 잘할 수 있을 것이라는 부모의 믿음을 아이에게 알려 주는 효과적인 방법이기도 하다. 『기브 앤 테이크Give and Take』의 저자인 애덤 그랜트는 "이는 다른 사람을 돕는 사람으로 성장하는 데 도움이 된다"라고 말한다.

또한 "부모가 실망을 표현하면 아이는 자신의 행동에 대한 평가, 공감 여부, 다른 사람에 대한 책임감, 도덕적 정체성 등에 대한 자기만의 기준을 세울 수 있다. 이 단계는 두 가지 부분으로 이루어져 있다. 첫째는 아이 자체가 아닌, 아이의 행동에 실망을 표현하는 것이다. 둘째는 아이가 다른 사람을 배려하고 더 좋은 행동을 할 수 있다고 믿는다는 부모의 기대감을 강조하는 것이다.

"네가 친구의 험담을 한다고 들었어. 실망이구나. 너는 좋은 사람이야. 나는 네가 다른 사람들의 감정을 배려하리라고 기대한단다."

"그 말투는 무례하고 기분이 나쁘구나. 나는 네가 모든 사람을 존중하며 대하리라고 기대하고 있어. 너는 더 잘할 수 있는 아이야."

공감력 강화하기: 다른 사람의 생각과 감정을 이해하기

다른 사람의 입장에 관심을 가지고 귀 기울이는 법을 가르치는 것은 아이들의 관점수용력을 북돋워 주고 공감력을 키워 주는 데 효과적인 방법이다. 결국, 다른 사람들에게 관심을 기울이는 것은 아이들이 다른 사람들의 감정과 욕구를 이해하고 '자기 몰입'을 줄이며 상대를 더 의식하도록 돕는다. 관점수용력을 익히기 위해서는 4단계의 기술을 차례대로 배워야 한다. 아이가 그다음 단계를 배울 준비가 될 때까지 한 번에 한 가지 단계만 가르치기 바란다. 저녁 식사 시간이나 가족 모임에서 연습하거나, 아이가 따라하기에 쉬운 방법으로 몸소 시범을 보일 수 있을 것이다.

1단계: 집중 - 타인에게 주의를 기울이라

관점 수용의 첫 단계는 말하는 상대에게 주의를 기울이는 것이다. 아이에게 다음의 5가지 듣기 기술을 가르쳐서 아이가 공감력을 키우고 학교생활을 잘할 수 있게 도와라.

1. 가만히 앉거나 서서 상대의 말에 주의를 기울이라.
2. 상대의 관점과 감정에 마음을 열라.
3. 약간 몸을 앞으로 기울여 관심을 표현하라.
4. 상대와 시선을 마주치라. 집중을 유지하기 위해 1장에서 배운 기술을 이용해 보자("말하는 사람의 콧날을 보렴").
5. 상대의 관점을 인정하라. 고개를 끄덕이거나 미소를 지으며 자신이 신경 쓰고 있다는 사실을 보여 줘라.

2단계: 느낌 - 감정을 보고 들으라

감정독해력은 다른 사람의 관점을 이해할 때 중요한 역할을 한다. 그러므로 아이에게 감정을 '보고 듣는' 방법을 가르쳐라. 아이에게 이렇게 말하자.

"그 사람은 자신이 어떤 기분인지 직접 말하지 않을 수도 있어. 하지만 그 사람의 몸과 얼굴, 목소리에서 단서를 얻을 수 있단다. 네가 탐정이라고 생각하고 스스로에게 물어보렴. '그 사람의 기분이 어떨까?' 하고 말이야."

3단계: 상상 – 상대방의 입장에 서 보라

아이가 다른 사람의 관점을 이해하도록 돕는 방법 중 한 가지는 아이의 상상력을 이용해서 상대방의 입장에 서는 법을 가르치는 것이다.

"그 사람이 말하는 동안 속으로 어떤 생각을 하거나 어떤 기분일지 상상해 보렴. 그러면 그 사람이 뭘 원하는지 혹은 뭘 필요로 하는지 알 수 있을 거야."

중요한 것은 아이가 다른 사람의 관점을 상상하는 데 도움이 되는 적절한 전략을 찾는 것이다.

예를 들어 어린아이라면 마법 망토를 걸치고 있다고 상상해 보라고 하자. 어떤 사람의 마음을 볼 수 있게 해 주고, 다른 사람의 생각이나 감정을 읽을 수 있는 초능력 망토를 말이다. 그보다 큰 아이에게는 '나라면 어떻게 느끼고, 생각하고, 무엇을 원할지' 스스로에게 물어보라고 하자.

4단계: 공유 – 상대방의 관점을 설명하라

마지막 단계는 아이가 상대방의 관점을 다른 말로 바꾸어 표현하는 것이다. 이렇게 설명하자.

"어떤 사람에게 네가 신경 쓰고 있다는 사실을 알리려면 그 사람이 한 말을 다시 말해 보렴. 네가 그 사람의 감정이나 생각이나 욕구를 이해하고 있다는 뜻이란다."

아이에게 "~라고 말했죠?"라고 되물어보며 상대방의 말을 반복해 보게 하거나, "당신은 ~라고 생각하는군요"라고 이야기하며 상대방의 생각과 감정 등을 다른 말로 바꾸어 표현해 볼 수 있도록 하라.

아이에게 다른 사람의 관점을 이해하는 것이 그 관점에 무조건 동의해야 한다는 것을 의미하지는 않는다고 설명해 주자. 아이가 쉽게 이해할 수 있도록 그 나이에 적합한 용어를 이용해서 말하라. 모든 사람은 서로 다른 의견을 가지고 있다. 그러므로 끊임없이 자신의 의견을 말하거나 상대방과 견해를 나누어야 한다. 단, 섣불리 판단을 내리지 않은 채 말이다. 그렇게 하면 사람들은 상대방이 신경을 쓰고 있고 공감하고 있다는 사실을 깨달을 것이다.

아이가 타인의 입장에 서 보도록 돕는 방법

소방관들이 샌디에이고의 20만 에이커에 달하는 들판에 난 불을 밤낮없이 진화할 때였다. 그 지역에 있는 한 유치원 교사는 또 다른 문제 때문에 고민하고 있었다. 학부형들 중 대다수가 이 소방관들이었던 것이다. 얼마 안 있어 소방관들은 기진맥진한 상태로 집에 돌아갈 터였다. 그렇지만 아이들은 '아빠가 자신을 왜 놀아줄 수 없는지' 이해하지 못할 것이었다. 교사는 어린 학생들이 부모의 입장을 이해하도록 돕고 싶었다. 그래서 그녀는 교실 바닥에 소방관 부츠를 놓고 이야기를 꺼냈다.

"이 부츠를 신고 아빠처럼 소방관인 척해 볼 사람?"

아이들은 고사리 같은 손을 들고 흔들어 댔다. 모두들 '상상 놀이'를 하고 싶어 안달이었다.

교사는 그중 특히 아빠를 그리워하는 한 아이를 지목했다. 이 네 살짜리 아이는 밤늦도록 돌아오지 않는 아빠의 안전이 염려되는 데도 이를 표현할 수 있는 방법을 몰라 유치원에서는 말썽을 피우고, 집에서는 밤마다 악몽을 꾸고 있었다. 소년은 신발을 벗어던지고서 커다란 부츠를 신고는 '소방관'을 연기할 채비를 마쳤다.

"준비됐니?" 교사가 물었다. "네가 아빠라고 상상해 보렴. 너는 고약한 불을 끄려고 열심히 노력하고 있어. 너는 땅에서 잠을 자고, 지저분하고 냄새 나는 옷을 입고, 엄청나게 피곤한 상태야. 집을 떠나온 지 오래됐고 가족이 너무 보고 싶어. 무엇보다 너는 어린 아들을 꼭 껴안고 마주 껴안는 아이의 감촉을 느끼고 싶어."

어른들은 이 유치원생이 말 그대로 자신의 아빠가 '되는' 장면을 넋을 잃고 쳐다보았다. 자신의 아빠가 어떤 기분일지 상상하자 아이는 표정, 행동, 그리고 몸 전체가 순식간에 바뀌었다.

"기분이 어때요?" 교사가 물었다.

"피곤하고 슬퍼요." 아이가 조용히 대답했다. "집에 가고 싶어요."

"어떻게 하면 기분이 나아질 것 같아요?"

아이는 잠시 꼼짝도 하지 않다가 뭔가를 생각해 냈다. 부츠를 벗고 장난감 상자로 달려간 아이는 어떤 것을 움켜잡고 돌아왔다.

"어서요. 이걸 아빠에게 주세요." 아이가 말했다. "아빠 기분이 나아질 거예요."

교사의 손에 쥐어 준 것은 곰 인형이었다.

교실에 있던 어른들은 그 모습을 보고 눈물을 훔쳤다. 공감력이 뛰어난 교사가 아이에게 아빠의 끔찍한 상황을 상상해 보도록 함으로써 아이를 안심시킨 것이다. 또한 그녀는 과학이 끊임없이 말해 온 사실을 증명했다. 매우 어린 아이들도 '다른 사람의 입장에 서 보는 법'을 배울 수 있다는 사실 말이다.

힘든 시간을 보내고 있을 아빠의 마음을 상상한 아이는 아빠를 위로하고 싶었고, 자신이 아는 가장 좋은 방법을 생각해 낸 네 살짜리 아이는 아빠에게 아끼던 곰 인형을 줬다. 이처럼 관점수용력은 공감력을 활성화시켜 아이들이 다른 사람들을 돕고 싶도록 만든다.

관점수용력이 공감력을 활성화하는 원리

워싱턴 대학교의 교수 에즈라 스토틀랜드는 관점수용력을 연구한 초기 연구자들 중 한 명이다. 그는 기계에 손이 묶인 한 사람이 뜨거운 열에 의해 고통 받고 있는 모습을 연출해, 실험 참가자들이 이 모습을 보게 했다.

고통 받는 장면을 연기하는 사람은 스토틀랜드의 조교였다. 실제로 열은 발생하지 않았으며, 그는 단지 고통을 느끼는 것처럼 연기하라는 지시를 받은 것이었다. 실험 참가자 중 어떤 이들은 조교의 움직임에만 집중하라는 지시를 받았고, 어떤 이들은 조교의 입장에 서서 그의 감정을 상상해 보라는 지시를 받았으며, 어떤 이들은 자신의 손에 열이 가해지는 느낌을 상상해 보라는 지시를 받았다. 그런 다음 각 참가자들의 반응을 측정하여 그들의 공감력 수준을 알아보았다.

조교의 움직임에만 집중하라는 지시를 받은 참가자들은 그의 고통에는 거의 공감하지 않았다. 그렇지만 열이 자신의 손에 가해지는 것을 상상하거나 희생자의 감정을 상상해 보라는 지시를 받은 참가자들은 공감력이 크게 높아졌다. 이 실험을 통해 스토틀랜드는 '다른 사람이 어떻게 느낄지 상상하는 것'이 관점수용력을 키우는 데 탁월한 방법이라는 사실을 발견했다.

이 밖에도 여러 연구에서 아이들에게 다른 사람의 생각, 감정, 욕구에 집중하도록 격려하는 방법으로 아이들의 공감력과 도움을 주고자 하는 마음을 길러 줄 수 있다고 밝혔다. 아이가 다른 사람의 입장에 서 보도록 돕는 방법은 무수히 많이 있다. 앞에서 나온 한 어린 학생은 소방관 부츠를 신고 상상 놀이를 한 후 아빠가 어떤 기분일지 이해했다. 제인 엘리엇의 3학년 학생들은 역할놀이를 통해 차별이 어떤 것인지 직접 경험했다. 에즈라 스토틀랜드의 실험 참가자들은 고통을 겪고 있는 사람의 감정을 상상했다.

관점수용력은 아이들이 형제간 갈등을 해결하고, 무신경한 행동을 고치고, 다른 사람의 입장을 이해하고, 친구가 화가 난 이유를 찾고, 수십 가지의 일상적인 문제들을 해결하고, 공감력을 키우도록 도와주는 유용한 도구가 될 수도 있다.

아이가 타인의 입장에 서도록 돕는 6가지 방법

1. 소품을 이용하라

리암은 다른 사람의 감정을 이해하는 것을 어려워했다. 그래서 나는 리암의 공감력을 자극하기 위해 조금 더 특별한 방법을 사용할 필요가 있다고 생각했다. 나는 철사 옷걸이를 동그랗게 구부렸다.

"리암, 원형 철사를 머리 위에 얹고서 네가 스티브라고 상상해 보렴. 내가 너의 역할을 할게."

그런 다음 역할놀이가 시작됐다.

"그렇게 머리를 하니 멍청해 보여. 기분이 어때, 스티브?"

리암이 친구의 고통을 이해하도록 도운 것은 스티브인 척 연기하는 일이었지만 핵심은 철사 옷걸이였다. 다양한 의상이나 소품 등을 이용해 보자. 사진을 연필에 테이프로 붙여서 막대 인형을 만든 다음 어린 아이들이 '상대의 입장'을 연기해 보도록 할 수도 있다.

2. 위치를 바꿔 보라

켄은 아이들이 부모의 관점을 이해할 수 있도록 돕는 훌륭한 방법을 알려주었다. 켄의 열두 살짜리 아들은 자신이 집에 늦게 올 경우 미리 전화를 하지 않았을 때 아빠가 화를 내는 이유를 이해하지 못했다. 어느 날 아들이 집에 늦게 도착했을 때, 켄은 아들이 자신의 입장에서 아들의 일을 바라보도록 했다.

"내 의자에 앉아 보렴. 따뜻한 자리에 앉아서 시계를 보는 거야. 네가 나인 척해 봐. 너는 아들이 어디에 있는지 모르고 있어. 밖은 이미 어두워졌고 시간도 늦었는데 아들은 전화를 하지 않아. 마음속에 어떤 생각들이 스치니?"

켄은 아들이 자신에게 사과를 한 뒤, 다음부터는 늦을 때 집에 전화하는 것을 절대 잊지 않겠다고 약속했고 그 후로 약속을 잘 지켰다고 이야기했다. 아이가 부모의 입장에 서서, 부모의 관점으로 상황을 경험하도록 하라.

3. 상황을 구체화하라

아이가 할머니에게 병이 낫기를 기원하는 카드를 보냈다고 가정해 보자. 이 기회를 이용하여 할머니가 카드를 받을 때 어떤 기분일지 아이가 상상해 보도록 도와라.

"네가 할머니이고 방금 이 카드를 네 손녀에게서 받았다고 상상해 봐. 카드에 적힌 말을 읽을 때 기분이 어떨 것 같니?"

혹은 아이가 만나 본 적이 없는 사람을 이용해서 아이의 관점수용력을 키워줘라.

"네가 새로 전학 온 소년이고 아무도 모른다고 상상해 봐. 기분이 어떠니? 그 애가 환영받는다고 느끼게 하려면 어떻게 해야 할까?"

"네가 토네이도로 집이 망가져 버린 아이라고 상상해 봐. 어떤 생각이 드니? 무엇이 필요하니? 우리가 뭘 할 수 있을까?"

4. 역할놀이를 이용하라

아이에게 다른 사람의 감정을 배려하는 행동을 연기하게 함으로써 아이가 무신경한 행동을 고치도록 도와라.

"그 행동을 다시 해 보자. 그리고 친구가 듣고 싶었을 만한 이야기를 해 보자."

"다시 해 봐. 하지만 이번엔 팀원이 너를 깎아내리면 다른 팀원들이 어떤 기분이 들지에 대해 생각해 봐."

"이번엔 내가 감정이 상하지 않게 질문을 다시 던져 보렴."

5. "~이 궁금해요"라는 질문을 던지게 하라

아이가 어느 정도 나이가 있다면 스스로에게 질문을 던지도록 격려하라.

"나는 궁금해. 프레드 삼촌이(혹은 바트가, 코치 선생님이) 무엇을 생각하는지 말이야."

아이에게 새로운 누군가와 마주칠 때마다 "~이 궁금해요"라는 질문을 해 보라고 격려하라. 가령, 새로 전학 온 여자아이, 줄을 서 있는 사람, 그네를 타고 있는 아이 등 말이다.

6. 입장을 바꿔 보라

아이가 형제와 싸우거나 친구와 말다툼을 벌이는 상황에서 다짜고짜 조언부터 하지 말라. 그 대신, 아이가 입장을 바꿔서 상대방의 관점에서 사건을 바라보도록 하라.

"네가 화난 거 알아. 하지만 너희 둘이서 문제를 해결하는 방법을 찾아낼 수 있어. 두 사람 다 내게 무슨 일이 있었는지 말해 봐. 다만 상대방의 입장에서 말해 봐."

아이들에게 서로의 입장을 듣게 한 다음 이렇게 물어보라.

"이제 너희 둘 다 양쪽 입장을 다 들었어. 두 사람 모두 공평하게 이 문제를 해결하려면 어떻게 해야 할까?"

연령별 접근법

캔자스 초등학교를 방문했을 때 나는 우연히 두 남자아이가 교장선생님과 심각한 대화를 하고 있는 것을 목격했다. 열한 살짜리 소년들은 사물함을 공유하는 문제로 말다툼을 크게 벌이다가 교실에서 쫓겨난 상황이었다.

아이들은 각자 '자신의 물건을 건드린다'며 상대방을 비난했고, 교장선생님은 특별한 훈육 방법을 사용했다. 교장선생님은 각 아이에게 상대의 관점에서 대답해야 하는 '생각 설문지'를 건넸다. 설문지에는 "무슨 일이 있었는가?", "일어난 일에 대해 어떻게 느끼는가?", "상대에게 뭐라고 말하고 싶은가?", "두 사람 다 만족할 수 있도록 이 문제를 해결하는 가장 좋은 방법은 무엇인가?"와 같은 질문들이 적혀 있었다. 이들은 흥미로운 반응을 보였다.

"나는 쟤가 아니에요. 그런데 쟤가 어떤 느낌인지 어떻게 알겠어요?" 한 아이가 말했다.

"이 질문들은 너무 어려워요." 다른 아이가 말했다. "쟤가 뭘 원하는지 알 수 없어요."

바로 이것이 아이들의 문제였다. 두 아이 모두 오직 자신의 입장만을 생각하고 있었기 때문에 상대방이 어떻게 느끼는지 알지 못했다. 교장선생님의 관점수용법은 아이들이 자신 외에 다른 사람의 감정, 생각, 욕구를 이해하도록 돕는 훌륭한 방법이었다. 다음은 아이에게 다른 사람의 입장에 서 보는 것이 어떠한 느낌인지 이해하도록 돕는 여러 전략들이다.

알파벳은 추천 연령과 활동 적합 연령을 가리킨다.

Ⓛ=Little Ones(어린아이), Ⓢ=School Age(만 6~12세 사이의 초등학생),
Ⓣ=Tweens and Olders(10대 초반과 그 위의 아이), Ⓐ=All Ages(모든 연령)

- **'감정 + 욕구' 방법을 이용하라** Ⓐ

다른 사람의 감정에 아이가 관심을 기울일 수 있는 상황을 찾아보라. 그런 다음 아이에게 그 사람이 자신의 기분을 바꾸려면 무엇을 필요로 할지 추측해 보라고 하라.

> 부모: 저 아이의 표정이 안 좋은 거 보이니? 저 아이가 어떤 기분일 것 같니? (이때 아이가 적절한 감정 어휘를 사용하도록 이끌라)
> 아이: 슬픈 것 같아요.
> 부모: 저 아이가 기분이 나아지려면 무엇이 필요할까?
> 아이: 외롭기 때문에 누가 옆에 같이 있어 주길 바랄지도 몰라요.
> 부모: 네가 돕기 위해 할 수 있는 일이 있을까?

- **실제 사건, 책, 뉴스를 이용하라** Ⓐ

일상의 순간을 이용하여 아이의 관점을 넓혀라. 뉴스를 보면서 "저 여자애가 받아쓰기 대회에서 우승했네. 기분이 어떨까?"라고 묻는다거나 책을 읽으면서 "곰들의 입장에서 생각해 봐. 골디락스(*『골디락스와 세 마리 곰 Goldilocks Three Bears』의 주인공 이름)가 물어보지도 않고 네 침대와 의자를 사용한다면 기분이 어떨 것 같니?"라고 물어볼 수 있을 것이다.

- **주변 물건을 이용하라** Ⓛ, Ⓢ

오하이오주 더블린에서 활동하는 심리상담사 로리 쿤은 아이스 스케이트, 운동화, 슬리퍼, 군인 부츠, 구두 등 여러 종류의 신발이 담긴 구두상자를 이용하여 공감력 활동을 가르친다. 학생들은 구두상자에서 신발을 꺼내 신어 보고 어떠한 사람이 그 신발을 신을 것 같은지 묘사한다. 실제로 내 친구인 메리 그레이스 갤빈은 이를 활용해 짐 가방을 모자, 스카프 등으로 가득 채운 다음 아이들이 그걸 이용해서 몇 시간 동안 '다른 사람'인 척할 수 있게 한다.

• 아이가 여러 표정을 짓게 하라 Ⓛ, Ⓢ

연구자들이 실험 대상자들에게 특정한 얼굴 표정(가령 혐오감, 슬픔, 두려움 등)을 따라해 보라고 하자, 그들의 두뇌에서는 그 특정한 감정들의 특징이 나타났다. 특정한 감정과 연결되는 얼굴 표정을 지으면 그 감정을 느낄 수 있다. 그러므로 아이에게 다른 사람의 기분은 어떨 것 같은지 얼굴 표정을 지어 보라고 하라.

> 아이: 대니가 팀에서 쫓겨났어요.
> 부모: 대니의 기분이 어떨지 표정을 지어 보렴. (아이가 슬픈 표정을 짓는다)
> 부모: 대니가 어떤 생각을 할지도 상상해 볼까?
> 아이: 아무도 자기를 좋아하지 않는다고 생각할 것 같아요. 전화해 봐야겠어요.

• 아이에게 장애에 대해 소개하라 Ⓢ, Ⓣ

한 스카우트단 단장이 단원들에게 특이한 임무를 내렸다.

"여러분이 한 번도 경험해 보지 못한 장애에 대해 알아 오세요. 예를 들어 노숙자 쉼터에서 사는 것, 앞을 보지 못하는 것, 운동 기능에 어려움이 있는 것 등이 있습니다. 그러한 장애를 가지고 산다는 게 어떠한 느낌일지 이해할 방법을 찾아보세요."

어떤 아이들은 기아를 이해하기 위해 24시간 동안 단식 체험을 했다. 아이들은 이 체험 덕분에 새로운 관점을 얻었을 뿐 아니라 공감력 또한 높아졌다. 그리고 이 임무를 수행한 많은 아이들은 현재 굶주림에 시달리는 사람들을 위한 자원봉사를 하고 있다.

이 밖에도 다음과 같은 아이디어들이 있다.

▶ 시각 장애: 눈가리개를 하고 집안을 돌아다녀 본다. 어린아이들은 눈가리개를 하고 당나귀에 꼬리 달기 놀이를 할 수도 있다.
▶ 언어 장애: 입을 막고 노래를 불러 본다.
▶ 청각 장애: 귀마개와 헤드폰을 끼고 소리를 들어 본다.
▶ 학습 장애: 반대 방향으로 글씨를 쓰거나 거울을 보면서 글씨를 써 본다.
▶ 신체장애: 휠체어를 타고 주변을 돌아다녀 본다.

• 아이의 관점을 넓혀 주라 Ⓐ

아이에게 힘겨운 상황을 경험해 보게 하자. 아이와 함께 노숙자 쉼터, 시각 장애인 복지관, 양로원, 무료 급식소를 방문해 보자. 그리고 돌아온 후 아이에게 물어보라.

"가기 전과 비교해서 똑같니, 아니면 달라졌니?"

아이가 그 사람들에 대해 진심으로 이해하도록 돕기 위해 아이와 함께 그곳에서 자원봉사를 해 보는 것도 좋다. 그런 다음 다시 물어보라.

"그 사람들에 대한 느낌이 어떻게 달라졌니?"

• 연극을 이용하라 Ⓐ

역할 연기는 배우들이 자신의 캐릭터를 이해하기 위해 사용하는 방법이다. 유명한 할리우드 배우 메릴 스트립은, 커진 공감력은 캐릭터의 감정을 관객에게 전달하는 강렬하고 생생한 기쁨을 느끼게 하는 능력을 가져다주었다고 말했다. 또한 연극배우들은 역할 연기가 공감력을 강화해 준다고 증언했다. 그러니 아이가 연기를 경험해 보게 하는 건 어떨까?

• 아이를 직장에 데려가라 ⓢ, ⓣ

미국에서는 매년 4월의 네 번째 목요일이 되면 3,700만 명이 넘는 노동자들이 '직장에 아이 데려가기 행사'에 참여한다. 학교에서는 아이들이 하루 동안 교장선생님이 되고, 경찰서에서는 아이들이 하루 동안 경찰서장이 되고, 도시에서는 아이들이 하루 동안 시장이 된다. 아이에게 당신의 역할을 포함해서 다른 사람들의 역할을 수행해 볼 수 있는 기회를 제공하라.

• 아이의 '사회적 관계망'을 넓혀 주라 ⓐ

아이들은 자신이 실제로 아는 사람들이나 혹은 자신과 비슷한 사람들에게 더 쉽게 공감한다. 그러므로 아이를 다양한 배경(인종, 이데올로기, 성별, 문화, 종교, 연령)을 가진 사람들에게 노출하는 방법으로 아이의 관점을 넓혀라. 그런 다음 강조하라.

"너와 피부 색깔이 달라도 혹은 다른 언어를 사용해도 너와 같은 감정, 생각, 욕구를 가지고 있을지 모른단다."

👤 관점수용력을 길러 주기 위해 알아야 할 5가지

1. 마음속으로 상대방의 입장이 되어 보면 공감 세포가 강화된다.

2. 다른 사람의 생각과 감정, 생각, 욕구 등을 이해하기 위해서는 연습과 능력이 필요하다.

3. 관점수용력은 감정독해력, 감정조절력, 다른 사람의 생각과 감정에 대한 상상력, 문제해결력, 공감력 등과 마찬가지로 충분히 익히고 배울 수 있다.

4. 아이가 다른 사람의 감정, 생각, 욕구에 대해 고려하도록 돕는 것은 공감력을 키우기 위한 효과적인 방법이다.

5. 아이에게 자신의 행동이 다른 사람에게 미칠 영향에 관심을 기울이도록 하면 아이의 관점수용력이 커진다.

❤️ 마지막 1가지

독일 비스바덴에 있는 아우캄 초등학교의 교장 데비 파크스는 아이들의 욕구를 잘 이해하는, 공감력이 뛰어난 교육자이다. 이 학교는 해외 미군기지 주둔지에 있었는데, 학부형들의 75퍼센트가 아프가니스탄에 배치받았을 때 파크스는 관점수용력을 이용한 독창적인 방법으로 아이들을 안심시키려 했다. 파크스는 학교의 마스코트인, '듀크'라는 이름의 커다란 곰 인형을 아프가니스탄으로 보내 학부형들과 함께 있게 했다. 그럼으로써 학생들이 자신의 엄마, 아빠의 입장에 서 볼 수 있도록 도왔다. 듀크는(정확히는 인형탈을 쓴 군인이) 아프카니스탄에 도착한 즉시 자신의 모험담을 담은 사진을 아우캄 초등학교로 보냈고, 파크스는 그 사진들을 학교 곳곳에 붙였다. 듀크가 용맹한 행동을 하고, 고아원을 방문하고, 병원에서 환자들의 생명을 구하고, 아이들의 부모들과 함께 헬리콥터에 탄 채

비행하는 모습들을 사진에서 볼 수 있었다. 또한 식당에서 밥을 먹고, 체력 훈련을 하고, 아프가니스탄에서 부대원들과 함께 추수감사절과 크리스마스를 축하하는 모습도 있었다.

"아이들은 듀크가 부모님 곁에서 여러 가지 일을 하는 사진을 보고 나자 안심을 했습니다." 파크스가 말했다. "곰 인형 듀크는 아이들이 그 시기에 필요로 했던 회복력을 부여하는 하나의 장치였지요."

또한 듀크를 통해 파병된 아빠와 엄마들은 고국에 있는 아이들과 유대감을 쌓을 수 있었고, 아이들이 안전하게 세상 속으로 걸어 들어갈 수 있도록 도와줬다.

아프가니스탄에서 11개월을 보낸 후, 마침내 군인들은 고향으로 무사히 돌아왔고, 아이들은 두 팔을 활짝 벌려 그들을 환영했다. 듀크 또한 학부형들과 함께 아이들 곁으로 돌아왔다.

관점수용력을 키우는 일이 아이들에게 매우 중요하긴 하지만, 아이들의 시선으로 세상을 바라보는 일의 중요성 또한 절대 잊어서는 안 된다. 좋은 부모는 아이의 삶에서 어떤 일이 일어나고 있는지 잘 아는 부모이다. 공감력의 세 번째 핵심습관인 관점수용력은 아이들뿐 아니라 부모들 또한 세상을 잘 살아갈 수 있도록 도와줄 능력이다.

네 번째

공감력을 풍성하게 하는 독서

"공감력이 뛰어난 아이는
도덕적 상상력이 풍부하다"

독서는 아이들을 다른 세계로 데려다주고 아이들의 마음을 변화하게 한다. 나는 한 학교 복도에 있는 게시판이 학생들이 만든 하트 모양 종이쪽지로 온통 뒤덮인 모습을 보고 이러한 교훈을 배웠다. 게시판에는 이런 설명이 적혀 있었다.

"한 개의 하트로 세상을 바꿀 수 있다."

하트 자체도 사랑스러웠지만 게시판이 생기게 된 사연을 들으니 가슴이 뭉클했다.

교장 선생님은 게시판이 채워진 것은, 4학년 학생 라이언이 그 게시판을 지나간 다음부터였다고 말했다. 라이언은 좀처럼 말을 하지 않는 아이였고, 라이언을 잘 아는 사람은 아무도 없었다. 라이언의 집은 혼란에 빠져 있었다. 알코올 중독자였던 라이언의 아빠는 자주 라이언의 엄마를 폭행했는데, 그러는 동안 라이언은 벽장 안에 숨어 있었다. 라이언은 다른 사람에게 이 사실을 이야기하면 아빠가 엄마를 더 심하게 때릴까 봐 두려웠기 때문에 비밀로 간직한 채, 선생님과 친구들로부터 거리를 두었다.

상황이 이렇다 보니 엄마는 라이언의 옷을 제때 세탁해 줄 수 없었고, 라이언은 지저분한 셔츠와 바지를 매일같이 입고 다녀야 했다. 그 때문에 라이언은 또래들에게 따돌림받을 때가 많았다. 특히 두 명의 못된 녀석들에게는 괴롭힘을 당하기도 했다.

"멋진 셔츠네, 라이언." 그중 한 아이가 조롱했다. "너희 부모님은 다른 옷을 안 사 주니? 네가 항상 혼자 다니는 게 놀랍지도 않다."

그날 오후, 또 다른 반 친구 대니는 라이언이 혼자서 점심을 먹고 있는 모습을 보고 모두가 놓치고 있던 어떤 사실을 알아차렸다. 바로 라이언이 외로워 보인다는 것이었다. 그래서 대니는 다른 친구들의 경고를 무시하고 라이언 옆에 앉아 같이 점심을 먹어도 되느냐고 물었다. 훗날 라이언은 교장 선생님에게 '누군가가 자신과 점심을 먹고 싶어 한다는 사실이 놀라워서 그날 종일 이에 대한 생각을 떨칠 수가 없었다'라고 말했다. 라이언은 대니가 베푼 친절에 고마움을 표현할 방법을 찾고 싶었다. 그러던 중 라이언은 복도의 게시판을 지나가다가 좋은 생각이 났다. 라이언은 종이 한 장을 꺼내 재빨리 하트 모양으로 찢은 다음 쪽지를 썼다.

대니, 오늘 나와 함께 점심을 먹어줘서 고마워. 덕분에 행복했어.

−라이언이

그런 다음 쪽지를 게시판에 핀으로 고정했다.

그다음 날, 이 쪽지를 읽은 한 학생이 라이언의 행동을 따라 종이를 하트 모양으로 찢은 다음 반 친구에게 감사 쪽지를 썼다. 그런 다음 다른 학생이 이 행동을 따라했고, 또 다른 학생이 따라했다. 그리고 내가 이 학교를 방문할 때엔 학생들이 만든 400개가 넘는 하트가 복도 게시판을 가득 채우고 있었다. 이 모두가 한 아이의 공감력 덕분에 시작된 일이었다. 나는 그곳에 서서 아이들이 친절한 마음에 감사를 표현한 쪽지를 일일이 읽어 본 다음 다시 게시판의 윗부분을 쳐다봤다.

"한 개의 하트로 세상을 바꿀 수 있다."

그때까지 일어난 일을 가장 잘 설명해 주는 완벽한 문장이었다. 친절함을 표현하는 일에 가속도가 붙자 더 많은 아이들의 마음이 열리기 시작했다. 이제 아이들은 자신들의 친구 라이언을 위해 쪽지를 붙이기 시작했다. 괴롭힘은 사라졌고 새 친구들이 생긴 라이언은 전보다 훨씬 행복한 아이가 되었다.

가장 흥미로운 사실은 대니가 라이언의 감정에 공감하게 만든 동기를 들었을 때였다. 대니의 담임 선생님은 엘레노어 에스테스의 『내겐 드레스 백 벌이 있어The Hundred Dresses』를 수업 시간에 낭독 교재로 사용했다. 그 책에는 항상 똑같은 푸른색 낡은 원피스를 입고 다니는, 가난하고 말 없는 3학년 여자아이 완다 페트론스키가 등장한다. 완다도 라이언처럼 친구가 없었고 혼자 놀 때가 많았다. 또한 하나뿐인 원피스를 두고 놀려 대는 몇몇 친구들도 견뎌야 했다.

"내일은 뭘 입을 거니?" 여자아이들은 완다에게 원피스가 한 벌밖에 없다는 사실을 알면서도 꼬치꼬치 캐물었다.

어느 날 완다가 참지 못하고 불쑥 말한다.

"나는 집에 드레스 백 벌이 있어. 그것도 모두 다른 색깔로!"

아이들의 괴롭힘은 점점 더 심해졌고 마침내 딸이 당하는 괴롭힘을 참다 못한 그녀의 부모님은 완다와 함께 다른 곳으로 이사를 가 버린다. 나중에야 아이들은 완다에게 놀라운 예술적 재능이 있다는 사실을 알게 된다. 완다는 정말로 드레스 백 벌을 가지고 있었다. 다만 모두 종이에 그려져 있었을 뿐이다. 아이들은 죄책감을 느낀다. 그렇지만 완다는 이미 떠난 후였고, 아이들은 자신들이 저지른 잔인한 행동을 결코 사죄할 수 없었다.

나는 오랫동안 이 낡은 책을 내 아이들뿐 아니라 수많은 교실에서 학생들에게 읽어 줬고, 그럴 때마다 이 이야기는 항상 아이들의 감정을 뒤흔들었다. 나는 묻곤 했다.

"누군가가 여러분의 옷차림이나 외모에 대해 놀린 적 있나요? 아니면 겉모습이 남다르다는 이유로 다른 사람을 놀리거나 따돌리는 사람을 본 적 있나요?"

그러면 아이들은 머뭇거리며 손을 들거나 고개를 떨어뜨린 채 발만 내려다본다. 대니도 별반 다르지 않았다.

"담임 선생님이 책에 나오는 여자아이들이 완다를 돕기 위해 무슨 일을 할수 있었는지 물어보셨을 때 갑자기 라이언이 생각났어요." 대니가 말했다. "라이언은 외로웠고 아이들은 책에서 완다에게 하듯이 라이언을 괴롭혔어요. 이 책을 읽고 저는 라이언과 저에 대해 다르게 느끼게 됐어요. 라이언을돕기 위해 뭔가를 하고 싶었어요."

도덕적 상상력을 키우는 독서하기

독서가 아이의 성공을 위해 매우 중요하다는 사실을 의심하는 부모는 거의 없을 것이다. 이것은 일반적으로도 널리 알려진 사실이다. 독서를 좋아하는 아이들은 그렇지 않은 아이들에 비해 학교생활을 잘하고, 더 좋은 성적을받고, 시험에 합격할 가능성이 더 높다. 이 같은 성취가 쌓이고 쌓이면 훗날대학교에 합격하고, 학위를 따고, 더 높은 임금을 받는 데 큰 이점으로 작용한다. 이처럼 부모들은 독서가 학업 성취도의 핵심 열쇠라는 사실을 잘 알고있다. 하지만 새로운 연구 결과는 '책의 힘'에 우리가 미처 몰랐던 놀라운 가치를 부여한다.

'독서는 아이를 더 똑똑하게 만들 뿐 아니라 더 친절하게 만든다!'

한 연구는 17,000명의 사람들을 태어날 때부터 50세가 될 때까지 추적하여, '7세 때의 독서수준이 미래의 사회경제적 지위를 예측하는 가장 중요한 지표'라는 사실을 밝혔다. 또 다른 연구는 아이가 15세 정도가 되었을 때, 즐거움을 위한 독서를 하는지의 여부가 미래의 성공을 예측하는 데 가장 중요한 지표가 된다고 밝혔다.

독서 —특히 즐기는 독서— 는 아이의 성공에 매우 중대한 영향을 미친다. 현재의 성공과 미래의 성공, 둘 모두에 말이다.

아이의 손에 책을 쥐어 주는 것은 왜 어려울까?

얼핏 보기에는 간단해 보인다. 아이들에게 책을 읽게만 하면 된다. 그러면 아이들은 공감력이 더욱 높아지고 성공에 한 걸음 더 가까워질 것이다. 그렇지만 디지털 문화가 가속화되고 있는 요즘, 아이들에게 독서 습관을 심어 주기란 그리 만만치 않다.

디지털 중독인 아이를 독서하게 만드는 일은 쉽지 않다

우리가 마주한 가장 시급한 문제는 '아이가 어떤 책을 읽느냐'가 아니라, '아이의 손에 책을 쥐어 줄 수 있느냐'일지도 모른다. 8~16세 아이들 수천 명을 조사한 결과, 요즘 아이들은 예전에 비해 분명히 책을 더 적게 읽는 것으로 드러났다. 그러므로 아이에게 독서에 대한 열정을 심어 주고자 한다면 마음을 단단히 먹어야 한다.

독서 비율은 지난 30년 동안 전반적으로 크게 하락했다. 1984년에는 아이들 중 64퍼센트는 1주일에 한 번 혹은 그 이상 책을 읽는다고 대답했지만, 2014년에는 17세 아이들 중 45퍼센트는 1년에 한두 번씩 정도만, 그것도 '우연히' 책을 읽는다고 말했다. 더욱 심각한 문제는 부모가 아이에게 예전보다 책을 덜 읽어 주고 있다는 사실이다. 1999년만 해도 부모들은 2~7세의 아동들에게 하루 평균 45분 동안 책을 읽어 주었다. 2013년, 이 숫자는 하루 30분쯤으로 감소했다.

아이들 중 절반 이상은 독서보다 TV 시청을 더 좋아한다고 말했다. 그 뒤를 이은 활동들은 동영상 보기, 게임하기, 문자 메시지 보내기 등이다. 디지털 오락거리들이 늘어나면서 의도적으로 독서 시간을 정해 놓거나 전자기기를 분리한 가족만의 모임시간을 갖지 않고서는, 아이들의 독서 습관은 계속해서 약화될 위기에 놓이게 되었다.

과도한 스케줄에 시달리는 아이들

"숙제와 과외 활동이 너무 많아요. 책 읽을 시간이 없어요." 한 아이가 말했다.

그 아이만이 아니었다. 아이들의 하루는 학업과 스포츠 활동 등으로 너무 빽빽이 계획되어 있다. 독서할 시간이 남아 있지 않은 것이다.

요즘 부모들은 아이들의 독서 비율이 감소하는 것을 걱정하면서도 아이들에게 이전 세대들보다 책을 더 적게 읽어 준다. 잠자리에서 이야기책을 읽어 주는 것도 점점 추억 속으로 사라지는 추세이다. 부모들 중 오직 64퍼센트만이 아이에게 잠자리에서 이야기책을 읽어 준다고 말했다. 최근의 한 연구에 따르면 28퍼센트의 부모가 휴대 전화를 이용해서 아이를 재운다고 한다. 부모들은 잠자리에서 독서 습관이 줄어든 이유로 '시간의 부족'을 꼽는다.

또한 부모들은 그림책을 뒤로 하고 하루라도 더 빨리, 글자가 더 많은 책을 읽히고자 한다. 그런 종류의 책이 아이에게 더 강한 공부 자극을 줄 것이라고 믿으면서 말이다. 하지만 이 생각은 옳지 않다. 공감력 발달에 있어서는 정서가 특히 중요한데, 그림책이야말로 정서가 풍부하게 담겨 있기 때문이다.

디지털 화면이 독서의 즐거움을 감소시킨다

디지털 화면은 아이들의 독서 습관에 큰 도움이 되는 것 같지 않아 보인다. 연구 결과에 따르면, 디지털 화면으로만 책을 접하는 아이들은 진정으로 독서를 즐길 가능성이 3배 더 적고, 좋아하는 책이 있을 가능성이 3배 더 적으며, 책을 사랑하는 독자가 될 가능성은 훨씬 더 적다. 전자책은 편리하기 때문에 인기가 높지만 종이책만큼 아이들이 독서를 사랑하도록 만들지는 못한다.

필수 과목에만 초점을 맞추는 요즘 교육 상황은 아이들이 읽는 책에도 큰 영향을 미친다. 초등학교 저학년일 때부터 논픽션을 읽도록 하고 있으며 특히 고등학교 3학년에게는 더욱 권장하고 있다. 논픽션을 읽으면 글쓰기 능력이 향상될 것이라는 생각 때문이다. 물론, 실제로 그럴지도 모르지만 여기에는 헛점이 숨어 있다. 한 연구에서 논픽션보다 문학 소설이 공감력, 관점수용력 그리고 '다름'을 인정하고 이해하는 능력을 키우는 데 더 적합하다는 사실을 증명한 것이다.

앞에서 이야기한 모든 현상들이 독서 습관을 키우는 일에 장애물로 작용하고는 있지만, 해결책이 없는 것은 아니다. 자, 독서가 아동 발달에 미치는 영향에 대해 새로이 발견된 사례들을 살펴보자.

과학이 말하는 것: 독서가 중요한 이유

많은 사람들은 어린 시절 자신의 심금을 울렸던 소중한 이야기들을 종종 떠올리곤 한다. 존 스타인백의 『분노의 포도The Grapes of Wrath』에 나오는 조드 가족의 열정과 대공황에서 살아남기 위한 그들의 분투를 어떻게 잊을 수 있겠는가? 이처럼 책은 우리에게 커다란 영감을 줄 뿐 아니라 인생에서 맞이하는 시련과 역경에 대처하는 방법까지도 제시해 준다. 우리 집 막내 자크는 모리스 샌닥의 『괴물들이 사는 나라Where the Wild Things Are』를 읽고 어둠에 대한 두려움을 이겨 낼 수 있었다. 자크는 자신의 영웅 맥스가 괴물들에게 했던 것처럼 어두운 구석을 향해 "꼼짝 마!"라고 외쳤고, 이 방법은 효과가 있었다.

책은 자신과 다른 세계 그리고 다른 관점을 이해하기 위한 관문이 되며, 아이들이 '다름'에 마음을 열고 새로운 관점을 키우는 데 도움이 된다. 좋은 이야기가 내면의 깊은 감정을 이끌어 낸다는 것은 늘 논의되어 왔던 사실이다. 아래의 몇 가지 과학 연구가 이 사실을 증명한다.

캐나다 요크 대학교와 토론토 대학교의 연구자들은 자신들도 깜짝 놀랄 만한 연구 결과를 발견했다. 소설을 읽는 사람들은 논픽션을 읽는 사람들에 비해 다른 사람들을 더 잘 이해하고, 공감력이 더 뛰어나며, 다른 사람의 입장을 더 잘 고려한다는 것이었다. 덧붙여 소설을 잘 읽지 않는 성인들의 공감력은 현저히 떨어진다고 밝혔다.

다른 연구들에서는 책이 어린아이들에게까지도 영향을 미친다는 사실이 발견되었다. 요크 대학교에 재직하는 심리학자 레이먼드 마르는 어린아이들에게 더 많은 이야기책을 읽어 줄수록 다른 사람들이 어떻게 느끼고 생각하는지 상상할 수 있는 아이의 능력이 더 강해진다고 말했다. 이 같은 결과는 미취학 아동이 영화를 볼 때 —TV 프로그램이 아닌— 에도 발견된다.

사회조사기관인 뉴욕뉴스쿨(New York's New School for Social Research)에서는 어떤 유형의 읽을거리가 공감력 강화에 가장 효과적인지 알아내기 위한 실험을 했다. 실험 참가자들은 몇 그룹으로 나뉘어서 다양한 장르의 책에서 발췌한 읽을거리를 받았다. 첫 번째 그룹은 문학상을 수상한 문학소설가들(루이스 애드리치, 앨리스 먼로, 웬델 베리 등)의 작품, 두 번째 그룹은 베스트셀러인 통속 소설(길리언 플린의 『나를 찾아줘Gone Girl』, 다니엘 스틸의 『어머니의 죄The Sins of the Mother』 등), 세 번째 그룹은 논픽션(〈스미소니언Smithsonian〉지에 실린, 문학적이거나 사람에 관한 이야기가 아닌 글)을 그리고 마지막 한 그룹은 아무것도 읽지 않았다. 그런 다음 참가자들은 종이와 연필을 받고서 공감력 수준을 알아보는 테스트와 다른 4개의 실험에 참여했다.

결과는 흥미로웠다. 논픽션, 통속 소설, 아무것도 읽지 않은 참가자들은 평범한 결과를 보였다. 그렇지만 문학 소설을 읽은 사람들은 다른 사람들이 어떻게 생각하고 느끼는지 이해하는 능력이 크게 향상되었다. 오직 3~5분밖에 글을 읽지 않았으며 평소 문학 소설을 그리 즐겨 읽지 않는다고 인정했음에도 불구하고 말이다. 이로써 우리는 아무리 짧은 시간 동안이라고 해도 문학을 읽는 일은 공감력을 강화한다는 사실을 알 수 있다. 이에 대한 증거는 앞선 테스트만이 아니라 우리의 두뇌에서도 찾을 수 있다.

책을 읽을 때 우리 두뇌는

재미있는 영화를 보거나 훌륭한 책을 읽고 매우 감동을 받았던 순간을 떠올려 보라. 몇 초간 꼼짝할 수 없었던 때가 있었을 것이다. 그런데 영향을 받은 것은 우리의 마음만이 아니다. 다른 사람의 감정을 알아차릴 때 우리의 두뇌는 똑같은 감정을 만들어 낸다. 즉, 우리는 실제로 다른 사람의 감정 상태를 '시뮬레이션' 하는 것이다. 두뇌 안의 이 같은 신경 변화는 두뇌를 촬영한 사진에서도 확연하게 드러난다.

워싱턴 대학교 신경과학자들은 실험에 참여한 이들에게 다양한 읽을거리들을 읽게 한 후 그들의 두뇌를 촬영한 기능적 자기공명영상(FMRI,

Functional Magnetic Resonance Imaging)을 살펴보았다. 그들의 두뇌 영상은 그들이 읽은 작품 속 인물들의 행동과 연관된 두뇌 활동과 닮아 보였다. 만약 글에서 한 인물이 전등에 달린 줄을 잡아당기면, 사물을 움켜잡는 동작을 통제하는 일과 관련된 두뇌 부분이 활성화되었다. 만약 한 인물이 장소를 이동하는 장면을 읽으면("그는 현관을 지나 주방으로 들어갔다") 공간감을 책임지는 두뇌 부분이 활성화되었다. 문학 소설을 읽을 때 우리는 등장인물에 '공감'할 뿐 아니라 인물이 하는 일을 실제로 '행한다'. 우리의 두뇌가 등장인물의 행동을 거울처럼 반영하는 것이다.

미시건 주립 대학교에서는 또 다른 연구를 실시했다. 제인 오스틴의 작품을 읽은 실험 참가자들의 두뇌 영상을 조사했는데, 그들이 중심 구절을 분석할 때 두뇌 속의 혈류량이 증가한 사실을 확인했다. 올바른 읽기 자료 —특히 문학 소설의— 는 우리를 더 깊이 생각하게 만들고, 다른 세계를 간접적으로 체험할 수 있도록 하며, 등장인물에 공감하게 한다. 말 그대로 우리의 두뇌를 활성화하는 것이다. 그렇다면 문학 소설이 통속 소설들보다 공감세포를 강화하는 데 더 효과적인 이유는 무엇일까?

문학 소설이 우리를 다른 세계로 데려다주는 이유

과학 이론에 따르면 문학 소설은 등장인물의 인생과 시련에 초점을 맞추는 반면 통속 소설은 이야기의 전개에 더 초점을 맞춘다. 우리가 등장인물의 의도나 감정, 생각을 이해하기 위해 더 많이 노력할수록, 우리의 공감세포 또한 활성화될 가능성이 높아진다. 그렇기 때문에 『앵무새 죽이기』To kill a Mockingbird』나 『샬롯의 거미줄Charlotte's Web』 같은 작품에 나오는 구절이나 장면 등이 우리가 의자를 더 세게 움켜잡거나 눈물을 훔치게 만드는 것이다. 우리는 이 소설들의 주인공의 입장에 서서 그들의 고난에 감정을 이입하고,

그들의 고통을 느낀다.

어떤 작가들은 아이들이 등장인물의 입장이 되어 보게끔 돕거나, 아이들이 상상력을 발휘하도록 하는 데 천부적인 재주가 있다. 비벌리 클리어리는이 같은 작가들 중 한 명이었는데, 바로 이 점 때문에 그녀의 책은 전 세계적으로 9천만 권이 넘게 판매되었다. 그녀가 창조한 훌륭한 캐릭터들 중에서도『말썽쟁이 러모나Ramona the Pest』의 주인공인 러모나 큄비는 인상 깊은 캐릭터이다. 러모나는 과학이 공감력을 강화하는 데 있어 매우 중요하다고 이야기하는 모든 자질들을 이야기 안에서 풀어 놓는다. 다시 말해, 러모나는 어린 독자들이 공감하고 그들과 교감할 수 있는 경험들을 선보인다.

다섯 살인 러모나는 유치원에 가게 될 날만을 손꼽아 기다려 왔다. 마침내그 날이 찾아왔지만, 늘 제멋대로 행동해 '말썽쟁이'라는 별명을 가지고 있는러모나는 지적당하기 일쑤였다. 하루는 선생님이 예의바르게 행동하는 법을배워 오라며 러모나를 집으로 돌려보낸다. 그러자 러모나는 학교로 돌아가지 않겠다며 딱 부러지게 이야기한다. 그 누구도 러모나의 마음을 되돌릴 수없었다. 러모나는 이렇게 말한다.

"그들이 나를 좋아하지 않는다면 제가 왜 학교에 가야 하죠?"

그간 나는 『말썽쟁이 러모나』를 내 아이뿐만 아니라 수많은 학생들에게도읽어 주었다. 초등학교 1학년 학생들은 이 책을 읽으며 유치원에 입학하고,친구들을 사귀고, 적응하기 위해 노력했던 시간들을 다시 경험하였다. 그중적지 않은 아이들이 러모나가 곤경에 처할 때면 함께 불안해했다. 마치 자신이 러모나가 된 듯한 느낌을 받았던 것이다. 러모나가 예의 바르게 행동하는법을 배워 오라며 집으로 돌려보내지는 부분을 읽어 줄 때면 아이들은 고통을 느꼈다.

"러모나는 선생님이 자기를 좋아하지 않는다고 생각해요." 아이들이 중얼

거렸다. "러모나가 학교에 돌아가기 싫은 이유는 모두가 자기를 말썽쟁이라고 생각하기 때문이에요!"

비벌리 클리어리의 글은 어린 학생들의 감정을 불러일으키는 데 결코 실패하는 법이 없었다. 모든 사람은 다른 사람들에게 사랑받기를 원한다. 그것은 러모나도 마찬가지였고, 학생들은 그런 러모나에게 공감했다. 그래서 학생들은 어떤 것이 학교에 돌아가지 않겠다는 러모나의 마음을 돌려놓을 것인지 놓치지 않기 위해 이야기에 더욱 귀를 기울였다. 그렇게 『말썽쟁이 러모나』를 읽는 일은 한 해의 전통이 됐다.

그러던 어느 날이었다. 내가 상담교사로 일하던 학교에 몰리라는 한 소녀가 전학을 오게 되었다. 몰리에게는 아는 사람이 아무도 없었던 데다 몰리의 아빠는 몰리가 전학 온 바로 그 주에 아프가니스탄에 파병되어 떠나게 되었던 터라, 아직 여섯 살밖에 안 된 몰리가 새로운 환경에 적응하느라 마음고생을 하는 것은 당연했다. 그런 상황에서 『말썽쟁이 러모나』는 몰리의 마음을 움직였다. 몰리는 한 마디도 놓치고 싶어 하지 않았다. 몰리는 이야기를 듣는 내내 긴장했고, 집중했고, 러모나가 학교로 돌아가지 않기로 결정한 부분에 이르렀을 땐 심각하게 걱정했다. 몰리는 아무도 자신을 신경 쓰지 않는다는 생각이 들 때 어떤 기분이 드는지 알고 있었기 때문에 러모나를 생각하며 마음 아파했다. 나는 몰리가 작게 한숨을 쉬며 "괜찮아, 러모나. 돌아와! 친구가 생길 거야!"라고 속삭이는 것을 들었다. 그렇지만 나는 책을 계속 읽어 주는 것 외에 할 수 있는 일이 아무것도 없었다.

다행히 나 말고도 몰리의 불안을 눈치챈 사람이 있었다. 몰리 곁에 앉아 있던 애니는 우연히 몰리가 괴로워하는 모습을 보게 되었다. 나는 애니가 '어떻게 해야 몰리를 위로할 수 있을까?'를 알아내려 애쓰고 있다는 사실을 알아챘다. 그리고 애니가 몰리를 다시 바라본 순간, 애니는 공감력을 발휘했다. 몰리에게 친구가 필요하다고 생각한 애니는 몰리 쪽으로 조금 더 가깝게 다가가 몰리에게 팔짱을 꼈다. 두 여자아이는 나란히 앉아서 팔짱을 낀 채로 함께 이야기를 들었다. 두 아이들은 주인공의 감정에 공감했을 뿐 아니라 서로의 감정에도 공감했다. 과학에서 적절한 때에, 적절한 책을 이용하면 공감력이 높아질 수 있다고 이야기한 것이 실제로 일어난 것이다.

아이의 상상력을 높여 주는 독서법 일러주기

"네가 저 역할을 해. 내가 이 역할을 할게." 다섯 살짜리 아이가 친구에게 말한다.

저명한 인지심리학자 키스 오틀리의 딸이 친구와 하는 역할놀이(Pretend Game)의 한 장면이다. 이 아이들은 함께 영화 볼 준비를 하면서 서로 영화 속 역할을 나누고 있다. 키스 오틀리는 아이들이 역할놀이를 하면 자신의 입장에서 잠시 벗어나 자신이 선택한 배우의 생각과 감정을 상상해 볼 수 있다고 말한다. 물론 다섯 살짜리 아이들에게 이 활동은 단지 하나의 재미있는 게임에 불과하겠지만, 그와 동시에 공감력을 강화할 수 있는 효과적인 방법이기도 하다.

여러 방식으로 변형한 가장놀이는 아이들에게 공감 독서 습관을 심어 주는 데 효과적이다. 오레곤 고등학교의 한 영어 교사는 6개의 종이 신발 그림을 그려 학생들이 등장인물들의 관점을 이해하도록 도왔다. 이 교사는 셰익스피어의 『로미오와 줄리엣Romeo and Juliet』 시험을 칠 때, 학생들이 로미오, 줄리엣, 캐플렛 부인, 티볼트, 머큐시오, 로렌스 신부 등의 이름이 적힌 각각의 종이 신발 그림 위에 올라서서 차례대로 자신에게 해당하는 인물들의 관점과 감정을 설명하도록 했다. 이 교사는 이 방법이 학생들이 각 인물들의 관점을 이해하도록 하는 데 도움이 되었다고 말했다.

더 어린 아이들을 위해서는 캐릭터 인형, 봉제 인형 등을 이용해 아이들의 상상력을 자극하자. 아이가 사랑하는 곰 인형이 덤보(*월트 디즈니 애니메이션 〈덤보〉의 주인공)가 될 수도 있고, 토끼 인형·강아지 인형·캥거루 인형 같은 봉제 인형이 영화에 나오는 코끼리와 까마귀를 대신할 수도 있다. 코끼리와 까마귀가 불쌍한 덤보를 놀리는 장면을 재미있게 연기하며 다음과 같은 질문들을 부드럽게 던져 보라.

"너는 덤보야. 만약 네가 따돌림을 당한다면 너는 어떤 기분이 들 것 같니?"

적절한 순간에 던지는 적절한 질문은 아이가 다른 사람들의 감정과 욕구를 이해하는 데 도움이 된다.

또한 역할놀이와 흉내 내기는 아이의 관점수용력을 높여 준다. 아이에게 영화나 책에 나오는 캐릭터를 연기해 보라고 권유해 보라. 몇 개의 모자나 스카프, 타월 정도면 아이가 다른 사람들의 마음과 감정 속으로 들어가 창조적인 연기를 펼치도록 도울 수 있다. 아이가 더 자라 공감세포들이 더욱 발달하게 되면 신발, 모자, 인형 대신 아이가 연기 수업을 받거나 지역 극단에서 활동할 수 있도록 기회를 마련해 주자. 핵심은, 아이가 다른 세계를 상상할 수 있도록 돕는 데 의미 있는 방식과 적절한 독서 교재를 찾는 일이다.

공감력 강화하기 : 도덕적 상상력을 자극하는 질문 던지기

도덕적 상상력을 증대시키는 독서 방법에는 수십 가지가 있다. 다음은 아이들이 다른 사람의 입장에 서서 그들의 관점으로 세계를 볼 수 있도록 돕는 방법이다. 이 방법은 3단계로 이루어져 있는데, 아이의 현재 능력에 가장 적합한 단계를 선택한 다음, 아이가 당신의 도움 없이도 이 기술을 자유롭게 사용할 수 있을 때까지 함께 연습하라.

1단계: "만약 ~라면?"

"만약 ~라면?"이라고 묻는 것은 상대방의 입장에서 생각하게 하는 첫 번째 단계이다. 다음은 공감력을 강화하는 몇 가지 질문 방법이다.

- "만약 네가 저 등장인물이라면 어땠을까?"
- "만약 네가 저 등장인물이라면 너는 같은 선택을 했을 것 같니?"
- "만약 네가 저 상황이라면 그다음 무슨 일을 할 것 같니?"
- "만약 네가 저 상황이라면 어떤 조언을 할 것 같니?"
- "만약 네가 저 상황이라면 똑같이 할 것 같니?"

이 방법은 비디오의 '잠시 멈춤(Pause)' 버튼을 누르거나 책의 중요한 장면에서 잠시 읽던 것을 멈춘 후 질문을 던진다면 가장 효과가 좋을 것이다.

2단계: "너라면 어떤 기분일 것 같아?"

감정을 생각하게 하는 질문은 아이에게 등장인물과 비슷한 감정 혹은 경험을 가진 적 있는지 곰곰이 생각하게 한다. 질문은 아이의 감정과 생각을 향하고 있지만, 부드럽게 유도한다면 아이는 작품과 등장인물에 대해 더 많이 느끼고 생각할 수 있을 것이다.

- "똑같은 경험을 해 본 적이 있어? 그때 기분이 어땠니?"
- "작품 속 등장인물의 얼굴 좀 봐……. 그녀의 기분이 어떤 것 같니? 저런 기분을 느껴 본 적이 있어?"
- "무슨 일이 벌어지고 있니? 그녀의 마음은 어떠할까? 너도 똑같은 생각을 해 본 적이 있니?"

3단계: '나'에서 '너'로 초점을 전환하라

이 3단계 방법의 궁극적인 목적은 아이가 다른 사람의 생각이나 감정을 상상하도록 돕는 것이다. 당신은 적절한 질문을 이용해 아이를 살짝 자극하여 '나 중심의' 사고에서 '너 중심의' 사고로 전환하도록 할 수 있다. 다음은 몇 가지 질문 유형이다.

- "네가 저 등장인물이라고 생각해 봐. 그녀는 지금 어떻게 느낄 것 같니? 그녀의 기분이 나아지게 하기 위해서 무엇이 필요할까?"
- "독심술사가 한번 되어 볼까? 그가 무슨 생각을 하고 있다고 생각하니?"
- "네가 저 사람이라고 상상해 봐. 그녀는 집이 없는(혹은 불행한, 괴롭힘을 당하는, 무시당하는) 상황을 어떻게 느낄까?"

아이의 역할전환능력이 충분히 향상되었다면, 이제 아이가 책을 읽거나 영화를 볼 때마다 "책을 읽을 때마다 스스로에게 물어보렴. '등장인물의 기분은 어떨까?'라고 말이야"라고 물으며 아이가 '나'에서 '너'로 관점을 전환하도록 권유해 보자.

아이가 도덕적 상상력을 기르도록 돕는 방법

문학 작품과 영화를 이용하여 아이들의 공감력을 키우고 아이들이 마음을 열어 다른 사람을 배려하도록 돕는 방법에는 수십 가지가 있다. 또한 문학 작품과 영화는 아이들의 인지능력발달을 촉진하고 학업 성취도를 향상시키기도 한다. 독서 습관을 길러 주는 가장 좋은 방법은 아이의 능력과 관심사에 꼭 맞는 책을 선택함으로써 독서 자체를 의미 있고 재미있게 만드는 것이다. 아이에게 이따금 물어보자.

"엄청나게 재미있는 책을 읽은 게 언제가 마지막이니?"

만약 아이가 멀뚱멀뚱한 표정을 짓는다면, 당신은 아이가 독서를 즐거운 것으로 인식할 수 있도록 하기 위해 더욱 열심히 노력해야 할 것이다. 다음은 아이들에게 독서에 대한 즐거움을 알려 줄 수 있는 몇 가지 방법이다.

1. 책을 아이 근처에 두라

연구에 따르면, 집에 책이 많이 있을수록 아이가 독서를 좋아하게 될 가능성이 더 높다고 한다. 통장이 바닥날 만큼 많은 책을 살 필요는 없지만 적어도 아이의 공감력을 높이는 데 필요한 책들을 집에 구비해 놓을 필요는 있다. 도서관을 즐겨 방문하거나 깨끗한 중고 책을 구입하는 것도 좋은 방법이다. 또한 책을 읽고 싶은 순간이 찾아올 경우에 대비하여 아이의 가방과 자동차 안에 여분의 책을 챙겨 두자.

2. 아이의 독서 수준에 맞는 책을 찾으라

만약 아이에게 독서에 대한 흥미를 심어 주는 것이 목적이라면 너무 어려운 책을 강요하지 말라. 대부분의 교육자들은 아이가 독서의 즐거움을 느끼기 위해서는 아이의 학업 수준보다 약간 아래에 있는 책을 선택하라고 권장한다. 먼저 아이의 지난 학기 성적표나 독서 성취도 점수를 본 후에 아이의 독서 수준을 확인하라. 혹은 아이를 가르치는 교사에게 아이의 독서 수준이 현재 어느 정도인지 물어보아도 좋다. 많은 어린이책의 뒷면에는 알맞은 독서 수준이 표시되어 있다. 책에 표시된 독서 수준이 아이의 실제 나이가 아닌, 아이의 독서 능력에 적합하도록 맞추어야 한다.

3. 좋은 참고 목록을 찾으라

만약 아이를 위한 추천도서목록을 찾는 데 어려움을 겪고 있다면 어린이 도서관의 사서에게 추천해 달라고 부탁하자. 그들은 아이의 수준과 흥미에 알맞은 훌륭한 정보를 제공해 줄 것이다. 혹은 다른 아이들이 가장 많이 보는 책들을 참고해도 좋다. 이때 주의해야 할 것은, 반드시 아이가 직접 책을 선택하도록 해야 한다.

4. 소리 내어 읽으라

일반적으로 아이들이 여덟 살쯤 되면 즐거움을 위한 독서를 그만둔다. 아이러니하게도 보통 이때쯤 부모들 또한 아이에게 소리 내어 읽어 주는 것을 그만둔다. 그렇지만 아이에게 책을 소리 내어 읽어 주는 것을 멈추지 말라. 가족 모두가 좋아하는 책을 한 권 골라 꾸준히 낭독하는 책으로 활용하라. 또한 당신이 손에 책을 들고 있는 모습을 아이가 자주 보게 하라. 독서를 좋아할 가능성이 더 높은 아이들은 독서를 즐기는 부모를 둔 아이들이라는 것을 잊지 말자.

연령별 접근법

어느 날, 마크와 아빠는 영화 〈아름다운 세상을 위하여〉를 보기 위하 함께 극장에 갔다. 영화에서 한 교사는 학생들에게 세상을 변화시킬 수 있는 방법과 그것을 행동으로 옮길 수 있는 방법에 대해 생각해 오라는 숙제를 낸다. 이에 영화 속 주인공의 실제 모델이기도 한 트레버 페렐이라는 한 학생은 누군가의 호의에 답례하는 새로운 방법을 생각해 낸다. 자신에게 호의를 보여 준 사람이 아닌, 또 다른 세 명에게 선행을 베푸는 것이다. 트레버 페렐의 노력은 가까이에 있는 사람들의 삶뿐 아니라 자신과는 전혀 관계가 없는, 더 넓은 범주에 있는 사람들의 삶까지 더 살기 좋은 세상으로 만든다.

"영화 후기를 읽고 마크가 좋아할 만한 영화일 거라고 생각했습니다." 마크의 아빠가 나에게 말했다. "영화는 아이에게 큰 영향을 미쳤습니다. 극장의 조명이 켜졌을 때 아이는 깊은 생각에 빠져 있었고, 저는 영화가 아이의 심금을 울렸다는 사실을 깨달았죠. 이윽고 마크는 동네 노숙자 아이들을 돕기 위해 무언가를 해야겠다고 이야기했습니다. 영화에 깊은 감명을 받은 아이는 집에 도착할 때쯤엔 그 아이들을 위한 신발을 어떻게 마련할 것인지에 대한 계획까지 세워 놓았죠. 그리고 실천했습니다."

우리는 무엇이 우리 아이들의 마음을 움직이는지 정확하게 알 수 없다. 사실, 공감력이 커지는 순간은 예기치 않은 때에 찾아오는 경우가 많다. 그러므로 아이가 어떤 책이나 영화에 깊이 공감하는 순간이 온다면, 그 순간을 잘 이용하기 바란다.

다음은 공감력 발달을 위해 아이들이 독서 습관을 들이도록 도울 수 있는 일상적인 방법들이다. 반드시 재미있어야 한다는 사실을 잊지 말고, 마크의 아빠처럼 아이의 리드를 따르기를 바란다.

> **알파벳은 추천 연령과 활동 적합 연령을 가리킨다.**
> ⓛ=Little Ones(어린아이), ⓢ=School Age(만 6~12세 사이의 초등학생),
> ⓣ=Tweens and Olders(10대 초반과 그 위의 아이), Ⓐ=All Ages(모든 연령)

• 독서 시간을 따로 마련하라 Ⓐ

아이들은 독서를 즐기지 못하는 가장 큰 이유가 '충분한 시간이 없어서'라고 이야기한다. 그러므로 아이의 일정표를 확인해 보자. 단 하나의 TV 프로그램, 비디오 게임, 혹은 하나의 과외 활동을 줄이기만 해도 일주일에 적어도 30분 이상의 독서 시간을 확보할 수 있다.

• 아늑한 환경을 만들라 Ⓐ

아이들과 나는 탁자를 침대용 시트로 덮고서 그 안으로 기어들어 가 책을 읽으며 토요일 오후를 보내는 것을 좋아한다. 당신과 가족에게 잘 맞는 독서 환경을 만들어 보라. 난로 옆에서 몸을 웅크리고 책을 읽는다든지, 잠자리에서 이야기책을 읽으며 하루를 마무리한다든지 어느 방법이든 좋다. 이 같은 일상은 아이에게 '책은 마음을 편안하게 해 준다'라는 메시지를 심어 줄 뿐만 아니라 공감력의 씨앗을 심어 주며, 독서를 사랑하는 마음이 싹 트게 해 준다.

• 아이가 결말을 상상하게 하라 Ⓐ

아이의 시야를 넓혀 주는 또 다른 방법은, 아이에게 결말을 상상해 보도록 하는 것이다. 결말이 나오기 전, 영화를 멈추거나 책을 손으로 가리고 다음과 같은 질문을 던져 보라.

"네가 주인공이라고 상상해 봐. 어떻게 할 것 같니?"

"어떤 일이 벌어질까?"

"네가 작가(혹은 감독)라면 어떻게 결말을 맺겠니?"

그런 다음 책이나 영화를 끝까지 감상한 후 작가의 결말과 아이의 결말 중 어느 쪽이 더 마음에 드는지 투표해 보라.

• 부모가 느끼는 감정을 공유하라 Ⓐ

아이가 다른 사람의 감정과 생각을 이해하도록 돕는 가장 쉽고도 확실한 방법은 부모가 자신의 감정을 이야기하는 것이다. 아이와 함께 『인형의 꿈The Velveteen Rabbit』을 읽다가 두 사람 모두 눈물을 글썽거리게 됐다고 가정해 보

자. 이때, 당신의 감정을 숨기지 말라. 티슈를 움켜잡고, 아이와 부둥켜안고, 당신의 감정을 아이와 공유하라! 이는 아이와 유대감을 쌓을 수 있을 뿐 아니라 아이에게 감정을 가르칠 수 있는 가장 좋은 순간이다. "그들이 덤보를 학대하는 걸 보고 너무 슬펐어. 너는 어때?" 혹은 "소녀들이 서로 대하는 방식을 보고 정말 화가 났어. 나는 마음이 아파. 너는 어땠어?" 등 아이와 함께 감정에 대해 이야기를 나누는 것은 아이의 정서 지능을 높여 줄 수 있는 좋은 방법이다. 또한 아이의 공감 세포를 활성화할 수 있는 방법이기도 하다.

• 감정 게임을 하라 Ⓛ, Ⓢ

감정을 잘 나타내고 있는 어린이 그림책은 아이들이 감정에 관련된 어휘를 습득하도록 도울 뿐만 아니라, 다른 사람의 관점과 마음 상태를 상상할 수 있는 능력을 향상시킨다. 아이와 함께 몰리 뱅의 『소피가 화나면, 정말 정말 화나면When Sophie Gets Angry? Really, Really Angry』을 읽으며 감정 게임을 해 보라.

"소피의 얼굴이 어때 보이니? 맞아, 화가 난 것 같지. 소피처럼 화가 난 표정을 지어 보렴."

혹은 주디스 바이올스트의 『난 지구 반대편 나라로 가버릴 테야!Alexander and the Terrible, Horrible, No Good, Very Bad Day』를 읽으며 다양한 삽화를 이용해 보자.

"알렉산더의 얼굴 좀 봐! 저런 감정을 뭐라고 부르지? 알렉산더가 지금 어떤 기분인지 상상할 수 있겠니? 알렉산더의 기분이 어떨지 한번 신체로 표현해 볼까?"

• 감정을 실어 읽으라 Ⓛ, Ⓢ

아이들은 등장인물의 표정과 몸짓에서만이 아니라 그들의 목소리 톤에서도 감정을 읽을 줄 알아야 하는데, 당신이 책을 읽어 줄 때 감정을 실어 읽어 준다면 아이들은 목소리 톤이 감정을 전달한다는 사실을 배울 수 있다. 같은 글이라도 지루한 톤, 흥분한 톤, 피곤한 톤, 슬픈 톤, 화난 톤 등 다양한 톤으로 읽어 보라. 그러고 나서 아이에게 당신이 어떤 기분일지 맞춰 보라고 하는 것도 좋은 방법이다.

• 독서모임을 시작하라 Ⓢ, Ⓣ

앞서 말한 것처럼, 약 20퍼센트의 아이들이 책을 안 읽는 이유로 '친구가 자신이 책을 읽고 있는 모습을 보면 쑥스러울 것 같아서'라고 답했다. 그렇다면 아이와 친구들을 독서모임에 가입시키는 것을 고려해 보자. 독서모임은 친구들뿐만 아니라 부모와 아이가 유대감을 쌓는 데 효과적인 방법이며, 아이가 독서와 언어에 대한 사랑, 문장독해력, 감정독해력 등을 키워 주는 좋은 방법이다. 가장 중요한 점은 많은 아이들이 북클럽을 좋아하고 독서에 빠지는 가장 큰 이유가 또래들과 함께하기 때문이라는 사실이다.

• 함께 읽으라 Ⓢ, Ⓣ

아이가 학교에서 받아 온 필독도서목록을 확인하라. 그런 다음 목록을 복사하라. 하나는 당신을 위한 것이고 다른 하나는 아이를 위한 것이다. 비록 그 책들을 서로 다른 장소에서, 다른 시간에 읽을지라도 적어도 한 번은 책에 대한 서로의 생각을 공유하며 관점을 토론해 보도록 하자.

👤 도덕적 상상력을 길러 주기 위해 알아야 할 5가지

1. 요즘 아이들은 이전 세대보다 책을 덜 읽는다. 디지털이 아닌, 인쇄물에 대한 열정에 불을 붙이는 일이 첫 번째 도전 과제일지도 모른다.

2. 스마트폰, 비디오 게임, SNS 등 디지털 문화가 다양해지면서 아이들의 독서 습관이 위축되고 있다. 그러므로 독서 시간을 확보하기 위해서는 하루 중 일정 시간 동안 전자기기를 꺼 두어야 한다.

3. 문학 소설을 읽으면(비록 하루 중 아주 짧은 시간일지라도) 아이의 공감력과 관점수용력이 향상될 수 있다.

4. 디지털 화면으로만 글을 접하는 아이들은 종이책으로 글을 읽는 아이들보다 독서를 즐긴다고 응답할 가능성이 3배 더 적다. 또한 좋아하는 책이 있을 가능성도 3배 더 적으며, 열정적인 독자가 될 가능성은 그보다 훨씬 더 적다.

5. 아이들에게 문학 소설에 나오는 등장인물의 입장에서 생각하도록 할 때는 아이의 독서 능력뿐 아니라 관심사에 걸맞은 책을 제공하는 것이 좋다.

❤️ 마지막 1가지

책은 감정을 흔들고, 호기심에 불을 붙이고, 지속적인 기억을 남기고, 다른 세계로 향하는 문이 되어 준다. 어떤 경우, 한 권의 책은 양심을 채찍질하거나 관점을 바꾸게 하거나 감정을 활성화해 세상을 더 좋게 바꾸는 데 앞장서도록 만들기도 한다. 뿐만 아니라 적절한 책은 때로 수업이나 강의를 듣는 것보다도 아이의 공감력을 높일 수 있다. 그렇지만 책을 읽는 것보다 SNS를 즐겨하는 세대를 키우는 일은 그리 쉬운 일이 아니다. 독서 인구가 줄어들면서, 공감력을 키우는 데 유용한 도구뿐 아니라 다른 사람의 감정과 욕구를 상상하는 능력을 확장하는 도구 또한 함께 줄어들고 있기 때문이다.

제2장

공감력 연습하기

어떤 사람도 스스로를 먼저 돕지 않고 다른 사람을 도울 수
없다는 사실은 인간의 삶의 아름다운 면 중 하나이다.

−랄프 왈도 에머슨

다섯 번째

감정 대처법과
자기조절력 가르치기

"공감력이 뛰어난 아이는 평정을 잃지 않는다"

샌디에이고의 멋진 해변들을 지나 자동차로 10분쯤 가면 시티하이츠라는 곳이 있다. 샌디에이고에서 저소득층과 다문화 가정이 많은 곳 중 하나인 시티하이츠에는 에피파니 자율 학교가 있다. 이 학교의 교사들은 학생들에게 대학과 직장에 대한 것만이 아닌, 인생 전반을 준비할 수 있도록 헌신적으로 교육한다. 내가 그곳에 머물렀던 이유는 그들이 어떤 방식으로 아이들을 교육하는지 보기 위함이었다.

이 학교에 다니는 많은 학생들은 시티하이츠에서 일어나는 여러 폭력을 자주 목격하곤 했는데, 이는 학생들에게 큰 피해를 입힐 수 있는 일이었다. 해소되지 않은 스트레스는 아이들의 집중력, 회복탄력성, 정서적 건강을 악화시키고 아이들의 학업 성취도까지 위태롭게 한다. 또한 스트레스는 공감력에도 영향을 미친다. 어떤 일이 벌어질지 모를, 일촉즉발의 상황에서 다른 사람들에게 공감하기란 쉽지 않다. 다른 사람의 고통을 목격하는 것은 '공감 피로(Compassion Fatigue)'를 야기하며, 심할 경우 공감력을 정지시킬 수도 있다. 다른 사람들의 고통을 보는 일은 누구에게나 힘들기 마련이다.

교사들이 학생들의 가정환경을 바꿀 수는 없지만 갈등에 대처하는 방법을 가르칠 수는 있다. 부모들도 마찬가지이다. 부모가 집 밖에서 벌어지는 일을 일일이 감독할 수는 없다. 그렇지만 앞으로 벌어질지 모르는 일에 대처하는 방법을 알려 줄 수는 있다. 자기조절력은 갈등을 대처하는 방법들 가운데 하나이며, 자기인식(Self-Awareness), 자기관리(Self-Management), 감정해석 (Emotional Literacy), 문제해결(Problem Solving)과 같은 자질들로 구성되어 있다.

에피파니 자율 학교의 2학년 담당 교사 마이라 리에스는 '정의 회복 (Restorative Justice, 이하 RJ)'이라고 부르는 독특한 프로그램을 이용한 모임을 만들어 이와 같은 자질들을 가르친다. 이 모임에서는 피해자든 가해자든, 모든 사람들이 문제에 관해 철저히 논의하고 해결책을 제시한다. 이 모임의 목표는 가해자가 피해자에게 진심을 담아 사과하거나 알맞은 보상을 통해 피해를 바로잡고, 그렇게 함으로써 피해자와의 관계를 회복하는 것이다. 마이라 리에스가 RJ 모임을 진행하는 모습을 지켜본 나는 RJ 모임이 공감력을 높여 주는 데 강력한 효과가 있다는 것을 깨달았다.

에피파니 자율 학교가 처음 문을 열었을 때만 해도 크고 작은 갈등이 빈번하게 일어났다.

"아이들은 치고 박고 싸우는 것 외에 문제를 해결하는 방법을 따로 알지 못했습니다." 마이라 리에스가 말했다.

그래서 그녀는 RJ 모임을 통해 2학년 학생들이 자기조절력, 갈등해결능력, 관점수용력을 배울 수 있도록 했다. 처음에 그녀는 학생들이 감정을 식별하고 차분하게 문제를 논의할 수 있도록 감정독해력을 가르쳤다. 그런 다음, 3단계로 이루어진 간단한 문제 해결 방법을 통해 학생들이 평화롭게 갈등을 해결하도록 도왔다.

1단계: 문제를 식별하라 – "오늘 ~했을 때 문제가 생겼어."
2단계: 자신의 감정을 식별하라 – "나는 ~하다고 느껴.", "나는 ~하다고 느꼈어."
3단계: 해결책을 찾아라 – "실천할 수 있는 단기적 해결책은 ~야.", "실천할 수 있는 장기적 해결책은 ~야."

단기 해결책으로는 사과하기, 카드놀이 같은 활동 함께하기, 짧은 연극 안에서 긍정적인 행동을 몸소 시범 보이기 등이었으며, 장기 해결책에는 당사자 학생이 모범행동서약서를 쓰거나 학급 내 RJ 전문가가 되는 등의 방법이 포함되었다. 학생들은 이를 반복적으로 연습하면서 자기조절력을 갖추는 데 필요한 자질들을 익혔고 그것들을 실제로 적용하기 위한 준비를 했다.

RJ 모임이 막 시작할 참이었다. 학생들이 양탄자 주위로 부리나케 모여들었다.

"문제를 해결하는 데 도움이 필요한 사람 있습니까?" 마이라 리에스가 물었다.

주아니타가 손을 들었고 교사는 주아니타에게 손에 들고 있을 수 있는 발언권 상자를 건넸다. "말하기는 선물입니다. 말하는 사람은 중요한 지식을 전하고 있는 것입니다"라는 사실을 알려 주는 빨간색 선물 상자였다. RJ 모임의 규칙에 따르면 친구의 이름은 오직 그 친구가 함께 있을 때만 언급할 수 있고, 정중한 언어를 사용해야 하며, 발언권 상자를 들고 있는 사람만이 말할 수 있었다.

"오늘은 의논하고 싶은 문제가 있어요." 주아니타가 이야기를 시작했다.

"페드로가 컴퓨터실에서 제게 욕을 했어요."

뒤이어 주아니타는 하급 친구들에게 해결책을 찾게 도와달라고 부탁했다.

그다음은 페드로의 차례였다.

"오늘 주아니타와 문제가 있었어요." 페드로가 말했다. "주아니타가 책상 아래에서 저를 발로 찼어요. 그래서 저는 주아니타에게 '멍청한 놈'이라고 했어요."

그런 다음 페드로와 주아니타는 자신이 느낀 감정을 한 문장으로 표현했다.

"안전하지 못하다는 느낌이 들었어요." 주아니타가 말했다.

"주아니타에게 엄청 화가 났어요." 페드로가 말했다.

이제 페드로와 주아니타가 각각 두 명의 친구들에게 장기 해결책과 단기 해결책에 관한 의견을 물을 차례였다.

주아니타는 크리스티나와 폴을 선택했다. 크리스티나는 페드로가 주아니타에게 멍청하다고 한 것에 대해 주아니타에게 사과해야 한다고 제안했다. 폴은 두 사람이 악수를 한 후 사과를 건네야 한다고 제안했다.

페드로도 두 친구들에게 의견을 이야기해 달라고 부탁했다. 아이작은 페드로와 주아니타가 선생님에게 자리를 바꿔 줄 것을 부탁해야 한다고 제안했고, 일리아나는 페드로에게 주이나타의 발에 차이지 않도록 멀리 떨어져서 앉으라고 제안했다.

그런 다음 페드로와 주아니타는 해결책을 선택해야 했다. 한때 서로 적이었던 아이들은 머리를 맞대며 의논을 한 후 어떤 결정을 내렸는지 발표했다. 발언권 상자를 함께 들고 자신들이 '한 목소리(One Voice)'임을 보여 주면서 말이다.

"우리의 단기 해결책은 서로에게 사과하는 거예요. 우리 둘 다 잘못을 했으니까요." 주아니타가 말했다.

"우리의 장기 해결책은 더 이상 싸우지 않도록 자리를 바꿔 달라고 선생님에게 부탁드리는 거예요." 페드로가 말했다.

학급 친구들은 환호성을 지르고 박수를 치며 두 친구가 문제를 해결한 것에 기뻐했다. 그리고 약속한 대로 페드로와 주아니타는 친구들 앞에서 악수를 했다.

이 모임을 통해 아이들은 감정을 조절하고, 욕구를 말로 표현하고, 상대방의 관점을 이해하고, 모두가 이기는 해결책을 찾았다.

"모임을 막 시작했을 때만 해도, 해결책은 일방적이었어요. 학생들은 '자신만의' 문제를 해결하고 싶어 했거든요." 마이라 리에스가 말했다. "그렇지만 학생들은 점차 다른 사람들의 말을 듣고, 상대방의 입장에서 생각해 보고, 서로 더 깊이 이해하기 시작했지요."

이 학교의 이름인 '에피파니(Epiphany)'는 '새롭거나 매우 명확한 방식으로 무언가를 갑자기 이해하게 되는 순간'을 의미한다. 마이라 리에스의 RJ 모임은 학생들에게 이 같은 순간을 만들어 주었다. 학생들은 RJ 모임을 통해 자기조절력뿐만 아니라 평화롭게 문제를 해결하는 방법과 공감력을 키우는 방법까지 배우고 있었다.

자기조절력 기르는 법 배우기

우리는 제1장에서 공감력 키우기의 4가지 핵심습관(감정독해력, 도덕적 정체성, 관점수용력, 도덕적 상상력)에 대해 이야기했다. 각각의 자질들은 공감력을 키워 주는 동시에 아이들이 친절하고 다른 사람을 돕는 사람으로 자라도록 한다. 그렇지만 공감력을 키우는 일은 우리가 고려해야 할 여러 가지의 상황 중 한 가지에 불과하다. 아이들이 밟아야 할 그다음 단계는 일상생활에서 공감력을 연습하는 것이다. 공감력을 연습하기 위해서는 다양한 습관들을 들어야 한다. 그중 첫 번째 습관은 바로 자기조절력이다. 자기조절력은 아이들이 스스로의 감정을 통제하여 다른 사람들의 감정을 알아차리고, 나아가 그들을 어떤 방식으로 도울 수 있을지 차분하게 고민하도록 한다. 만약 아이가 감정을 조절하지 못한다면 아이의 공감력은 위험 수준에 이르게 될 것이다. 또한 아이가 누군가의 고통 때문에 지나치게 괴로워하는 상황에 직면한다면, 아이는 그 사람을 돕고 싶은 마음을 차단하거나 혹은 다른 사람을 도울 수 있을 만큼 명확하게 사고하지 못하게 된다. 불안과 스트레스는 공감력을 떨어뜨리기 때문이다.

자기조절력은 자기 자신 너머의 세상을 바라보게 하고 충동적인 욕구를 잠시 옆으로 제쳐두게 하며, 자기 몰입에서 벗어날 수 있도록 도와준다. 뿐만 아니라, 이 능력은 아이들 스스로 가장 필요하다고 이야기하는 능력이기도 하다.

"아무도 진정하는 '방법'을 가르쳐 주지 않아요!"

"아이들이 케빈을 괴롭힐 때마다 너무 속상한데 '어떻게' 도와야 할지 모르겠어요!"

"다른 사람의 험담을 하지 않게 입 다물고 있는 '방법'을 누가 좀 알려 주면 좋겠어요."

자기조절력을 키우면 공감 세포가 늘어난다. 이뿐만이 아니다. 감정을 조절하는 능력은 학업 성취도를 예측하는 일에 있어 IQ를 테스트하는 것보다 더욱 정확하다. 뿐만 아니라 회복탄력성을 강화하여 아이가 역경을 이겨 내고 다시 일어날 수 있게 돕는다. 또한 '공감력 괴리(*Empathy Gap, 다른 사람의 고통을 느끼지만 돕고 싶은 욕구에 따라 행동하지는 않는 것)'가 사라지게 돕기 때문에 아이들이 공감을 표현하는 상황에서 더욱 부드럽게 반응한다.

이 장에서는 아이의 자기조절력을 키울 수 있는 효과적인 방법들을 제시할 것이다. 무엇보다 이 같은 습관들을 배우면 아이는 인지 능력, 도덕성, 사회성, 정서 등 모든 영역이 더욱 발달할 것이다. 지금 이 순간뿐만이 아니라 앞으로도 계속 말이다.

아이들은 차분하게 있는 것을 왜 힘들어할까?

오늘날 많은 학교들이 생각하는 의자, 명상의 시간, 침묵 수업 등 다양한 방식으로 '역사상 가장 스트레스를 많이 받는 세대'를 돕고 있다. 수많은 교육자들은 "자기조절력이 부족하면 학업 성취도가 떨어지고 공감력 또한 약해진다"라고 입 모아 이야기한다. 그렇다면 오늘날 아이들이 왜 자기조절에 어려움을 겪고 있는지, 공감력이 약해지고 있는지, 다른 사람을 도우려는 마음에서 멀어지고 있는지 등을 살펴보자.

스트레스에 나가떨어진 아이들

10대일 때가 '근심·걱정 없는 시절'이라는 건 옛날이야기이다. 요즘 10대들은 역사상 가장 큰 스트레스를 받고 있다. 10대 3명 중 1명은 늘 중압감을 느끼고 있다고 말한다. 특히 심각한 점은, 요즘 아이들이 겪는 스트레스가 전 연령대의 스트레스 수준과 비교해 봤을 때 가장 상위를 차지한다는 사실이다. 그렇지만 이들뿐만이 아니다. 대학생 6명 중 1명은 지난 12개월 사이 전문가에게 불안 장애로 진단받거나 치료받은 적이 있으며, 아동의 경우에는 불안장애를 겪고 있는 비율이 25퍼센트나 된다. 경제적 어려움, 트라우마, 시험, 집단 따돌림, 매일매일 뭔가를 해내야 한다는 압박 등 스트레스를 받는 이유는 다양하다. 그럼에도 불구하고 변하지 않는 사실은 한 가지다.

스트레스가 높아지면 고통도 심해진다는 것이다.

해소되지 않은 스트레스는 판단력, 기억력, 충동조절력을 떨어뜨릴 뿐 아니라 공감력에도 영향을 미친다. 불안하면 다른 사람의 감정에 둔감해지고, 관점수용력이 떨어지며, 자기중심성(*Egocentrism, 모든 것을 자신의 위주로 행하려 하는 성향)이 높아져 마침내는 공감력이 저하된다. 자신이 곤경에 처해 있는 상황에서는 다른 사람의 고통에 관심을 기울이거나 돕기가 힘들다. 그렇기 때문에 우리는 더 늦기 전에 아이들이 스트레스의 여러 증상을 건강한 방법으로 해소할 수 있도록 도와줘야 한다.

폭력적 행동의 미화

미국의 미디어는 '전 세계에서 가장 폭력적'이라고 말해도 과언이 아니다. 일반적인 미국의 초등학생들은 초등학교에 입학하여 졸업할 때까지 TV, 비디오, 스마트폰 등 갖가지 영상을 통해 약 8,000건의 살인을 목격한다. 또한 열여덟 살이 될 때까지 약 20만 건의 폭력 행위를 생생하게 목격한다.

게다가 게임 산업 또한 무시할 수 없다. 캐나다의 브록 대학교에서 실시한 심층 연구에 따르면, 폭력적인 영상에 과도하게 노출될 경우 도덕적 성숙이 늦어질 뿐만 아니라 공감력 또한 약화된다고 한다. 만약 아이들이 하루 중 7시간 이상을 인터넷에 접속해 있다면, 이는 풀타임으로 근무하는 직장인과 다를 바가 없다.

"학교에서, 가정에서, TV나 컴퓨터, 비디오 게임을 통해서, 혹은 피해자로서 폭력을 더 많이 보고 경험할수록 아이들은 폭력이 정상적이고 흔한 것이라고 생각하게 된다."

심지어 직접 폭력을 목격하는 것은 아이들의 두뇌까지도 바꿔 놓을 수 있다. 한 연구에서는 폭력적인 비디오 게임을 이용하기 시작한 지 일주일이 지나자 그다지 비디오 게임을 자주 하지 않던 아이들조차도 감정, 주의력, 집중력을 조절하는 부위의 두뇌 활동이 현저히 줄어들었다는 사실을 밝혀 냈다. 그러므로 우리는 아이들의 미디어 사용 행태를 잘 지켜보고, 공감력에 문제가 생기지는 않았는지 잘 감독해야 한다.

수준 낮게 행동하는 부모들

아이가 자기조절력을 배울 수 있는 가장 효과적인 방법은 다른 사람을 관찰하는 것이다. 그중 아이들이 가장 쉽게 접할 수 있는 것은 바로 부모인데, 사실 부모들이 매순간 모범을 보여 주고 있지는 않다. 여러 뉴스에서 아이의 스포츠 경기나 고등학교 졸업식장에서 수준 낮게 행동하는 부모들에 대해 보도하는 것을 심심치 않게 볼 수 있다. 사실 이 문제는 이미 심각한 문젯거리가 된 지 오래다. 한 예로 전미축구협회에서는 심판들에게 관중이 난동을 일으킬 경우에 대처하는 방법을 따로 교육하고 있기도 하다. 이 밖에 여러 스포츠 단체들도 어른들의 수준 낮은 스포츠맨 정신에 대해 염려하여 경기장에서 일어나는 폭력 행위에 대처하기 위한 새로운 규정을 만들고 있는 실정이다. 잊지 말라. 아이들은 스크린에서나 현실에서나 항상 어른들의 행동을 보고 있다. 그리고 어른들의 행동은 아이들의 품성에 큰 영향을 미친다.

증거가 필요한가? 1,000명의 아이들 ―맞벌이 부부의 아이와 그렇지 않은 아이 모두를 포함하여― 을 조사한 결과, 아이들은 "부모가 화를 잘 참는가?"라는 항목에서 가장 낮은 점수를 줬다. 부모가 자기조절력이나 공감력에 대해 몸소 모범을 보이지 않는다면 어떻게 아이가 그것을 배울 수 있겠는가? 스스로에게 물어보라.

"내 자기조절력에 아이는 몇 점을 줄까?"

멀티태스킹의 시대

요즘 아이들은 공부를 하거나 밥을 먹거나 친구들과 수다를 떨면서 동시에 휴대 전화로 문자를 보내고, SNS에서 친구를 맺고, 유튜브로 영상을 본다. 그들 나름대로는 진중하게 행동한다고 해도, 대부분의 아이들은 SNS를 이용하지 않고서는 다른 무언가에 고작 2분도 집중하지 못한다. 주의가 분산되면 뇌는 2가지, 3가지 혹은 4가지 일들 사이에서 끊임없이 집중력을 이동시켜야 한다. 그렇기 때문에 인지 능력 저하, 정신적 피로, 공감력 저하 등을 포함해 이른바 '전환 비용(*Switching Cost, 현재 사용하는 것이 아닌 다른 것을 사용하려 할 때 드는 비용이나 시간, 노력 등을 말함)'이 들게 된다. 단순히 휴대 전화를 가까이 두는 것만으로도 ─들여다보지 않는다고 해도─ 공감력이 낮아질 수 있는 것이다.

분명한 사실은 아이들이 문자를 보내는 일이나 SNS의 친구 수를 세는 일에 온 정신을 쏟는다면 현실에 있는 다른 사람들에게 관심을 기울일 수 없다는 것이다. 대니엘 골먼은 이렇게 말한다.

"만약 주의를 집중하는 데 필요한 두뇌신경회로를 제대로 구축하지 못한다면, 아이들은 감정을 조절하고 다른 사람에게 공감하는 일에 어려움을 겪을지도 모릅니다."

또한 10대 초반 여자아이들을 대상으로 한 연구에서는, 이러한 멀티태스킹 문화와 과도한 전자기기의 사용은 사회적 기술과 정서적 기술이 약화되는 현상과 연관돼 있다고 밝혔다.

오늘날에는 이러한 멀티태스킹 문화 · 폭력적인 미디어 · 스트레스 급증 등 여러 문제가 존재하고 있지만, 다행인 점은 자기조절력은 선천적으로 가지고 태어나는 것이 아닌, 학습으로 길러 줄 수 있다는 점이다. 아이들의 학업 성취도 · 정신 건강 · 공감력 모두가 위태로운 상황에 놓여 있는 요즘, 결코 자기조절력을 가볍게 넘겨서는 안 된다.

과학이 말하는 것: 자기조절력을 가르치는 방법

태평양에서 얼마 떨어지지 않은 레돈도 비치에 위치한 톨리타 초등학교에는 다양한 인종의 학생들이 다니고 있다. 나는 이 학교의 교사인 제니퍼 벨이 1학년들을 대상으로 '마음 챙김(*Mindfulness, 대상에 대하여 주의를 집중하되, 있는 그대로 관찰하는 것을 말함)'을 가르치는 수업을 참관했다. 벨이 마음 챙김의 신경과학적 측면에 대해 설명하자 학생들은 모두 이 주제에 깊이 빠져들었다. 나 또한 마찬가지였다. 벨은 한쪽 팔을 앞으로 내민 채로(팔꿈치에서 접고 손은 엄지손가락을 나머지 손가락 아래에 집어넣어 주먹을 쥐고 있었다) 앞아서 아이들에게 두뇌가 작동하는 방식에 대해 설명했다.

"이 부분이 척수예요. (팔꿈치를 다른 쪽 손의 손목에 문지르며) 두뇌에게 메시지를 보내죠. 뇌간은 (손바닥을 가리키며) 불안하고 초조할 때 호흡과 복부를 통제해요. 그 가까이에는 편도체가 있어요(구부린 네 손가락들 아래를 가리키며). 스트레스를 받을 때 편도체는 싸우거나, 도망치거나, 그 자리에 얼어붙고 싶어 해요. 위협을 느끼면 편도체는 재빠르게 긴급 신호를 보내서 우리 몸이 경계 상태에 들어가게 만들죠. 화가 날 때는 어떻게 알 수 있을까요?" 그녀가 물었다.

"저는 화가 나면 머리가 아파요." 한 남자아이가 말했다.

"마음으로 느껴져요." 머리를 길게 땋은 한 여자아이가 덧붙였다.

"우리 몸은 우리가 듣도록 스트레스 신호를 보내요." 벨이 말했다. "여기는 전두엽 피질이에요(4개의 구부린 손가락을 가리키며). 전두엽 피질은 현명한 '리더'죠. 불안하거나 행복하지 않을 때면 점점 더 숨을 빠르게 쉬게 되고 심장은 점점 더 세게 쿵쾅거려요. 그러면 전두엽 피질은 침착하게 생각을 할 수가 없어요. 그럴 때는 뚜껑이 펑 하고 열리죠(쥐고 있던 주먹을 갑자기 활짝 펼치며). 기분이 안 좋을 때 전두엽 피질이 생각을 하도록 돕고, 편도체가 위기 경보를 보내지 않게 하려면 어떻게 해야 할까요?" 벨 선생님이 물었다.

그러자 아이들이 모두 일제히 대답했다.

"호흡이요!"

"맞아요!" 벨이 말했다. "진정하려면 숨을 깊게 들이마셨다가 내뱉기만 하면 돼요. 그러면 전두엽 피질이 다시 현명한 리더로 되돌아올 수 있어요. 호흡만 잘 하면 돼요!"

정신의학과 임상 교수이자, UCLA 마음 챙김 연구센터의 공동 센터장인 다니엘 시겔의 연구를 바탕으로 한 그녀의 수업은 초등학교 1학년 아이들이 쉽게 이해할 수 있는, 매우 훌륭한 설명이었다.

동시에 나는 우리가 자녀를 교육하면서 자주 저지르는 실수가 무엇인지 깨달았다. 바로 유용한 기술 뒤에 숨은 과학 원리를 설명하지 않는 것이다. 그러한 사실들을 알지 못한다면 아이들이 굳이 심혈을 기울여 그러한 기술을 배우려고 노력할 이유가 있겠는가?

반면 벨의 수업을 들은 아이들은 오히려 내게 왜 호흡 기술을 연습하는지, 왜 그녀의 수업을 진지하게 듣는지 알려 주었다.

또한 아이들은 1년 내내 연습한 호흡훈련법을 다른 사람들과 공유하고자 하는 의욕이 높았다. 벨은 아이들에게 끊임없이 상기시켰다.

"조용한 장소를 찾아서 그곳에 누우세요. 두 눈을 감고 코로 숨을 들이마셨다가 내쉬세요. 모든 호흡에 집중하세요. 기억하세요. 호흡만 하는 거예요."

몇 초도 채 지나지 않는데 교실이 고요해졌다. 학생들은 양탄자 위에 편안하게 누워서 두 눈을 감고 숨을 깊이 들이마셨다가 내쉬었다.

내가 교실을 떠나려고 할 때, 학생들은 가장 마음에 드는 호흡 훈련 사진을 종이 머리띠에 붙이느라 바빴다. 나중에 집에서 잊지 않고 하기 위해서였다. 머리띠 맨 위에는 커다란 글씨로 '호흡만 잘 하면 돼요!'라고 적혀 있었다.

"저는 학생들이 평생 동안 사용할 수 있는 기술을 배우도록 돕고 싶습니다." 벨이 말했다.

나는 벨이 가르쳐 준 호흡 방법이 학생들에게 오래도록 기억될 것이라고 믿어 의심치 않았다.

과대 포장된 인지 능력

과거, 사람들은 감정독해력, 공감력, 자기조절력, 집중력 등이 유전자에 의해서만 형성된다고 믿었다. 또한 정서적 기술과 사회적 기술은 '갖추고 있으면 좋긴 하지만' 아이가 성공하기 위해 필요한 여러 요소 중에서는 그다지 중요한 것이 아니라고 생각했다. 그렇기 때문에 부모들은 아이가 이력서를 쓸 때 도움이 되는 것들, 이를 테면 피아노 레슨, 외국어 수업, 과외 활동 등에 모든 에너지를 쏟아 부어왔다. 인지 능력(*Cognitive Ability, 지식을 얻고 그것을 어떻게 사용할 것인지에 관한 능력)을 강조하는 여러 자극적인 광고에 익숙하기 때문이다. 즉, 학업 성취도, 명문대 입학, 좋은 직업 모두 '인지 능력'에 달려 있다고 생각하는 것이다.

바로 그때, 새로운 연구가 이러한 인지 능력 이론에 제동을 걸기 시작했다. 물론 인지 능력 또한 중요하지만 아이의 성공과 행복을 신장시키는 데 감정과 공감력도 간과해서는 안 된다는 것이다. 그동안 우리는 아이들의 미래를 잘못 이끌고 있었다.

자기조절력 : 성공으로 향하는 열쇠

스탠퍼드 대학교에서 마시멜로를 이용해 미취학 아동을 대상으로 실시한 연구는 '과대 포장된 지적 능력'에 대해 다시 생각해 보는 계기가 되었다. 1970년, 이제는 유명 심리학자가 된 월터 미셸은 네 살짜리 아이들을 놀이방으로 부른 다음 쟁반에 가득 담긴 마시멜로를 보여 주고 나서 한 개를 고르라고 했다. 그다음이 문제였다.

"마시멜로를 먹고 싶니? 그런데 지금 먹지 않고 내가 다시 돌아올 때까지 기다리면 두 개를 줄 거야."

아이들은 기다리는 것을 어려워한다. 미취학 아동들에게는 특히나 그렇다. 그럼에도 불구하고 아이들 중 약 3분의 1이 기다렸고, 자제력과 인내심을 발휘한 대가로 더 큰 보상을 받았다.

미셸은 오랜 시간에 걸쳐 실험에 참가한 아이들이 성장하는 과정을 계속 추적한 결과, 중요한 사실을 발견했다. '지금 당장 먹어야 한다'는 충동을 억제할 수 있었던 아이들은 그렇지 못했던 아이들에 비해 고등학교 SAT(*Scholastic Aptitude Test, 미국의 대학입학 자격시험) 점수가 평균 210점가량 더 높았다. 또한 40년 후, 자제력이 높았던 아이들은 사회적으로도 더 유능했고, 자기주장이 더 확실했으며, 살아가면서 겪는 여러 좌절에 더욱 잘 대처했다. 미셸의 연구 결과가 발표되기 전까지는 모두 아이들이 인내심과 자제력을 발휘하는 것은 타고난 기질이기 때문이라고 생각해 왔다. 그렇지만 이 실험 결과, 자기조절력은 학습할 수 있다는 사실이 밝혀졌다.

다음으로 중요한 연구는 뉴질랜드의 더니든에서 실시한 연구였다. 이 연구에서는 생후 12개월 이상 된 1,037명의 아이들을 40년간 추적했다. 그 결과, 감정에 '제동'을 걸 수 있는 능력이 성공하는 데 필수적이라는 사실이 밝혀졌다. 수석 연구원 텔리 E. 모피트는 이렇게 말했다.

"어린 시절에 자신을 얼마나 제어할 수 있는지를 보면 성인이 되었을 때의 성공 여부를 예측할 수 있습니다. 지능이 높은 아이이든 낮은 아이이든, 부유한 아이이든 가난한 아이이든 상관없이 말이죠."

어릴 적 뛰어난 자기조절력을 보여 준 아이들은 어른이 되고 나서 범죄를 저지르거나 어떤 것에 중독될 가능성이 낮았을 뿐 아니라, 충동적인 성향을 지닌 아이들에 비해 더 건강하고 더 부유했다. 지적 능력만이 전부라고 믿는 시대는 지나갔다. 그렇지만 과연 우리가 정말 아이의 자기조절력에 영향을 미칠 수 있을까?

이때 또 다른 연구 결과가 기존의 교육 과정과 자녀교육방식을 뒤집어 놓았다. 실험 대상은 수도승들이었다.

수도승들의 두뇌가 준 교훈

위스콘신 대학교에 재직 중인 저명한 신경과학자 리처드 데이비슨은 의미 있는 삶을 꾸리는 데 명상과 감정이 어떻게 도움이 되는가에 관심이 많았다. 그래서 데이비슨은 흔치 않은 대상자들로 눈을 돌렸다. 바로 티베트 불교 수도승들이었다. 데이비슨은 달라이 라마에게 부탁해서 티베트 불교 수도승들을 만나, 획기적인 연구들을 이루어 냈다. 데이비슨은 수도승들을 각각 뇌파 전위 기록장치(*Electroencephalograph, 뇌전도를 그려내는 장치)에 연결한 후, 그들이 명상을 하는 동안 두뇌 활동을 기록했다.

그중 한 연구에서는 1~5만 시간 동안 명상 수련을 한 수도승들의 두뇌 활동과 명상을 거의 경험해 보지 않은 대학생들의 두뇌 활동을 비교했다. 연구자들은 실험 결과를 보고 충격에 빠졌다. 수도승들의 두뇌 활동 기록은 대학생들의 두뇌 활동 기록과 완전히 달랐다. 명상을 하며 대부분의 시간을 보낸 수도승들은 놀라울 정도로 강력한 감마파(*Gamma Waves, 높은 집중력과 관련된 뇌파)를 생성했다. 수도승들에게서 나타난 감마파는 대학생들의 감마파보다 최대 30배가량 더 강했고, 이는 건강한 일반인에게서조차 한 번도 관찰된 적 없는 수준이었다.

데이비슨 교수는 두뇌가 일정하게 고정되어 있는 것이 아니라, '신경가소성(*Neuroplasticity, 뇌가 성장하고 발달하는 과정에서 경험과 학습 등의 영향을 받아 바뀌는 기능)'에 의해 끊임없이 변화한다는 사실을 알아냈다. 명상을 해 온 세월이 수도승들의 두뇌신경회로를 재배치했다는 사실 또한 알아냈다. 뿐만 아니라, 데이비슨은 두뇌는 일생에 걸쳐 변화할 수 있다는 사실을 증명했다.

연구팀은 수도승들과 학생들에게 '자기 연민 명상(*Compassion Meditation, 예를 들어 자기 자신이 아닌 사랑하는 사람의 행복을 빌어주거나 그 밖의 다른 사람들의 고통에 대해 생각해 보는 것을 말함)'을 하도록 했다. 모든 실험 대상자들은 긍정적인 감정과 행복감을 만드는 두뇌 영역이 활성화되었다. 특히 수도승들은 공감력과 다른 사람의 감정을 인식하는 능력과 관련된 두뇌 영역이 훨씬 더 크게 활성화됐다. 평소 이 같은 명상을 많이 해 왔기에 감정을 알아차리는 두뇌 영역이 크게 변화한 것이다.

데이비슨의 놀라운 발견은 자녀 교육에 많은 점을 시사한다. 자기조절력 뿐 아니라 친절과 연민 또한 첼로를 연주하거나 하키에 능숙해지는 것과 마찬가지로 연습을 통해 배우고 익힐 수 있다는 점이다. 즉, 아이들이 바이올리니스트, 수학 천재, 축구 선수가 되기 위해 훈련받는 것과 마찬가지로 훌륭하고 선한 사람이 되기 위해서 훈련받는 것도 가능하다는 뜻이다. 그중 한 가지 방법은 우리 아이들이 더욱 연민을 느끼고 감정을 조절할 수 있도록 돕는 것이다.

학교에서의 마음 챙김 혁명

과학 연구 결과 하루 몇 분씩, 단 몇 주 동안만이라도 마음 챙김을 연습하면 면역력과 회복탄력성이 높아지고, 집중력이 향상되고, 주의력이 늘어나고, 기억력이 좋아지며, 스트레스가 줄어드는 등 매우 긍정적인 효과를 기대할 수 있다고 한다. 또한 마음 챙김 훈련은 아이들의 공감력을 키울 뿐만 아니라 다른 사람을 기꺼이 도우려는 마음이 형성되는 데 일조한다. 이것이 바로 제니퍼 벨 같은 수천 명의 교육자가 마음 챙김 훈련을 정규 교육 과정으로 정해 놓은 이유이다. 또한 마음 챙김을 훈련하는 것은 어려운 환경 속에서 자라고 아이들에게 도움이 되기도 한다.

샌프란시스코에 있는 비지타시온 밸리 중학교는 미국에서 마음 챙김 프로그램을 학교 정규 교육 과정에 도입한 최초의 공립 학교이다. 이 학교는 하루에 2번, 각각 15분씩 '평온한 시간(Quiet Time)'이란 이름의 마음 챙김 프로그램을 시행했다. 이 시간에 학생들은 조용히 앉아 있거나 혹은 명상을 할 수 있다. 마음 챙김 프로그램을 도입할 당시, 학교 근처 지역에서는 일련의 폭력 사건들이 발생하였고, 이는 학교의 학생들에게까지 악영향을 미치고 있었다. 교직원들은 아이들을 올바르게 지도하기 위해 수많은 방법들을 시도했으나, 그중 어떤 것도 효과를 볼 수 없었다. 그렇지만 새로운 방법으로 문제에 접근하자, 그 해 정학을 받은 학생의 수가 45퍼센트나 줄어들었다.

4년이 지나자 정학을 받은 학생은 무려 79퍼센트가 줄었다. 출석률은 98퍼센트까지 올랐고 학년 평균 평점과 시험 점수가 높아졌다. 게다가 학생들은 더 차분해졌으며, 더 행복해졌다고 이야기했다.

폭력이나 강도 등의 문제가 빈번하게 발생하는 위험 지역에 사는 학생들은 이루 말할 수 없을 만큼 극심한 스트레스에 시달린다. 그렇지만 어느 지역에 사는지와 상관없이 높은 자기조절력을 갖춘 아이들은 스스로를 이러한 위험에서 지킬 수 있다.

밸리 중학교를 시작으로 여러 학교에서 마음 챙김 프로그램을 도입하였고, 그 효과를 조사한 결과 학생들은 더 친절해지고 낙천적으로 변했으며, 삶의 만족도가 오른 반면 우울감과 스트레스 수치는 더욱 낮아지는 등 모든 면에서 좋은 결과를 낳았고, 일부 아이가 아닌 '모든' 아이들에게 효과가 있다는 사실 또한 증명되었다.

하루에 단 몇 분만이라도 마음 챙김을 연습한다면 아이의 인생은 눈부시게 달라질 것이다.

아이에게 자기조절력을 가르치려면 어떻게 해야 할까?

한번은 〈닥터 라디오Doctor Radio〉 진행자인 알렉산드라 바즈비와 방송을 하게 되었다. 많은 부모들이 전화를 걸어 아이가 발끈 성질을 부리지 않게 하는 방법이 있는지 물었다.

"스트레스가 쌓이면 화가 나지요." 내가 한 부모에게 말했다. "분노를 터뜨리기 전에 진정하는 법을 배우도록 도와줘야 합니다."

그다음 전화를 건 사람이 조언을 제시했다. 그녀의 여덟 살짜리 아들은 종종 학교에서 돌아오면 분노를 터뜨리곤 했다. 그녀는 아이가 스트레스를 해소하는 방법을 모른다는 사실을 깨달았다. 그래서 그녀는 거실의 조용한 구석에 편안한 빈백(Beanbag) 의자를 놓고 그 주변에 CD플레이어와 아이가 좋아하는 책들을 몇 권 두었다.

"다음 날 아이에게 '엄마가 힘든 하루를 보내서 쉬어야 하니 옆에 같이 앉아 있어 줘'라고 부탁했어요." 그녀가 말했다. "그리고 그게 우리의 새로운 방과 후 의례가 됐어요. 아이의 분노는 서서히 사라졌어요. 2주가 지나고 아이가 혼자서 빈백 의자에 앉아서 음악을 듣고 있는 모습을 봤어요. 아이는

'쉬고 있어요'라고 말했죠. 이제 아이는 날마다 그렇게 해요. 아이는 제가 진정하는 방법을 직접 보여 주길 바랐던 거예요."

아마 그날 방송을 듣던 모든 청취자들이 빈백 의자를 샀을 것이다. 이 엄마는 아이에게 감정 조절하는 법을 가르치려면 먼저 어떻게 해야 하는지부터 직접 보여 줘야 한다는 사실을 깨우쳐 줬다.

1. 차분함을 몸소 보여 주라

아이가 자기조절력을 배우기에 가장 좋은 본보기는 바로 부모이다. 힘든 하루를 보낸 후에 아이 앞에서 어떻게 행동하는가? 아이와 함께 차를 타고 운전할 때 다른 차가 갑자기 앞에 끼어들 때면? 은행 계좌에 잔액이 부족할 때면? 아이들은 항상 우리를 보고 있다. 그러므로 아이가 보고 따라했으면 하는 모습으로 행동하기 바란다.

2. 아이에게 관심을 기울이라

당신의 아이는 어떻게 스트레스에 대처하는가? 스트레스를 심하게 받거나, 다른 사람이 괴로워하는 모습을 보면 다음 중 어떻게 하는가?

- 두통, 복통, 가슴 두근거림 같은 신체적 고통을 겪는다.
- 그 사람이나 그 장면을 피하려고 애쓴다.
- 괴로워하면서 그 사람의 고통을 차단하려고 애쓴다.
- 다시 원래대로 돌아오는 데 어려움이 있고 회복하는 데 오래 걸린다.
- 진정하고 회복하는 데 도움이 필요하다.

아이의 감정적 욕구를 파악해야만 아이에게 진정으로 공감할 수 있고 어떻게 도와야 할지 알 수 있다.

3. 신체 신호를 알아차리라

아이에게 이렇게 말하자.

"우리 몸에는 작은 신호등이 있는데, 우리가 기분이 나빠질 때, 이 신호등은 우리에게 진정해야 한다고 경고한단다."

얼굴이 붉어지는 것, 주먹을 꽉 쥐는 것, 근육이 긴장하는 것, 심장이 쿵쾅거리는 것, 배 속이 부글거리는 것, 입안이 마르는 것, 호흡이 빨라지는 것 같은 신체 신호를 아이가 알아차릴 수 있도록 도와라. 그런 다음 아이가 기분이 안 좋을 때 조용히 아이의 신체 신호를 알려 주도록 하라.

"두 손 모두 주먹을 꽉 쥐고 있구나. 스트레스를 받고 있는 게 느껴지니?"

스트레스를 초기에 자각할수록 아이들은 자신의 감정을 더 잘 조절할 수 있게 된다.

4. 조용한 공간을 만들라

가족이 스트레스를 해소하는 데 도움이 되는 공간을 찾으라. 공간의 크기는 중요하지 않지만 반드시 마음을 달래는 느낌이어야 한다. 빈백 의자나 흔들의자, 부드러운 베개, 봉제 인형, 혹은 CD플레이어를 둬도 좋다. 그러고는 '모든 가족이 마음을 편안히 하는 장소'라고 소개하라.

팁 : 아이가 그 장소를 스트레스를 해소하는 곳으로 여겨야 한다. 훈육이나 타임아웃을 하는 곳이 아니라 말이다.

5. 스트레스 상자를 만들라

편안한 음악이 담긴 MP3플레이어, 고무공, 비눗방울 도구, 메모지와 펜 그리고 감정에 관한 책 몇 권이 들어 있는 스트레스 상자를 만들라. 그런 다음 모든 가족이 이 상자에 든 것들로 각자 스트레스를 해소하는 방법을 소개한 다음, 스트레스 상자를 가족을 위한 조용한 공간에 두어도 좋다.

공감력 강화하기: 호흡을 이용하여 감정 조절하기

연구 결과, 아이들에게 현재의 순간을 의식하도록 마음 챙김을 가르치면 자기조절력뿐 아니라 공감력 또한 높아진다는 사실이 증명되었다. 다음은 여러분의 가정이 더 깨어 있는(Mindful) 가정이 되도록 도울 네 단계이다.

1단계: 스스로에게 '호흡을 잘하는 법'을 가르치라

먼저 혼자서 호흡을 연습한 후, 가족들에게 가르쳐 주어라. 편안하고 조용한 장소를 찾은 뒤 어깨의 힘을 빼고 호흡에 집중하라. 길고 느린 호흡에 집중하며 코로 숨을 들이마시고 입으로 숨을 내쉬어라. 들이마시는 숨보다 2배 더 길게 내쉬어야 이완 반응을 극대화할 수 있다. 들이마시고 내쉬는 시간의 길이를 늘일수록 더욱 편안해지는 것을 느낄 것이다.

2단계: 복식 호흡의 장점을 설명하라

아이에게 이렇게 말해 보자.

"느리고 길게 호흡을 하면 긴장이 풀리고 두뇌가 진정된단다. 그러면 더 명확하게 생각하게 되고 자기조절력을 잃지 않을 수 있지. 시험을 치기 전이나 잠자리에 들기 전, 혹은 불만스럽거나 걱정되거나 슬프거나 긴장을 풀어야 할 때, 언제든 그리고 어디에서든 편하게 할 수 있어. 연습을 하면 할수록 더 쉽고 빠르게 긴장을 풀 수 있을 거야."

3단계: 복식 호흡 하는 법을 가르치라

의자에 허리를 꼿꼿이 펴고 앉거나 바닥에 반듯이 누운 후 두 손을 아랫배에 두라. 코로 숨을 깊이 들이마시고서 부드럽게 숨을 참았다가 천천히 입으로 숨을 내쉬어라.

"숨을 쉴 때마다 배가 올라갔다 내려갔다 하는 것을 느껴 봐. 정신을 호흡에 집중하려고 노력해 봐. 만약 여러 생각으로 마음이 산만해지면 호흡에 집중하라고 스스로에게 말해 주렴."

처음에는 아이와 함께 시도해 보자. 아이가 복식호흡을 할 때 같이 호흡하면서 조용히 숫자를 세어 줘도 좋다. 점차 가족 각자의 능력에 맞추어서 들숨과 날숨을 길게 하고 한 세트의 시간 길이를 늘여라. 공익과학센터'의 비키 자크제키는 "날숨이 들숨보다 2배 더 길어야 미주신경(*Vagus Nerve, 운동과 지각의 두 섬유를 포함하며 내장의 대부분에 분포되어 있는 머릿골 신경. 부교감 신경 중 가장 크다)이 활성화되고 이완 반응이 생긴다"라고 이야기했다. 올바른 호흡법을 익혀 최대의 효과를 누리길 바란다.

4단계: '마음 챙김'을 주기적으로 실천하라.

하루에 몇 번, 가령 아침에 집에서 출발하기 전이나 승용차 안에서, 혹은 저녁 식사 시간이나 잠자리에 들기 전에, 심호흡 연습을 할 수 있는 방법을 모색해 보라. 반복적으로 연습해서 습관으로 자리 잡으면 가장 좋다.

연령별 접근법

나는 타이페이 국제학교에서 만난 한 고등학교 2학년 학생에게서 자기조절력을 효과적으로 교육할 수 있는 방법을 배웠다. 그 학생은 성적이 우수하고 운동도 잘 하는 데다 학생회 임원이었고 유머감각이 뛰어났으며 다른 사람들을 잘 배려했다. 요즘에는 찾아보기 힘든 '다재다능하고 균형 잡힌 아이'의 전형이었다. 게다가 매사에 긍정적이었던 그 아이는 나에게 깊은 인상을 남겼다.

"대부분의 10대 아이들은 너만큼 긍정적이지 않아. 혹시 스트레스에 시달리지 않는 비결이라도 있니?"

내가 묻자 학생이 웃음을 터뜨렸다.

"부모님 덕분이에요."

"부모님 덕분이라고? 좀 더 말해줄 수 있니?"

"친구들 대부분은 높은 점수를 받고 좋은 대학에 합격해야 한다는 압박감을 느껴요. 그렇기 때문에 늘 심한 스트레스에 시달리죠." 학생이 말했다. "제 부모님은 고등학교 생활이 힘들 거라고 예상하셨어요. 그래서 제가 어릴 때 무리하게 공부를 시키지 않으셨죠. 또한 힘든 상황에 처해도 절대 다른 부모님들처럼 도와주는 일이 없으셨어요. 그 대신 진정하는 방법을 가르쳐 주셨죠. 부모님은 제가 힘든 일에 스스로 대처하는 법을 알려 주셨어요. 그래서 힘든 상황에 부딪혀도 이겨낼 수 있는 거예요."

이 이야기를 들은 나는 감탄을 금치 못했다. 문제를 대신 해결해 주는 것이 아니라, 아들이 자신의 감정을 조절하며, 직접 인생의 난관을 헤쳐 나가는 법을 배우도록 한 부모는 참 현명하다는 생각이 들었다. 이 방법은 자기 조절력을 배우도록 돕는 가장 좋은 방법이기도 하다. 한 걸음, 한 걸음씩 감정 조절을 연습하면 된다.

알파벳은 추천 연령과 활동 적합 연령을 가리킨다.

ⓛ=Little Ones(어린아이), ⓢ=School Age(만 6~12세 사이의 초등학생),

ⓣ=Tweens and Olders(10대 초반과 그 위의 아이), ⓐ=All Ages(모든 연령)

• 감정에 등급을 매기라 Ⓐ

아이가 자신의 감정이 격해진 것을 알아차리면 이렇게 말해 보라.

"그 감정에 이름을 붙여봐." ("슬퍼요", "무서워요" 등)

그런 다음 아이에게 1부터 10의 숫자 중, 그 감정이 몇 단계 정도 될 것 같은지 물어보라. 1은 가장 약하고(부드러운 구름이 둥둥 떠가는 것 같은 단계) 10은 가장 세다(화산이 폭발하는 것 같은 단계). 이 밖에도 아이가 감정을 공유할 수 있는 방법을 찾아서 아이에게 공감해 주고 아이가 스스로의 감정을 조절할 수 있도록 도와라.

• 심호흡하는 법을 가르치라 Ⓐ

많은 아이들은 지나치게 빨리 숨을 들이마시는 경향이 있기 때문에 호흡을 통해 진정 효과를 누리지 못한다. 다음 방법들을 이용해 가족이 이완 반응을 경험하도록 도와라.

▶ 짝꿍 호흡하기

아이와 등을 맞대고 앉아 팔꿈치 부위에서 아이의 팔에 당신의 팔을 끼운 다음 아이와 함께 호흡하라. 아이는 당신의 느린 호흡을 느끼고 자신의 호흡을 당신의 호흡에 맞추려고 노력할 것이다.

▶ 똥배 친구

아이를 바닥에 등을 대고 반듯이 눕게 하라. 그런 다음 작고 부드러운 돌멩이나 봉제 인형을 아이의 배 위에 올려놓고서 아이에게 숨을 쉴 때마다 그것이 천천히 올라갔다 내려갔다 하는 것을 느끼도록 하자.

▶ 양초와 꽃

아이에게 이렇게 말하자.

"꽃향기를 맡고 있다고 상상해 봐. 그런 다음 생일케이크 촛불을 천천히 입으로 불어서 끄는 거야."

이 방법은 아이가 '들숨'과 '날숨'을 상상하도록 돕는다.

▶ 솜 불기

아이와 마주 보고 앉은 채 두 사람 모두 손바닥을 위쪽으로 펼치고 서로 손가락이 닿게 하라. 당신의 손바닥 위에 솜을 올려놓고 부드럽게 불어서 솜이 바닥으로 떨어지지 않고 아이의 손바닥과 당신의 손바닥 사이를 왔다 갔다 하게 연습하라.

• 자기조절 기술을 가르치라 Ⓐ

스트레스를 받으면 어떤 아이들은 매우 흥분하고, 어떤 아이들은 마비된 것처럼 옴짝달싹 하지 못한다. 그렇지만 모든 아이들이 자기조절력을 배움으로써 진정하는 데 도움을 받을 수 있다. 아이가 몸에서 보내오는 스트레스 신호를 알아차릴 수 있게 되었다면, 신호가 나타나자마자 사용할 수 있도록 진정하는 데 도움이 될 몇 가지 기술을 가르쳐라.

▶ 차분한 장소를 상상하기

가령 해변, 자신의 침대, 할아버지 댁의 뒷마당, 나무 위의 오두막 같은 곳 말이다. 아이에게 두 눈을 감고 천천히 심호흡을 하면서 마음이 진정될 만한 장소를 상상해 보라고 하라.

▶ 자기와의 대화 나누기

스트레스를 받는 상황에서 스스로에게 말할 수 있는 긍정적인 메시지를 가르쳐라. "자제력을 잃지 마", "나는 이걸 감당할 수 있어" 같은 메시지들 말이다. 그리고 매일같이 연습을 하도록 하여, 스트레스를 느끼는 상황이 닥치면 자동적으로 그 메시지를 떠올릴 수 있게 도와라.

▶ '1+3+10' 기술 사용하기

스트레스를 느끼는 순간, 자기 자신에게 말하라.

"일단 멈추고 진정해."

이것이 '1'이다. 그다음 머릿속으로 숫자 3까지 세면서 배 속에서부터 깊고 느리게 숨을 들이마신다. 이것이 '3'이다. 그런 다음 머릿속으로 숫자 10까지 천천히 세는데, 이때 각 숫자에 집중하면서 숨을 내쉰다. 이것이 '10'이다. 이것이 바로 '1+3+10' 기술이다.

• 친절한 생각을 하며 호흡하라 Ⓐ

아이가 복식호흡을 배웠다면 마음 챙김과 공감력을 키우는 다양한 응용 호흡법을 가르칠 수 있다.

▶ 감사 호흡하기

숨을 깊이 들이마신 뒤 숫자 1을 세고, 숨을 내쉬면서 고마운 뭔가를 말하라("나는 우리 가족에게 고맙습니다"). 다시 숨을 깊이 들이마신 뒤 숫자 2를 세고, 숨을 내쉬면서 또 다른 고마운 일을 말하라("나는 내가 건강하기 때문에 고맙습니다" 혹은 "나는 맛있는 식사를 할 수 있어서 고맙습니다"). 숫자 5에 도달할 때까지 숨을 들이마시고, 숫자를 세고, 숨을 내쉬고, 고마운 것들을 말하라.

▶ 자신을 도와주는 사람들에 대해 생각하기

당신을 도와주는 사람들에 대해 생각해 보자(간호사, 버스 운전사처럼 개인적으로 알지 못하는 사람이라고 해도 괜찮다). 그런 다음 복식 호흡을 하면서 그들이 당신을 어떻게 도와주고 있는지 생각해 보자.

▶ 다른 사람을 위한 소망을 빌며 호흡하기

두 눈을 감고 행복을 빌어 주고 싶은 사람을 떠올려 보라. 특별히 당신에게 친절하게 대해 준 사람들 말이다. 그런 다음 복식 호흡을 하면서 "그 사람이 좋은 하루를 보내기를 바랍니다", "그 사람이 행복하기를 바랍니다", "그들이 안전하기를 바랍니다" 같은 말들을 조용히 반복하라.

• 요가를 배우라 ⑤, ⓣ

뉴욕의 10대 소녀들은 요가가 스트레스를 조절하는 데 도움을 준다고 말한다. 또한 요가는 호흡, 생각, 몸의 움직임에 대한 의식을 높이고 스트레스와 긴장을 해소하는 데도 도움이 된다. 각자의 연령에 적합한 요가 영상을 찾아 아이와 함께 해 보거나, 집 근처에서 운영 중인 요가 수업을 찾아보거나, 엄마-딸(혹은 엄마-아들, 아빠-딸)의 요가 모임을 시작해 보라.

• 관련 지식을 쌓으라 ⓣ

자녀교육에 혁신을 일으킨 과학 발견들에 대해 공부하라. 대니얼 J. 시겔의 『10대의 두뇌는 희망이다Brainstorm』, 포 브론슨과 애쉴리 메리먼의 『양육 쇼크NurtureShock』, 월터 미셸의 『마시멜로 테스트The Marshmallow Test』, 대니얼 골먼의 『포커스Focus』, 리처드 데이비드슨의 『너무 다른 사람들The Emotional Life of Your Brain』 같은 책을 읽어 보도록 하자.

👤 자기조절력을 길러 주기 위해 알아야 할 5가지

1. 아이들은 자신의 감정을 조절하는 법을 배운 뒤에야 다른 사람들의 감정을 알아차릴 수 있다.

2. 몸이 주는 스트레스 신호를 더 잘 알아차릴수록 자기조절을 더 잘할 수 있다.

3. 길고 느리게 숨을 내쉬는 심호흡은 빠른 진정 효과가 있다.

4. 자기조절력을 가르치는 가장 좋은 방법은 부모가 몸소 모범을 보여 주는 것이다.

5. 가정은 아이가 감정을 조절하는 방법을 배울 수 있는 최적의 장소이다. 아이가 노력하도록 격려하여 혼자서도 스스로를 진정시킬 수 있도록 돕자.

💙 마지막 1가지

오레곤주에서 열린 한 특별 교육 수업을 참관한 적이 있다. 그런데 모든 학생들의 의자에 긴 털실 뭉치가 묶여 있는 모습이 나의 눈길을 잡아 끌었다. 내가 털실을 바라보고 있는 것을 한 소년이 눈치 챘다.

"진정하기 위한 거예요. 나중에 친구들과 놀 수 있게요." 소년이 속삭였다. "선생님이 연습하면 더 나아질 거라고 하셨어요. 그래서 복식 호흡을 할 때마다 매듭을 묶어요."

그러고는 덧붙여 이야기했다.

"근육을 키우는 것과 비슷해요. 열심히 노력해야 하죠."

소년은 자신이 묶은 10개의 매듭을 자랑스러운 듯 보여 주었다. 그러고선 마음을 진정시키는 데 심호흡이 큰 도움이 된다고 말했다.

소년의 선생님은 소년이 친절한 마음씨를 가지고 있지만 성급함 때문에 대인관계에 어려움을 겪고 있으며, 공감력을 형성하는 데 방해를 받고 있다고 말했다. 그러던 차에 복식 호흡을 배우게 되었고, 대인관계와 공감력 모두 눈에 띄게 좋아졌다고 한다.

이 소년은 다행히도 공감력이 뛰어난 선생님을 만나 자신의 감정과 상황을 이해받고, 분노를 조절하는 데 적절한 도움을 받을 수 있었다. 자기조절력은 연습을 통해 배울 수 있다. 또한 자기조절력은 아이들의 공감력을 키워 줄 뿐만 아니라, 두뇌에도 영향을 미친다. 그렇지만 긍정적인 결과를 얻기 위해서는 이 소년처럼 부단히 노력해야만 한다.

여섯 번째

친절 습관화하기

"공감력이 뛰어난 아이는 친절하다"

빠르게 주위로 퍼져 나가는 작은 불꽃처럼, 친절 역시 주변으로 전염된다. 나는 1년에 걸쳐 한 그룹의 학생들 그리고 그들의 상담사와 함께 이야기를 나누며 이 같은 교훈을 얻었다. 그들의 목표는 학교 분위기를 더 친절하게 만드는 것이었다. 학생들은 간단한 친절을 규칙적으로 실천하는 것만으로도 사람들의 공감력이 커지고, 행동이 변화하며, 문화가 바뀌고, 삶이 달라진다는 사실을 증명했다. 이들은 누구라도 '친절 혁명'을 시작할 수 있다는 사실을 보여 주었다.

10월의 어느 날이었다. 델라웨어주의 밀포드 고등학교에 다니는 4명의 여학생들은 상담 교사 수 샤핀과 교사 카미 모건, 다이키리 빌라에게 고민을 털어놓았다.

"아이들은 요즘 학생들이 공감력이 떨어지는 것을 걱정했습니다. 왜 그렇게 잔인하게 구는지 이해할 수 없다고 했죠." 수 샤핀이 말했다. "우리 셋은 불쑥 내뱉었어요. '만약 이번 학년이 끝날 때까지 100만 개의 친절한 행동을 하면 우리가 머리를 빡빡 밀겠다'라고요. 아이들이 제안을 받아들이리라고 상상도 못하고 말이죠!"

세 교사의 즉흥적인 제안 덕분에 밀포드 고등학교에서는 약 1년간 '친절 운동'이 시작되었다. 이 4명의 여학생들은 친절 운동에 '100만 개의 친절한 행동을 하는 학생들(Students for a Million Acts of Kindness)'이라는 이름을 붙였다. 그리고 이들은 친구들과 교직원들이 자신들을 적극적으로 도와주리라고 확신했다.

운동이 시작되자, 아이들이 할 수 있는 친절한 행동에 대한 아이디어들이 학교 곳곳에 붙기 시작했다. 문 열어 주기, 칭찬하기, 웃어 주기, 학교 숙제 도와주기와 같이 단순한 행동부터 해변 청소 참여하기, 양로원 자원봉사하기, 재능 기부하기와 같이 시간이 오랜 시간이 걸리는 행동에 이르기까지 다양했다. 샤핀은 웹사이트를 만들어 아이들의 선행 하나하나를 기록했고, 그녀는 매주 커다란 세발자전거를 타고 그 주의 선행 기록을 적은 표지판을 들고 구내식당을 지나가며 기록을 발표했다. 그럴 때마다 아이들과 교사들 모두 유쾌해했다.

한 달 만에 표지판에는 1만 개의 친절한 행동이 기록되었고, 친절 운동은 더욱 널리 퍼져나갔다. 그러자 델라웨어주에 있는 학교들뿐 아니라 뉴저지주와 펜실베이니아주에 있는 학교들도 참여하고 싶어 했다.

12월이 되자 교사들은 변화를 피부로 느낄 수 있었다. 학생들은 더 친절해졌고 학교 분위기는 더 긍정적으로 변했다. 학생들은 친절하게 행동하라며 서로를 채근했다.

"어떤 아이가 부정적인 말을 하면 5명의 아이들이 개입을 해 그만두게 합니다." 샤핀이 말했다.

친절은 새로운 규범이 되어 가고 있었다. 학생들 역시 변화를 느꼈다.

"학교가 예전보다 더 행복해진 느낌이에요." 1학년 학생인 챠즈 슈미트가 말했다.

"아이들은 서로 친절하게 대하고 진심으로 잘해 주려고 열심히 노력하고 있어요." 3학년 학생인 한나 네첼이 말했다.

2월이 되자 친절은 더욱 강력하게 전염되기 시작했다.

"아이들은 다른 아이들이 친절하게 행동하는 것을 보고 친절에 전염되고 있습니다. 뿐만 아니라 친절을 또 다른 아이들에게 전염시키고 싶다는 동기를 품게 됐어요." 샤핀이 말했다.

그녀는 애정을 담아 학생들에게 'K세대'라는 별명을 붙여줬다. '친절(Kindness)'을 의미하는 'K'였다.

4월이 되자 표지판에는 '70만 개의 친절한 행동'이라고 적혀 있었다. 그 달 나는 25명의 학생들을 인터뷰하며 그들의 생각을 들었다.

"우리는 우리가 옳다고 믿는 일에 몰두하고 있어요." 한 아이가 말했다.

"아이들은 '100만 개의 친절한 행동하기'라는 목표를 이루기 위해 하나로 단결했고, 더 이상 다른 아이들을 괴롭히지 않아요." 또 다른 아이가 말했다.

5월이 되자 학생들은 자신들의 목표에 더 가까워졌다. 그들이 베푼 친절한 행동의 수는 이제 80만 개를 향해 달려가고 있었다. 약속한 기간까지 단 4주밖에 남지 않았지만 친절 운동의 열기는 식지 않았다. 3학년 학생인 네첼은 "아이들은 절대 도전을 포기하지 않을 거예요"라고 말했다.

"목표를 이루지 못할지도 몰라요. 하지만 절대 멈추지는 않을 거예요."

이제는 그 무엇도 아이들을 멈출 수 없었다.

그해의 마지막 주 강당에서 열린 학교 전체 조회 시간에서 친절 운동의 최종 기록이 발표되었다. 밀포드 고등학교의 학생들은 총 1,069,116개의 친절한 행동을 실천하는 데 성공했다. 계획보다 약 7만 개가 더 많은 숫자였다.

약속했던 대로, 3명의 여자 교사들은 머리를 밀었고 'K세대' 학생들과 지역 주민들은 일제히 환호성을 질렀다. 공감력이 뛰어난 4명의 10대 아이들은 '아름다운 세상을 위하여Pay It Forward'라는 문구가 단순히 유명한 영화 제목에 그치지 않는다는 사실을 증명했다. 선행을 나누는 일은 삶을 변화시키는 중요한 원칙이다.

친절을 실천하는 방법 배우기

밀포드 고등학교 학생들이 이루어 낸 성과는 정말 놀라웠다. 이들이 성공할 수 있었던 이유를 이해한다면 아이들이 친절한 행동을 더 많이 하도록 가르칠 수 있을 것이다. 다음은 3가지 주요 시사점이다.

1. 친절은 친절한 행동을 직접 보고, 듣고, 실천함으로써 강화된다. 밀포드 고등학교 학생들은 '친절하게 행동하라'라는 새로운 규범이 만들어진 후, 수많은 친절한 행동을 경험했다. 그러자 학생들은 모두 그 규범을 실천하고 싶어 했다.

2. 아이들은 베풀어야 하는 친절이 쉬울수록 더 적극적으로 실천한다. 밀포드 고등학교 학생들은 친절을 베푸는 데 많은 돈과 시간 혹은 특별한 재능을 필요로 하지 않는다는 사실을 증명했다.

3. 친절을 베풀게 하기 위해서는 아이들에게 충분한 기회를 제공하고 격려를 아끼지 말아야 한다.

밀포드 고등학교에서 진행된 친절 운동이 1년 내내 지속될 수 있었던 이유는 간단하다. 단순한 친절을 규칙적으로 반복했고, 이 행동을 보거나 경험한 다른 아이들이 따라 하고 싶어 했기 때문이다.

이 3가지 교훈은 가정, 학교, 공동체에서 친절 운동을 일으키는 데 도움을 줄 것이다.

친절하게 행동하는 것은 다른 사람들의 감정과 욕구에 관심을 기울이고, 다른 사람들을 더 신뢰하고, 자신의 입장에서 벗어나 다른 사람들을 이해하도록 돕는다. 그 결과 '나'보다 '우리'를 지향하게 된다. 각각의 친절한 행동은 아이들로 하여금 다른 사람들을 의식하고, 배려하고, 공감하고, 돕고, 위로하게 만든다. 또한 아이들은 친절을 실천할 때마다 공감력이 더 높아지고 더 친화적으로 행동하게 된다. 아이들이 공감력을 키우도록 돕는 일은 우리가 생각하는 것보다 훨씬 더 쉽다. 그저 아이들에게 미소를 짓고, 고개를 끄덕이고, 인사를 하고, 다른 사람을 위해 문을 잡아주라고 격려해 주면 된다. 이 작은 일들은 아이들이 다른 사람의 감정에 공감할 수 있는 시작점이 되어 줄 것이다. 그리스의 우화 작가인 이솝은 이렇게 말했다.

"모든 친절한 행동은 아무리 사소하다 할지라도 절대 쓸모없는 법이 없다."

우리가 해야 할 것은 아이들이 이 말을 반드시 마음에 새기도록 돕는 것이다.

친절하게 행동할수록 건강해지고, 자존감이 높아지고, 더 감사하게 되고, 심지어 더 행복해지는 반면 불안감은 줄어든다. 실제로 많은 연구가 작은 친절이 공감력을 활성화시킨다는 사실을 뒷받침한다. 이 책에서 공감력의 9가지 핵심 습관 중 하나가 친절인 이유도 그 때문이다. 이 책에서 소개하는 다른 습관들과 마찬가지로, 친절 또한 학습을 통해 익힐 수 있다. 구체적인 방법에 대해 알아보도록 하자.

친절을 베풀도록 하는 것은 왜 어려울까?

만약 모든 가정의 자녀양육에 한 가지 공통점이 있다면, 그것은 모든 부모가 자신의 아이를 지극히 사랑하고 아이가 꿈을 이루도록 돕기 위해서라면 무슨 일이든 하리라는 점일 것이다. 그렇지만 많은 부모들은 아이의 성취감을 높여 주는 일이 성공과 행복으로 향하는 유일한 길이라고 맹신하고 있다(이 같은 접근법은 근거가 없을뿐더러 심지어 역효과를 낳을 수 있다는 사실이 증명됐음에도 불구하고 말이다). 게다가 많은 부모들이 아이가 좋은 성적을 받는 것을 중요하게 생각해, 성품을 가꾸는 일은 뒤로 미루고 있다. 날이 갈수록 셀카증후군을 앓는 아이들의 수가 증가하고, 아이들의 공감력이 점점 하락하고, 우리가 과학 연구 결과를 따라 자녀교육방식을 바꿔야 할 필요성이 커지는 이유가 바로 이 때문이다.

북부 캘리포니아의 베이 에어리어(Bay Area) 지역에는 애플사, 구글사를 비롯한 세계 유수의 기업들이 모여 있다. 이 지역에 사는 사람들은 대부분 고학력자이며 그들의 자녀들은 많은 혜택을 누린다. 나는 이곳의 몇몇 학교에서 '극도로 경쟁적인 문화 속에서 스트레스를 덜 받고 다른 사람을 더 배려하는 아이로 키우려면 어떻게 해야 하는가'에 대해 강의한 적이 있다. 아이러니한 점은, 내가 배려와 친절 등 '성품'을 키워 주는 주제로 강의를 했음에도 불구하고, 이때 이야기를 나눈 모든 부모들이 아이의 '성취'에 지나치게 집중하고 있었다는 사실이다. 아이의 공감력, 친절함, 성품은 뒤로 제쳐 둔 채로 말이다. 이때 상담을 나눈 많은 교장 선생님들은 부모들이 지나치게 성취를 강조하고 있으며, 이것이 아이들에게 미칠 영향에 대해 하나같이 염려했다.

그중 한 학교의 교장 선생님은, 아이가 높은 성적을 받는 것이 부모의 칭찬을 들을 거의 유일한 방법이라는 데 문제의식을 가지고 있었다. 그녀는 이러한 상황을 바꿔 보자고 결심했다. 다가올 조회 시간에서 뛰어난 성적을 받은 학생들만이 아니라 친절한 행동을 베푼 학생들을 발표해 상을 주기로 한 것이다. 조회 날, 각 아이들은 호명돼 무대로 나가 친절한 행동을 한 것에 대해 칭찬을 받았다.

"대니는 억울한 상황에 놓인 친구를 변호했습니다."

"사라는 켈리에게 빨리 건강을 회복하라고 매일 밤 전화를 걸었어요."

"조슈아는 반 친구와 점심을 나눠 먹었습니다."

교장 선생님과 교사들은 학생들의 성품을 강조하면 학생들에게 정확한 메시지를 줄 수 있을 것이라고 생각했다. 하지만 화가 잔뜩 난 학부모들의 전화가 쏟아질 것이라고는 예상치 못했다.

"제 아들은 '친절상'을 받지 못해서 엄청나게 충격을 받았어요."

"아이는 좋은 성적을 받기 위해 열심히 노력했어요. 이제 와서 기준을 바꾸는 것은 불공평해요!"

"친절한 게 좋은 성과를 얻는 것과 무슨 관계가 있죠?"

"학교는 아이가 성공하도록 준비시키는 곳이에요. 친절한 사람이 되도록 하는 곳이 아니라요!"

심지어 이런 말을 하는 학부모도 있었다.

"상을 준다고 미리 알려 줬더라면 딸아이에게 친절하게 행동하라고 가르쳤을 텐데요!"

부모들의 이 같은 생각은 비단 베이 에어리어 지역에만 국한되지 않는다. 친절한 행동은 미국 전역에서 점점 설 곳을 잃고 있으며, 이는 자료를 통해 이미 증명되었다.

하버드의 연구 결과

하버드 교육대학원은 미국 전역의 중·고등학생 1만여 명을 대상으로 그들이 어떤 가치를 가장 중요하게 여기는지에 관한 설문 조사를 실시했다. 결과는 염려스러웠다. 학생들 중 80퍼센트가 '큰 성취'가 가장 중요하다고 답했고, 부모가 자신에게 기대하는 것은 '성공'이라고 말했다. '다른 사람에 대한 배려'가 가장 중요하다고 답한 비율은 단 20퍼센트에 불과했다. 또한 배려가 별로 중요하지 않다고 답한 학생들은 대체적으로 공감력이 낮은 경향이 있었다.

10대 아이들 5명 중 4명은 부모가 배려보다 성과를 더 중요하게 생각한다고 응답했다. 또한 "부모님은 내가 학급이나 학교에서 배려심이 많은 학생으로 여겨지는 것보다 우등생으로 여겨지는 것을 더 자랑스러워한다"라는 항목에 '그렇다'라고 응답한 학생들이 그렇지 않은 학생들에 비해 3배 더 많았다.

핵심은 분명했다. '요즘 아이들은 배려나 친절을 베푸는 것보다 성과를 내는 것을 중요하게 생각한다'라는 것이었다. 부모 역시 본인들과 같을 것이라고 생각하기 때문이다. 회의실 안에 있는 모든 어른들은 일제히 충격을 받았다. 어리둥절해 하는 부모도 있었다. 설문 조사를 받은 학부모 중 96퍼센트는 아이를 배려심이 많은 사람으로 키우고 싶다고 말했고 도덕적 정체성을 발달시키는 일이 '아주 중요하지는 않다 하더라도 꽤 중요하다고 생각한다'고 말했기 때문이었다. 그렇지만 부모들의 생각이 그럴지는 몰라도 '친절하게 행동하라!'는 메시지는 아이들에게 제대로 전달되고 있지 않다는 것은 사실이었다. 아이들의 대답은 이러한 부조화를 잘 보여 준다.

"아빠는 늘 '친절'이 중요하다고 말하지만, 실제로는 제가 무슨 수를 써서라도 다른 사람들을 이기기를 원하죠."

"엄마는 제게 친절하게 행동해야 한다고 말해요. 하지만 제가 '이달의 시민상'을 받았을 때보다 우등생 명단에 들었을 때 훨씬 더 기뻐했어요."

자녀교육방식은 시대에 따라 변할지도 모르지만, 절대 변하지 않는 한 가지 원칙이 있다. 아이들은 '위선'을 알아차리는 데 명수라는 사실이다. 특히 그 상대가 부모일 때는 더욱 그러하다. 우리는 경각심을 가져야 한다. 아이들이 친절하고, 다른 사람들을 배려하는 사람으로 자라기를 원한다면 아이들에게 거는 기대를 훨씬 더 명확히 해야 한다. 친절이 아이들에게 어떻게 도움이 되고 아이들의 성공과 행복에 어떤 장점을 가져다주는지를 이해한다면 당장 자녀교육방식을 바꿔야겠다는 생각이 들 것이다.

과학이 말하는 것: 친절이 아이들에게 주는 이점

휴스턴 초등학교의 6학년 학생들은 유치원 아이들을 위해 며칠 동안 깜짝 파티를 준비했다. 이 학생들은 유치원 아이들의 읽기 공부와 쓰기 공부를 도와주고 있었다. 그러던 중, 크리스마스가 다가오자 작은 친구들을 위해 특별한 무언가를 해 주고 싶다는 데 생각이 미친 6학년 학생들은 유치원 선생님에게 유치원 아이들이 산타클로스에게 편지를 쓰게 해 달라고 부탁했다. 그런 다음 자신들이 산타클로스인 척하며 답장을 썼다. 그리고는 구내식당 직원들에게 부탁해 편지를 냉장고 안에 넣어 두었다. 북극에서 바로 배달 온 것처럼 보이기 위해서였다.

이틀 후, 6학년 학생들은 교장선생님이 유치원생들에게 서리로 덮인 편지봉투를 건네는 모습을 지켜봤다. 작은 친구들은 잔뜩 신이 나서 환호성을 질렀다.

"정말로 산타 할아버지한테서 편지가 왔어!"

"내 편지엔 산타 할아버지네 집에 있는 눈이 묻어 있어!"

그런데 가장 큰 호응을 보인 것은 뜻밖에도 6학년 학생들이었다. 이들은 열광했다.

"우리가 아이들을 놀라게 했어!"

"애들이 엄청나게 행복해하고 있어."

"다음번엔 뭘 할까?"

친절을 베푼 학생들은 친절을 받은 어린 아이들보다 더 기뻐서 어쩔 줄 몰라 했다. 밀포드 고등학교의 학생들이 그랬던 것처럼, 휴스턴 초등학교의 6학년 아이들은 친절의 중독성에 사로잡혔고 다른 사람을 위해 무언가를 하는 것의 즐거움을 알게 됐다. 친절은 부메랑과 같다. 친절을 베풀라. 그러면 그 친절은 나에게 다시 돌아올 것이다.

아이가 이기적이지 않기를 바라는가? 그렇다면 친절을 베풀게 하라

앞서 친절에는 전염성이 있다고 이야기했다. 여기 그 증거가 있다. 샌디에이고 캘리포니아 주립 대학교의 교수 제임스 파울러와 하버드 대학교의 교수 니콜라스 크리스타키스는 사회친화적인 행동이 개인에서 개인으로 퍼져 나간다는 사실을 증명하는 증거를 최초로 발견했다. 그렇다면 친절한 행동은 왜 전염이 되는 걸까? 사람들은 다른 사람의 친절하거나 이타적인 행동으로 인해 혜택을 받으면 관련되지 않은 다른 사람들을 도움으로써 선행을 나누기 때문이다. 예를 들어 보자. 처음에 1명이 베푼 친절한 행동이 3명에게 퍼진다. 그런 다음 친절한 행동은 이 3명이 관계를 맺고 있는 9명에게 퍼지고 그 다음에는 훨씬 더 많은 사람들에게로 퍼진다. 결론을 말하자면, 한 네트워크 안에 있는 한 사람은 수십 명 혹은 심지어 수백 명의 사람들에게 영향을 미칠 수 있다. 심지어 이들 중 어떤 사람들은 서로 알지도 못함에도 불구하고 말이다. 이것이 바로 친절의 연쇄효과이다.

친절 운동에 참여하면 아이의 성격이 바뀌고 아이는 지속적인 영향을 받는다. "아이들은 예전의 이기적인 자신으로 돌아가지 못합니다"라고 파울러는 설명한다. 친절을 실천하면 공감력을 키우고 셀카증후군을 극복할 수 있다! 밀포드 고등학교의 학생들과 휴스턴 초등학교의 6학년 학생들에게 일어난 일이 바로 이것이었다. 친절한 행동을 하면서 아이들은 성격이 바뀌었고 다른 사람들에게 더 관심을 기울이게 되었다. 밀포드 고등학교를 다니는 몇몇 학생들이 말했다.

"친절을 베푸는 일에 열정이 생겼어요."

아이가 더 행복하기를 바라는가? 친절을 베풀게 하라

물론 부모들은 자신의 아이가 성공하기를 바란다. 그렇지만 그만큼 아이가 행복하기를 바라기도 한다. '행복한 아이로 키우는 법'이라는 키워드가 구글에서 약 4천6백만 번 검색됐을 정도로 요즘 들어 많은 부모들이 이에 대한 답을 찾고 있다. 그럴 만도 하다. 부모들 중 3분의 2 이상이 아이의 행복에 대해 '극도로 염려하고 있다'고 이야기한다. 하지만 이들은 아이의 행복 지수를 높이려 잘못된 자료에 기대고 있는지도 모른다. 아이가 친절을 실천하도록 도우면 아이의 공감력이 높아질 뿐 아니라 아이가 느끼는 행복감의 수준도 높아진다. 이 사실은 이미 실험에 의해 증명되었다.

캘리포니아 리버사이드 대학교 심리학과의 교수 소냐 류보머스키는 무엇이 친절과 행복감을 극대화시키는지 알아내기 위해 일련의 획기적인 연구를 진행했다. 우선 두 그룹의 학생들에게 친절한 행동을 6주간 매주 실천하라고 했다. 단순한 행동부터 상당히 진지한 행동까지 어떤 행동이라도 상관없었다. 노숙자에게 햄버거 사 주기, 동생이 숙제하는 것 도와주기, 선생님에게 감사 편지 쓰기, 양로원 방문하기, 누군가가 부탁한 심부름하기 등 어떤 것이라도 괜찮았다. 한 그룹은 일주일 중 아무 때라도 5개의 친절한 행동을 하면 되었던 반면 다른 그룹은 정해진 날에 5개의 친절한 행동을 해야 했다. 그런 다음, 6주 동안 두 그룹은 일주일에 한 번씩 자신의 친절한 행동을 설명하는 보고서를 제출했다. 류보머스키 교수는 결과를 보고 깜짝 놀랐다. 6주간의 연구가 끝났을 때, 정해진 하루에 5개의 친절한 행동을 모두 한 그룹의 행복감이 가장 크게 증진됐다. 친절하게 행동하는 일이 연구 참여자들을 더 행복하게 만든 가장 큰 이유는 "도움을 받은 사람이 자신이 베푼 친절한 행동을 얼마나 고마워하는지 알 수 있기 때문"이라고 류보머스키는 설명한다.

"이들은 자신이 도운 사람들이 고마워하는 것을 느꼈습니다."

류보머스키의 가장 중요한 발견은 행복에 관한 것이 아니었다. 친절함을 실천하는 습관은 아이의 자아상과 행동을 변화시킨다. "우리는 친절한 행동을 할 때 자기 자신을 이타적이고 다른 사람을 배려하는 사람으로 보기 시작합니다"라고 류보머스키는 말한다. 이 발견은 오래된 심리학 명제와 부합한다.

"일반적으로 자신이 행하는 행동은 자신의 자아상과 일치한다."

만약 어떤 아이가 자기 자신이 친절하다고 여기면 그 아이는 친절하게 행동할 가능성이 높다는 것이다.

아이가 인기 있기를 바라는가? 친절을 베풀게 하라

브리티시 컬럼비아 대학교와 캘리포니아 리버사이드 대학교의 연구자들은 뜻밖의 연구 결과를 얻었다. 친절한 행동을 하면 행복감이 높아지고 동시에 많은 친구들도 생긴다는 것이었다. 다음과 같이 말이다.

캐나다 밴쿠버의 한 학교에서 9~11세 아동 수백 명을 대상으로 4주간 실험을 했다. 먼저 학생들을 무작위로 두 그룹으로 나눈 다음, 한 그룹은 일주일에 친절한 행동을 세 번 실천하도록 했다. 가령 친구와 점심을 나눠먹는다든지, 집안 청소를 한다든지, 엄마가 기분이 안 좋아 보일 때 안아 준다든지 하는 일이었다. 또 다른 그룹은 일주일에 세 번 유원지, 야구장, 할머니 댁같이 기분을 전환할 만한 장소들을 방문했다. 그런 다음 두 그룹은 설문 조사지에 자신들의 행동들을 낱낱이 기록했다.

연구자들은 실험이 끝날 때가 되자 학생들을 다시 테스트했다. 결과는 예상한 그대로였다. 모든 아이들은 실험 전보다 더 행복해졌다. 그렇지만 뜻밖의 결과가 하나 있었다. 친절한 행동을 실천한 학생들은 한 달의 실험 기간 동안 많은 친구들이 생겼다. 기분을 전환하는 장소에 방문한 아이들보다 친절한 행동을 한 아이들과 '함께 학교 활동에 참여하거나 시간을 보내고 싶다'고 말한 학생들이 많았던 것이다.

친절을 베풀면 인기도 많아진다. 아이들은 마음씨가 고운 친구와 노는 것을 좋아하기 마련이다.

아이가 더 친절하기를 바라는가? 친절을 베풀게 하라

과학 연구에서는 친절을 베푸는 아이는 사회친화적인 모습을 더 많이 보일 뿐만 아니라 행복감, 자존감, 감사함, 인기, 건강, 회복탄력성 등이 높아진다고 이야기한다. 하지만 가장 중요한 것은 따로 있다. 친절을 베풀 때, 아이들은 나눔의 즐거움을 알게 되고, 다른 사람들이 표현한 고마움에 자신을 더욱 이타적인 사람으로 여기게 되고, 다른 사람의 입장에서 생각할 수 있게 된다. 그럼으로써 마침내 아이는 공감력을 얻게 된다.

아이들이 더 많은 친절을 베풀게 하려면 어떻게 해야 할까?

단순하지만 약 50만 명이 넘는 부모들을 당황하게 만든 질문이 있다. 나는 이 질문을 '가족 모임 테스트'라고 부른다. 그리고는 내 강의를 듣는 모든 부모들에게 늘 이 질문을 던지곤 한다. 당신은 어떨지 생각해 보길 바란다.

지금으로부터 25년이 흘러 성인이 된 자녀들이 가족 모임에서 자신의 어린 시절에 대해 이야기 나누는 것을 우연히 듣게 됐다고 상상해 보라. 그들은 당신을 어떻게 이야기하고 있는가? 그리고 어린 시절 당신이 말해 준 '가장 중요한 메시지'는 무엇으로 기억하고 있는가?

어디에서 이 질문을 던지든 항상 같은 반응이 나온다. 부모들은 커다란 충격을 받고 강한 죄책감을 느껴, 그들 사이에는 침묵만이 흐른다. 부모들은 자신이 성과만을 강조하고 아이에게 '성취가 가장 중요하다'는 메시지만 주고 있다는 사실을 갑작스레 깨닫는다.

한 가지 위로가 되는 사실이 있다면, 어느 곳에서나 부모들의 반응이 똑같다는 것이다. 우리 모두는 성적, 순위, 점수가 성공을 위한 최종 기준인, '시험 만능'의 경쟁적인 세상에 살고 있다. 그렇기 때문에 아이들의 스케줄은 과외 수업, 복습, 숙제, 경시 대회 등으로 꽉 차 있다. 뿐만 아니라 아이에게 명문대 간판을 달아 주기 위한 바이올린 수업, 축구 연습, 토론 동아리 등이 뒤를 잇는다. 부모가 아이에게 매일 던지는 질문은 항상 거의 비슷하다. "뭐 배웠니?", "몇 점 받았니?"와 같은 질문들이다. "오늘 누군가를 위해 어떤 친절한 일을 했니?" 혹은 "새로 전학 온 아이가 어떤 기분일 것 같니?" 같이 친절과 공감에 대한 질문은 찾아보기 힘들다. 이러한 주제는 아이의 인생을 위한 우선순위에 맞지 않다고 생각하기 때문이다.

변명처럼 들릴 수 있을지 모르지만, 부모의 삶 또한 바쁘고 힘들다. 아이가 자신에게서 어떤 모습을 볼지 생각해 볼 틈도 없이 정해진 스케줄에 따라 모든 일을 해내는 것만으로도 이미 충분히 벅찬 상태이다. 그렇지만 그런 와중에도 아이는 부모가 매순간 보이는 행동을 본보기로 삼아 친절과 배려의 가치를 배우거나 무시하게 된다.

아이는 부모를 항상 지켜보고 있고, 따라하고 있다. 여러 연구에서 아이들은 어른들이 보이는 행동을 모방한다는 사실을 밝혔다. 이타적인 부모 아래에서 자란 아이는 그들의 배려심과 친절을 배운다. 이처럼 부모는 아이의 성품을 함양하는 데 있어서 가장 중요한 역할을 한다.

친절은 아이들에게 가장 쉽게 키워줄 수 있는 습관 중 하나이다.

아이에게 이 6번째 핵심습관을 키워 주는 데 필요한 것은 교과서, 문제집, 많은 비용을 들이는 과외 활동 등이 아니다. 가족의 일상생활과 부모의 행동에 친절이 자연스럽게 배게 함으로써 이를 아이가 보고, 따라하고, 배우게 하는 것이다. 다음은 바쁜 일상 속에서 친절을 베풀 수 있는 방법들이다.

1. 몸소 친절을 보여라

아이가 당신이 친절을 베푸는 모습을 볼 수 있는 기회를 찾아보라. 기회는 얼마든지 있다. 버스나 전철에서 노인에게 자리를 양보하거나, 기분이 안 좋은 친구에게 전화를 거는 일 등 말이다. 그런 다음 그렇게 행동함으로써 얼마나 기분이 좋은지 아이에게 말해 주어라. 친절을 베풀면 어떤 기분이 드는지 더 많이 보고 더 많이 경험할수록 아이는 친절을 내면화하기 쉬워질 것이다.

2. 친절을 기대하라

어떠한 불친절한 행동을 마주했을 때, 그것에 대한 자신의 생각을 표현하고 그렇게 생각하는 이유를 설명하는 부모 아래에서 자란 아이는 부모의 그러한 생각을 자연스레 받아들인다. 그러므로 아이에게 당신이 생각하는 바를 반복해서 분명하게 설명하라.

"불친절함은 잘못된 행동이야. 다른 사람에게 상처를 주기 때문에 절대로 용납할 수 없어."

그러면 당신이 아이에게 기대하는 행동의 기준이 세워지고, 아이는 당신이 중시하는 가치를 확실하게 알 수 있다.

3. 친절을 중시하라

능력 중심의 사회에서는 성과와 성취만을 강조하기 쉽다. 주기적으로 자신이 하는 말을 점검하라. 당신의 메시지 중, 성과와 성취는 어느 정도 비율로 다루어지고 있는가? 친절과 배려는? 아이에게 보내는 메시지에 균형이 잡혀 있지 않다면, 친절을 조금 더 강조하고 성과를 조금 덜 강조하는 방향으로 이야기할 수 있도록 노력하라.

4. 친절에 대해 성찰하라

하버드 대학교의 연구진은 아이의 생각, 감정, 경험을 끌어낼 수 있는 질문들을 더 많이 던지라고 제안한다. "오늘 뭐 배웠니?"라고만 묻는 대신 "오늘 한 일 중 기분 좋았던 일이 뭐니?", "누군가 네게 어떤 좋은 일을 해 줬니? 너는 어떤 친절한 일을 했니?"라고 깊게 물어보라. 아이에게 건네는 질문이 아주 조금 바뀐 것뿐이지만, 아이들은 친절을 베푼 일이 있었는지 진지하게 생각해 보고, 친절에 대해 깊이 고민해 보기 시작할 것이다.

5. 친절에 대해 설명하라

친절이 다른 사람에게 어떻게 도움이 되는지 구체적으로 설명하는 방법 또한 매우 효과적이다. 그러므로 자연스럽게 발생하는 친절한 행동들을 찾아서 이 행동들이 상대방에게 어떠한 영향을 미치는지를 설명하라.

1단계: 친절한 행동을 받게 될 상대가 누구인지 이야기하라.

2단계: 그런 다음, 친절한 행동을 베풀라.

3단계: 그 행동이 상대방에게 어떠한 영향을 미쳤는지를 알려 주라.

그런 다음 이 3단계를 적용할 방법을 찾아보라. 딸아이가 친구가 바닥에 쏟은 과제물을 정리하는 걸 도와줬다고 가정해 보자.

"사라, 지미를 도와 과제물을 같이 정리해 주다니 참 친절하구나. 지미는 기분이 안 좋았을 텐데, 네 덕분에 나아졌을 거야."

혹은 아들이 동생을 놀리는 아이들에게 그만두라고 말했다고 가정해 보자.

"케빈, 너는 동생이 기분이 안 좋다는 걸 알고 동생을 놀리는 아이들을 말려 줬어. 동생이 얼마나 안심해하는지 봤니? 참 친절하구나."

이제 다시 앞에서 말했던 가족 모임 테스트로 돌아가 보자. 당신의 아이가 지난 주 혹은 오늘 하루 동안 당신이 한 행동을 어떻게 이야기할 것이라고 생각하는가? 그 이야기에 친절한 행동이 포함되어 있는가? 기억하라. 아이들은 항상 우리를 보고 있다.

공감력 강화하기: 두 번의 친절 규칙

친절함이 DNA에 의해 미리 결정되는 자질이라고 생각하지 말기 바란다. 친절한 성품은 근육에 가깝다. 연습을 하면 할수록 독서, 테니스, 첼로, 발레 등의 실력이 좋아지는 것과 마찬가지로 아이의 공감력도 연습을 통해 강화된다. 친절근육을 강화하는 일은 그리 어렵지 않다. 그렇지만 몸에 좋은 모든 운동들이 그러하듯이 진정한 변화를 일으키기 위해서는 규칙적으로 행하는 것이 가장 중요하다.

아이가 친절을 베풀도록 도울 수 있는 쉬운 방법 중 하나는 '두 번의 친절 규칙'을 이용하는 것이다. 바로 '매일 사람들에게 최소한 두 번, 친절한 말이나 행동을 하는' 규칙이다. 공감력을 키우기 위해서는 행동이 진심에서 우러나와야 하고, 서로 마주 봐야 하며(친절을 베푸는 사람이 상대방의 반응을 볼 수 있도록 최소한 시작할 때는 그래야 한다), 행위의 대가를 기대하지 않아야 한다. 아이에게 하루에 두 번, 간단하면서도 친절한 행동을 하라고 격려하라. 그런 다음 친절을 베푸는 일이 일상이 되도록 하라. 이 규칙은 나중에 '일주일에 한 번 큰 친절을 베풀기'나 '특정 요일에 세 가지의 친절한 행동을 하기' 식으로 응용할 수도 있을 것이다. 다음은 가정에서 친절을 베풀 수 있는 5가지의 간단한 방법들이다.

1. 친절을 정의하라

당신의 아이가 친절이 무엇을 의미하고, 왜 중요한지를 이해하고 있는지 확인하라. 가령 아이에게 이렇게 말할 수도 있을 것이다.

"친절은 다른 사람들에게 마음을 쓰는 거야. 친절한 사람들은 다른 사람의 감정을 배려하지만 그 대가를 기대하지 않아. 그들은 다만 누군가의 삶이 더 나아지도록 돕고 싶기 때문에 그들에게 친절하게 대하는 거야. 나는 네가 친절하게 행동하기를 바란단다. 반복해서 행동하면 더 친절해질 수 있어. 두 번의 친절 규칙을 이용해서 하루에 두 가지의 친절한 말이나 행동을 하면 너는 친절근육을 키울 수 있을 거야."

2. 가능성을 만들라

친절을 베풀 수 있는 방법을 많이 알수록, 아이들은 더 많은 친절을 베풀게 될 것이다. 그러므로 아이들이 친절을 베풀 수 있는 간단한 방법에는 어떤 것이 있는지 함께 궁리해 보자. 냉장고에 포스트잇을 붙이거나 컴퓨터의 바탕화면에 메모를 적어 두고, 계속해서 아이템을 추가해, 아이들이 친절을 베풀 수 있는 가능성에 대해 상기할 수 있도록 해 보자.

- 누군가를 위해 문 열어 주기
- 남동생이나 여동생의 숙제를 돕기
- 한 달 동안 매일 다른 사람 칭찬하기
- 나이가 많거나 몸이 불편한 이웃을 위해 눈이나 낙엽을 치우기
- 외로워 보이는 누군가에게 함께 밥을 먹거나 같이 놀자고 물어보기

3. 신선한 방법을 찾으라

아이가 친절한 성품을 기르는 데 도움이 되는 '신선한' 방법을 찾아라. 기존에 알고 있는 방법이 아닌 새로운 방법 말이다. 가령, 특별한 누군가를 즉흥적으로 찾아가는 건 어떤가? 꽃다발을 만들어서 이모에게 갖다 주는 건 어떤가? 선생님에게 감사하다는 뜻으로 그림을 그려서 선물하는 건 어떤가?

4. 아이만의 방식을 만들도록 하라

부모의 반복되는 잔소리만큼 아이들을 질리게 만드는 것도 없다. 아이만의 방식으로 친절 규칙을 기억할 수 있도록 하자. 가령, 방문에 메모를 붙인다든지, 휴대 전화에 알람을 설정한다든지 하는 방법으로 말이다.

5. 반복하라

아이가 규칙적이고 반복적으로 친절을 베풀 수 있도록 도와라. 아이에게 습관이 만들어질 때까지 말이다.

아이가 친절을 실천하는 습관을 들이도록 돕는 방법

1. 말한 것을 실천하라

아이들이 친절함을 가장 잘 배울 때는 보고 따라 할 누군가가 있을 때다. 그러므로 당신은 더 의도적으로 친절을 실천하라. 그리고 주기적으로 자기 자신에게 "아이들에게 친절이 가치 있다는 것을 알려 주기 위해 나는 무엇을 했지?" 혹은 "아이는 나를 보고 무엇을 배웠을까?" 등을 물어보며 스스로를 점검하라.

2. 모범을 보이는 어른을 아이 주변에 두라

부모 이외에 아이의 삶에 함께하는 어른들을 살펴보자. 선생님, 베이비시터, 친척, 주변의 다른 부모들 등이다. 그들이 아이가 친절한 태도를 함양하도록 하는 데 도움이 되는가? 조금 더 기준을 까다롭게 잡을 필요가 있다.

3. 친절한 행동이 미치는 영향을 알려 주라

다른 사람을 도울 수 있는 기회가 주어진 아이들은 그렇지 않은 아이들보다 기꺼이 도우려 하는 경향이 짙었다. 특히 자신의 친절한 행동이 상대방에게 어떤 영향을 미치는지 설명해 주면 더욱 그렇다. 그러므로 아이에게, 아이가 베푸는 친절한 행동이 상대방에게 미칠 영향을 설명해 주어라.

"네가 전화를 걸어서 감사하다고 말씀드리자 할머니가 무척 행복해하셨어."

"네가 장난감을 함께 가지고 노니까 사라가 웃는 거 봤니?"

4. 적절한 질문을 던지라

적절한 질문은 아이가 친절이 다른 사람들뿐만 아니라 스스로에게도 영향을 준다는 것을 알아차리도록 한다. 저녁 식사 시간이나 잠자리에 들기 전, 규칙적으로 아이가 친절에 대해 생각해 보게 하라. 다음과 같은 질문을 던질 수 있다.

"네가 친절을 베풀었을 때 그 사람이 어떻게 느꼈을 것 같니?"

"네가 그 사람이라면 어떻게 느꼈을 것 같니?"

"그 사람에게 친절을 베풀 때 네 기분은 어땠니?"

"그 사람도 너처럼 다른 사람에게 친절을 베풀 것 같니?"

연령별 접근법

어느 주말 제시카와 마크 부부는 세 아이들이 서로 '내 꺼야!'라고 우기며 옥신각신하고 있는 장면을 보았다. 이들은 말했다.

"아이들에게 주는 것이 받는 것만큼 재미있다는 사실을 가르쳐 주고 싶었어요."

그래서 이들은 '비밀 친절 친구'라는 새로운 규칙을 시행하기로 결정했다. 규칙은 다음과 같았다. 엄마와 아빠를 포함하여 가족 모두는 각자 바구니에서 이름을 뽑은 다음 하누카(*Hanukkah, 11월이나 12월에 8일간 진행되는 유대교 축제) 기간 동안 매일 그 사람이 알지 못하도록 친절을 베푼다. 단, 이때 돈을 사용해서는 안 되며, 마음에서 우러나온 행동이어야만 한다.

아이들은 머뭇거리는 듯하더니, 한 번 '비밀 친절'을 베풀고 나자 이내 적극적으로 행동하기 시작했다. 아이들은 쿠키를 굽고, 꽃다발을 만들고, 고장 난 장난감을 고쳐 주고, 서로의 방을 청소하고, 심지어 아직 침대에 누워 있는 엄마에게 아침 식사를 가져다줬다.

"아이들은 서로를 놀라게 하고 반응을 살피느라 정신이 없었죠." 제시카는 말했다. "가장 좋은 점은 아이들이 '베푸는 즐거움'을 배웠다는 거예요."

자신의 아이가 친절, 배려, 베풂에 더 관심을 기울이기를 바라는 것은 비단 제시카와 마크만이 아닐 것이다. 다음은 가정이나 학교 혹은 지역 공동체에서 '친절 운동'을 시작할 수 있는 방법들이다. 이 활동은 반드시 재미있고, 다양하고, 지속적이어야 한다. 또한 친절을 베푼 사람과 받은 사람이 어떠한 영향을 받았는지에 대해 이야기 나누는 것을 잊지 말라. 그렇게 하면 아이의 친절한 성품은 강화될 것이고, 아이는 다른 사람에 대해 더 많이 생각하는 반면 자신에 대해서 더 적게 생각할 것이다. 그럼으로써 공감력은 높아질 것이다.

> **알파벳은 추천 연령과 활동 적합 연령을 가리킨다.**
> Ⓛ=Little Ones(어린아이), Ⓢ=School Age(만 6~12세 사이의 초등학생),
> Ⓣ=Tweens and Olders(10대 초반과 그 위의 아이), Ⓐ=All Ages(모든 연령)

• 친절 항아리 Ⓛ, Ⓢ

펜실베이니아 쉬플리스쿨에 재직 중인 교사 우샤 밸러모어는 4~5세 학생들이 친절을 베풀도록 도울 수 있는 방법을 고민하다가 '친절 항아리'를 만들었다. 친절한 행동을 한 번 할 때마다 항아리에 동전 하나씩 넣는다. 단, 친절을 베푼 사람이 아니라 친절을 받은 사람을 위해 넣는다. 친절을 받은 사람은 친절을 베푼 사람의 이름과 선행을 보고한다.

"래리가 제 담요를 접어 줬어요."

"제가 넘어졌을 때 켈리가 안아줬어요."

그러면 어른이 동전 하나를 항아리에 넣는다. 친절을 받은 사람에게 초점을 맞추면 친절을 베푼 사람은 으스대거나 보상을 바라지 않게 된다. 항아리가 가득 차면 아이들은 돈을 어디 기부할지 결정한다. 작년에는 우간다에 있는 고아원에 기부하기로 결정했다. 한 아이는 "우리는 세상을 더 나은 곳으로 만들고 있어요"라며 자랑스럽게 말했다. 당신과 아이도 친절 항아리를 만들어 보는 것은 어떨까?

• 친절 꽃병 Ⓛ, Ⓢ

아이에게 다른 사람을 위해 어떤 친절한 행동을 할 수 있는지 생각해 보라고 하라. 그런 다음 색종이를 잘라서 약 7센티미터 너비의 조각을 15~25개 정도 만들게 하라. 이는 다양한 모양일 수 있다. 밸런타인데이에는 하트 모양으로, 할로윈에는 호박 모양으로 잘라도 좋다. 각 조각에는 친절한 행동을 적은 후 반짝이, 스티커, 펜 등으로 장식하라. 그런 다음 뒷면에 빨대를 테이프로 붙인 후 꽃병에 꽂아라. 가족들과 함께 매일 아침 꽃병에서 친절한 행동을 뽑은 다음, 누군가를 위해 친절을 베풀라. 그러고 나서 저녁 식사 시간에 그날 하루 친절을 베푼 경험을 공유하면 어떨까?

• 규칙적으로 친절 베풀기 Ⓐ

캘리포니아주 프레즈노 지역에 있는 스타 초등학교의 교사 마킨 파사키언과 1학년 학생들은 '친절 서약'을 외치면서 하루를 시작한다.

"나는 오늘 모든 면에서 친절하게 행동하도록 노력할 것을 약속합니다."

이 학생들은 매달 10개의, 작지만 친절한 행동을 하고(엄마를 안아 주거나 동생에게 책을 읽어 주는 것 같은) 그것을 자신의 공책에 기록한다. 또한 매주 자발적으로 친절을 베푼다. 가령 분필로 운동장에 친절한 메시지를 적는다든지, 친절한 말이 적힌 책갈피를 만들어서 도서관 책에 숨겨 놓은 후 다른 학생들에게 깜짝 선물을 한다든지 하는 것이다. 이 아이들은 모두 친절을 베풀고 싶어 안달이다. 마킨 파사키언의 사례를 잘 이용해서 아이가 친절을 규칙적으로 실천할 수 있는 재미있는 방법을 찾아보라. 가족끼리 친절 서약을 만들어도 좋다.

• 양동이 채우기 Ⓛ, Ⓢ

캐롤 맥클라우드가 쓴 『날마다 행복해지는 이야기Have You Filled a Bucket Today?』는 인상적인 메시지가 담긴 훌륭한 어린이책이다. 내용은 다음과 같다. 모든 사람은 눈에 보이지 않는 양동이를 가지고 다니면서 좋은 생각과 좋은 감정을 담는다. 양동이가 꽉 차면 행복하다. 양동이가 텅 비면 슬프다. 모든 사람은 친절을 실천함으로써 '누군가의 양동이를 채워 주는 사람'이 될 수 있다. 많은 학교들이 이 책을 이용해서 이 메시지를 가르치고 있다. 실제 양동이가 아닌, 작은 플라스틱 양동이나 저렴한 컵을 이용해도 좋다. 혹은 각 학생이 양동이 모양으로 종이를 잘라 자신의 양동이를 만들고 학급 친구들이 메모를 써서 그 양동이를 채워 주는 방법도 있다.

• 적절한 분야 선택하기 Ⓐ

아이가 관심을 보이는 분야에서 친절을 베풀게 하라. 한 소년의 예를 들어 보자. 이 소년의 엄마는 암과의 사투에서 살아남았다. 이를 계기로 암환자들에게 관심을 갖게 된 소년은 자신의 축구팀 아이들을 설득하여 지역 아동병원에 입원해 있는 어린이 암환자들에게 매일 안부 이메일을 보냈다. 이메일을 받은 어린 환자들도 무척이나 좋아했지만 이메일을 보낸 아이들 또한 큰 기쁨을 얻었다.

👤 친절을 길러 주기 위해 알아야 할 5가지

1. 친절은 전염된다. 일단 불을 붙이기만 하면 빠르게 불꽃이 확산되는 것처럼 말이다.

2. 친절을 더 많이 보고 듣고 실천할수록 습관처럼 친절을 베풀 가능성이 더 높다.

3. 친절은 근육과 마찬가지로 단련할 수 있다. 그렇지만 친절이 습관이 되기 위해서는 규칙적으로 행해야 한다.

4. 친절한 행동은 의미 있고 다채로워야 좋은 결과를 낳는다.

5. 아이들은 서로 위로하고, 돕고, 보살피고, 공유하고, 협동하면서 친절을 배운다. 수업을 듣거나, 교과서를 보는 것처럼 추상적으로 가르치는 것이 아니라 직접적인 행동으로 가르쳐야 한다.

❤️ 마지막 1가지

친절은 실천을 통해 강화된다. 많은 돈이나 시간이 드는 것도 아니고, 특별한 재능이 필요한 것도 아니다. 그렇지만 결실을 맺기 위해서는 규칙적으로 행동하는 것이 필수적이다. 가벼운 친절을 규칙적으로 베풀라. 가령 뒤에 오는 누군가를 위해 문을 잡아 준다든지, 친구가 숙제하는 것을 도와준다든지, 외로운 친구에게 같이 놀자고 물어본다든지 하는 식으로 말이다. 일주일에 단 몇 번만이라도 좋다. 이러한 작은 행동들은 아이에게 배려를 가르쳐 줄 뿐만 아니라 아이를 더 행복하게 만든다. 중요한 사실은 이 같은 행동들이 아이가 다른 사람에게 관심을 기울이도록 도울 뿐아니라 자신만의 입장에서 벗어날 수 있는 기회를 제공하고, 유대감과 공감력을 키워 준다는 것이다. 점차 아이는 망설이거나 멈추지 않고 자신의 마음이 공감하는 대로 행동하게 될 것이다.

협력을 통해 공감력 키우기

"공감력이 뛰어난 아이는
'그들'이 아닌 '우리'를 생각한다"

어느 학교든, 쉬는 시간에는 '우리(Us)'와 '그들(Them)'이 가장 많이 대치하게 된다. 그렇기 때문에 나는 특히 로스앤젤레스의 앨다마 초등학교를 견학하고 싶었다. 앨다마 초등학교의 교직원들은 685명의 재학생들을 위해서 '플레이워크(*Playworks, 매우 쉽고 즐거운 작업이라는 뜻)'라는 프로그램을 기초로 한 새로운 유형의 쉬는 시간을 만들었다. 공격성과 폭력성을 줄이고 아이들이 서로 힘을 합쳐 문제를 해결하는 문화를 만든 이 쉬는 시간은 '놀이(Play)'에 초점을 맞추고 있었다.

플레이워크 프로그램의 매니저 재론 윌리엄스는 나를 평범해 보이는 학교 운동장으로 안내했다. 운동장에는 정글짐, 핸드볼 백보드, 농구대, 정방형 코트가 있고 아스팔트가 깔려 있었다.

"어떤 아이들은 매우 거칠고 힘겨운 삶을 살고 있습니다." 윌리엄스가 말했다. "그래서 우리는 안전한 장소를 만들고 그 아이들이 긍정적인 경험을 하게 해 주려 노력하고 있지요."

이 학교는 저소득층 가정이 많은 지역에 있었는데, 대부분의 가게에는 창문과 출입문에 육중한 철문이 달려 있었다. 안전을 위한 것이었지만, 아이들에게는 학교 운동장이 안전하고 재미있게 놀 수 있는 유일한 장소일지도 모르겠다는 생각이 들었다.

앨다마 초등학교의 각 학급은 한 달에 두 번씩 정식 코치가 지도하는 45분짜리 운동장 수업을 받는다. 5학년을 위한 학급게임시간이 막 시작할 참이었다. 프로그램 진행자인 코치 리사 프리아스가 학생들에게 인사했다.

"건강한 놀이를 위해 우리가 한 약속이 뭐죠?" 그녀가 물었다.

"다 함께 하기, 친절하기, 협동하기, 즐기기요!" 학생들이 대답했다.

재론 윌리엄스와 리사 프리아스는 아이들이 쉬는 시간을 '공동체를 긍정적으로 경험할 수 있는 시간'으로 만들기 위해 이 같은 약속을 정했다. 아이들은 이 약속을 마음속에 품은 뒤 그대로 실천했다.

이날의 게임은 4인 농구였다. 한 명도 소외되지 않도록 네 명씩 팀을 나눴다. 어린 시절, 나는 운동 실력이 형편없어서 늘 맨 마지막에 선택되곤 했다. 그래서 쉬는 시간을 참 싫어했지만, 여기에서는 그런 일이 있을 수 없었다. 수업 시간 내내 리사 프리아스는 아이들에게 다른 친구들을 격려하라고 상기시켰다("파트너와 하이파이브를 하렴", "'잘했어'라고 말해 주렴"). 리사 프리아스는 구체적인 상황 속에서 사회적이고 정서적 기술들을 가르치고 있었다. 이는 아이들이 습관을 가장 잘 익힐 수 있는 방법이었다. 코치의 지시에 따라 학생들은 "팀워크가 최고야!", "좋은 슛이야!" 같은 말들로 다른 친구들을 격려했다. 게임이 끝나고 프리아스가 물었다.

"어떤 긍정적인 면들을 봤나요?"

아이들이 재빨리 대답했다.

"모두가 참여했어요."

"서로 도왔어요."

"우리는 한 팀이에요!"

말다툼 따위는 없었다. 가장 좋은 팀워크 수업 중 하나가 운동장에서 이루어지고 있었다.

그다음은 3학년부터 6학년까지의 쉬는 시간이었다. 이번에는 방법이 달랐다. 우선 체계가 잡혀 있었다. 재론 윌리엄스와 리사 프리아스는 게임 선택권에 대해 설명했다. 릴레이 경주, 4인 농구, 테더볼(*기둥에 매단 공을 라켓으로 치고받는 게임), 핸드볼, 가위바위보였다. 지난 게임 시간에 가르친 것들이었다. 눈 깜짝할 새에 한 명도 빠짐없이 모두 게임을 하기 시작했고 코치들도 아이들과 함께 게임에 참여했다.

어느 순간 아이들은 서브에 대해 의견이 갈렸고, 두 남자아이들은 가위바위보를 이용해서 문제를 해결한 다음 게임을 다시 시작했다. 또한 학생들은 코치들이 가르쳐 준 팀워크 방법들을 사용했다. '마이크는 한 개만(한 번에 오직 한 사람만 말할 수 있다)', '한 걸음 나오기와 한 걸음 물러나기(만약 경험을 공유하거나 게임에 참여하고 있지 않으면 한 걸음 나오고, 만약 너무 많이 앞으로 나와 있으면 한 걸음 물러나서 다른 사람에게 기회를 준다)', '시도하기(어떤 활동을 싫어한다고 표현하기 전에 일단 시도해 본다)' 등의 전략이었다. 나는 이 광경을 지켜보며 계속 생각했다. 모든 아이들이, 혹은 모든 어른들이 이러한 팀워크 방법들을 배운다면 얼마나 좋을까?

그런데 아까와는 무엇인가가 달랐다. 4학년 학생과 5학년 학생 몇몇은 정식 훈련을 받은 보조 코치임을 나타내는 보라색 티셔츠를 입고 있었다. 이 아이들은 함께 게임을 하면서 동시에 친구들이 게임 규칙을 이해하도록 돕고 서로 잘 어울리도록 격려하는 해결사 역할을 하고 있었다.

"아시겠지만 아이들은 별것 아닌 일에도 말다툼을 많이 해요." 보조 코치인 제프가 설명했다. "그럴 때면 우리는 아이들에게 가위바위보를 하라고 하죠. 그러면 문제가 해결되고 다시 게임으로 돌아갈 수 있어요."

보조 코치인 케이슬린은 이 중재 전략이 도움이 된다고 말했다.

"때때로 아이들이 말다툼을 하면 보조 코치들은 다양한 갈등해결방법을 이용해 그걸 멈추려고 노력해요." 케이슬린이 말했다. "아이들은 그걸 보고 나서 같은 방법을 교실 안에서 사용하죠."

또 다른 보조 코치인 하비야가 덧붙였다.

"어려서 서로에게 친절하게 대하고 상처 주지 않는 방법을 배운다면 커서도 똑같이 할 수 있을 거예요."

'놀이'에 기초한 플레이워크 프로그램은 1996년 질 비올렛이 오클랜드의 한 초등학교 교장과 대화를 나누던 중 우연히 시작되었다. 이 교장은 자신과 교사들이 매일 아이들이 싸우는 것을 보느라 또한 그 갈등들을 중재하느라 얼마나 많은 시간을 낭비하고 있는지 불만을 토로했다. 이에 질 비올렛은 '플레이워크'라는 단체를 만들어 쉬는 시간을 아이들이 함께 어울리고, 안전하게 놀고, 갈등 해결을 연습할 수 있는 긍정적인 경험으로 바꿨다. 샌프란시스코만 연안 지역에 있는 이 단체는 현재 전국 380개 저소득층 학교에 지부를 두고 약 42만 5천여 명의 미국 학생들에게 긍정적인 영향을 미치고 있다.

매스매티카 정책 연구소와 스탠퍼드 대학교의 공동 연구에 따르면 플레이워크 프로그램을 시행하는 학교들에서 괴롭힘과 왕따 문제가 43퍼센트 줄어들었다고 한다. 게다가 이 프로그램을 시행하는 학교의 학생들은 그렇지 않은 학교의 학생들에 비해 수업 태도와 집중력이 더 좋아졌다. 공동체의 유대, 공감력 강화 등이 모두 합쳐져 좋은 효과를 냈고, 학생들은 운동장에서 배운 기술들을 교실에서도 사용하게 되었다.

시카고에 있는 한 초등학교의 교장인 조셉 페일라는 어느 날 커다란 변화를 목격했다. 학부모, 학생들, 지역 주민들 앞에서 교내 철자 맞추기 대회가 열렸을 때였다. 예전 같았으면 철자를 잘못 쓴 학생들은 자신의 분에 못 이겨 화를 내거나 울었을 것이며, 교사들은 다른 학생들이 킥킥거리지 않도록 제지해야 했을 것이다.

"그렇지만 이제는 한 아이가 철자를 틀리면 다른 학생들이 그 학생을 위해 박수를 쳐 줍니다. 그러고는 '괜찮아! 다음번엔 더 잘할 거야!'라고 외쳐 주지요. 그리고 다음 차례인 학생이 방금 철자를 틀린 학생에게 하이파이브를 해 준답니다."

페일라 교장은 플레이워크 프로그램 덕분에 '그들'이라는 먼 거리의 관점이 '우리'라는 공동체적 관점으로 바뀌었다고 말했다. 플레이워크의 설립자인 질 비올렛은 말한다.

"놀이에는 아이들에게서 최고의 능력을 끌어내는 힘이 있다는 점을 간과해서는 안 됩니다."

또한 비올렛은 놀이가 다른 사람을 배려하는 법을 배울 수 있는 도구일 뿐만 아니라 공감력을 강화하는 도구로서도 무한한 힘이 있다고 강조했다.

"누군가와 함께 놀 때 상대방에게 유대감이 생기고, 그에 따라 공감력도 커지기 마련이지요." 비올렛이 말했다. "다른 사람들과 놀지 않으면 이질감을 계속 느끼게 되고, 결국 실제보다 서로 더 멀게 느끼며, 더 다르다고 생각하게 됩니다. 놀이는 공감력을 위한 중요한 열쇠입니다."

협동심을 기르는 방법 배우기

공식적으로 기록된 가장 짧은 시는 전설의 권투선수 무하마드 알리가 하버드 대학교 졸업식 축사에서 남긴 말일 것이다. 무하마드 알리가 졸업생들에게 학교 밖으로 나가서 세상을 바꾸라고 이야기하자 갑자기 한 학생이 소리쳤다.

"시를 한 편 읊어 주세요!"

알리는 즉석에서 단 두 단어로 응답했다.

"나…… 우리(Me…… We)!"

그의 간결한 메시지는 공감력을 키우는 데 핵심이 되는 전제를 잘 보여 준다. 오직 내 안에서 벗어나 다른 사람들에게 공감할 때에만 마음이 열린다. 결국 공감력은 항상 '우리'를 경험하게 한다.

공동의 목표를 위해 협동하는 일은 아이들이 '나'에서 '우리'로 관점을 옮기도록 도와준다. 또한 '우리'일 때만 가능한 경험들은 아이들이 자신과 다르거나 이해가 상충하는 사람들에게도 관심을 기울이게 만들고, 아이들의 사회적 활동 영역을 넓혀 공감력이 꽃피우게 만든다. 『공감하는 능력Empathy: Why It Matters and How to Get It』의 저자인 로먼 크르즈나릭은 "공감력은 나와 다른 사람들과 같은 보트에 타고 있는 것과 비슷하다"라고 말했다. 정서적이고 의미 있는 유대감은 공감력으로 향하는 지름길이다.

협동적인 인간관계는 아이들을 더 똑똑하고 더 행복하고 더 건강하게 만들 뿐만 아니라 아이들의 사회성, 회복탄력성, 공감력을 더 높여 준다. 교육학자 알피 콘은 "협동이 관점수용력을 강화시킨다는 연구 결과가 많습니다"라고 이야기한다. 사회학자 리처드 세넷 또한 "협동은 상충되는 이해를 가진 사람들, 서로에 대한 감정이 나쁜 사람들, 평등하지 않은 사람들, 서로를 이해하지 못하는 사람들을 함께 연결시키는 힘을 가지고 있습니다"라고 말한다.

사실 요즘 문화와 자녀교육방식의 많은 측면은 배려심과 친절한 성품과 같은 자질을 뒤로 미루고 있다. 오늘날처럼 과도한 경쟁 사회에서는 아이들이 협동하는 법을 배우고 정서적 유대감을 경험해야 할 필요성이 그 어느 때보다도 더 절실하다.

그날 앨다마 초등학교의 운동장에서 나는 놀이가 공감력을 향상하는 데얼마나 중요한 역할을 하는지 직접 목격했다. 또한 아이들이 밝게 웃고, 소속감을 느끼고, 문제를 해결하는 모습도 보았다. 호루라기 소리는 들리지 않았고 대신 "잘했어"와 "좋은 슛이야" 같은 격려가 넉넉히 오고갔으며 여기저기서 사이좋게 하이파이브를 하는 장면이 보였다. 학생들은 행복해하면서 즐거운 시간을 보내는 동시에 서로 협동하고 배려하는 법을 배우고 있었다. 더욱 희망적인 점은 아이들은 운동장에서 함께 뛰어노는 경험을 통해 '우리'와 '그들'의 벽을 허물고 있었다는 것이다. 팀 활동을 통해 친구들 무리를 뒤섞기 때문에, 특정한 무리에만 속하지 않게 되므로 아이들의 사회적 영역이 넓어지고 공감력이 커지는 것이다.

우리는 아이를 성공하게 하겠다는 열망 때문에 정작 공감력과 친구와의 관계, 그 속에서 규칙을 배울 수 있는 최적의 훈련장이 놀이터와 운동장이라는 사실을 간과하고 있는지도 모른다. 운동장에서 뛰어노는 '옛날식' 놀이는 아이들의 공감력을 키워 주는 동시에 아이들의 사회성 발달, 정서 발달, 인지 발달, 신체 발달을 촉진시킨다. 그렇지만 슬프게도 요즘의 아이들에게는 "같이 놀래?"라고 말할 수 있는 기회가 계속 줄어들고 있다.

협동심을 기르는 것은 왜 어려울까?

나는 지난 5년 동안 방문한 모든 선진 지역 —30개 이상의 국가— 에서 엄청난 문화 변동을 목격하며 깊은 고민에 빠졌다. 새로운 문화는 아이들이 서로 잘 지내는 법, 건강한 인간관계를 형성하는 법, 다른 사람에게 공감하는 법을 배우지 못하게 막고 있었다. 이제는 진지하게 고민해 보아야 할 때다.

놀이 시간의 부재

몇십 년 전만 해도, 어린 아이들은 자전거를 타고, 구름을 올려다보고, 바깥에서 뛰어놀며 하루를 보냈다. 그러나 이제는 많은 것이 바뀌었다. 1981년과 1997년 사이에 바깥에서 노는 아이들의 비중은 50퍼센트가량 줄어들었다. 반면 SNS 사용률은 눈에 띄게 증가했다. 피터 그레이는 "아동들의 불안장애, 우울증, 나르시시즘 등이 눈에 띄게 증가했고 아동들의 공감력은 눈에 띄게 저하됐다"라고 말했다. 셀카 증후군 또한 급속히 증가했음은 물론이다.

놀이를 통해서 아이들은 서로 어울리고, 협동하고, 서로 배려하고, 문제를 해결하고, 협상하고, 공유하고, 의사소통하고, 타협하는 법을 배울 수 있다. 또한 놀이는 차이를 이해하고, 장벽을 부수고, '그들이 아니라 우리'라는 사고방식을 키우도록 돕는 강력한 사회화 도구이다. 『공감의 시대The Empathic Civilization』의 저자인 제레미 리프킨은 이렇게 말했다.

"놀이가 없으면 공감력이 어떻게 발달할 수 있을지 상상하기 힘들다."

그렇지만 아이들의 삶에 놀이가 사라지고 있는 것은 피할 수 없는 현실이다. 아이의 안전에 대한 염려 때문이든, 놀이보다 성과를 우선시하기 때문이든, 놀이 대신 디지털 기기에 의존하기 때문이든, 놀이를 스케줄 안에 집어넣을 여유가 없기 때문이든 간에 말이다. 현재 아이들의 정신 건강과 공감력은 심각한 위기에 처해 있다.

지나치게 구조화된 생활

부모들이 자신의 아이가 다른 아이들보다 뛰어나기를 원하는 상황은 전혀 새로울 것이 없다. 그렇지만 요즘 우리는 서로를 지나치게 밀어붙이는 경쟁 속에 살고 있다. 이 경쟁은 극심한 학업, 생존 경쟁과 순위, 이력서로 판가름되는 '성공 기준'에 그 기반을 두고 있다. 이 같은 현상은 우리에게 '아이들이 성공하지 못하면 어쩌지?'와 같은 걱정거리를 안겨 준다. 그렇기 때문에 아이들의 스케줄은 코딩 수업, 바이올린 연습, 과외 등 아이가 '우위'를 선점할 수 있게 할 모든 활동으로 들어차 있다. 물론 일부 활동은 아이의 자신감을 키워 주고, 스트레스를 줄여 주며, 성장을 촉진시킨다. 문제는 아이들이 겪는 풍부한 경험들이 지나치게 성인 위주의 활동일 때 생긴다. 상호 배려하는 인간관계를 만들기 위해 필요한 경청하기, 의사소통하기, 타협하기, 문제해결하기 등의 기술들 그리고 성공과 행복을 위한 진정한 강점들은 감독하는 어른의 역할이 가장 적은 상황에서, 아이들이 직접 서로 얼굴을 맞대고 경험할 때 얻을 수 있다.

콜로라도 대학교 연구팀은 학업이나 스포츠와 같이 구조화된 활동에 지나치게 많은 시간을 쓰는 아이들은 자유 놀이에 더 많은 시간을 쓰는 아이들에 비해 '실행기능(*Executive Functions, 계획하기, 문제해결하기, 의사결정하기 같은 광범위하고 중대한 사고 기술)'을 사용할 수 있는 능력이 더 떨어진다고 밝혔다.

아이들에게 여가 시간과 사회적 상호작용을 위한 자유를 조금 더 주는 것이 아이의 학업 성취뿐 아니라 아이의 행복과 공감력에 있어 더 좋을지 모른다.

사라지는 쉬는 시간

사방치기 놀이, 수건돌리기, 피구, 얼음땡 놀이를 했던 때가 기억나는가? 요즘 아이들 대부분은 이 놀이들을 한 번도 해 보지 못했을 것이다. 미국 학교 중 약 40퍼센트가량은 아이들이 시험을 준비할 시간을 더 확보하기 위해 쉬는 시간을 없앴거나 또는 쉬는 시간을 없애는 것을 고려하고 있다. 그렇지만 쉬는 시간을 없애는 것은 학업성취도를 높이는 데 조금의 도움도 되지 않을 것이다.

질병통제예방센터에서 시행한 50개의 연구를 분석한 결과 신체 활동은 성적, 시험 점수, 학업 성취도가 높아지게 돕고 아이들의 집중력과 수업 태도에 긍정적인 영향을 미친다고 한다. 스탠퍼드 대학교의 연구에 따르면 질 높은 쉬는 시간은 학생들의 소속감과 안전감을 높이고 학교생활에 대해 긍정적으로 느끼게 만든다고 한다(또한 긍정적인 분위기는 학업 성취도를 포함하여 학생의 많은 성과들과 연관되어 있다). 또한 미국소아과협회 소속인 케네스 긴스버그 박사는 "놀이가 아이의 사회적 기술을 신장시키고 부모와 아이 사이의 유대감을 강화시킬 뿐 아니라 아이의 인지 능력과 지능의 발달을 촉진한다"고 말하고 있다.

이 같은 긍정적인 효과들이 이미 증명됐음에도 불구하고 많은 학교들은 여전히 쉬는 시간을 대폭 줄이고 있다. 그에 따라 아이들이 스트레스를 풀고, 친구를 사귀고, 공감력을 습득하고, 협동, 문제 해결, 갈등 해결을 연습할 수 있는 소중한 기회가 사라지고 있음은 물론이다.

과도한 경쟁

물론, 부모는 아이가 성공하기를 바라는 것이 당연하다. 문제는 모든 일이 이긴 사람이 독차지하는 '경쟁'으로 바뀔 때 생긴다. 이 경우, 결국엔 모든 아이들이 지게 된다. "내가 너보다 더 낫다"라는 사고방식은 '우리'와 '그들' 사이의 틈을 넓히고 셀카증후군을 증가시키며 공감력을 떨어뜨린다. "경쟁은 성공에 필수적이다"라는 믿음은 잘못됐다. 80개 이상의 연구가 이 주장에 반박한다. 『경쟁에 반대한다No Contest: The Case Against Competition』의 저자 알피 콘은 "협동하며 배우는 아이들은 경쟁을 통해서나 홀로 배우는 아이들에 비해서 지식을 더 잘 습득하고, 자신에 대해 더 만족하고, 친구들과 더 잘 지낸다"라고 말한다.

그렇다면 어떻게 해야 아이들이 잘 놀고, 서로 협동하는 법을 배우면서 학교생활도 성공적으로 할 수 있을까? 다행히 과학에 그 해답이 있다.

과학이 말하는 것: 협동심을 가르치는 방법

사회심리학에서는 사람들이 서로 어떻게 관계를 맺고, 연민, 증오, 공격성, 편견 등과 같은 인간관계의 문제들에 어떻게 접근하는지를 다룬다. 사회심리학자들은 실험이나 연구에만 의존하지 않는다. 이들은 사람들을 직접 관찰한다. 그 결과, 사회심리학자들의 연구는 우리에게 협동하고 서로 배려하는 환경을 만들 수 있는 최적의 방법들을 알려 준다. 왕따와 같은 약자를 괴롭히는 행위가 계속 심각한 사회 문제로 자리 잡고 있고(미국 학생들 3명 중 1명은 학교에서 괴롭힘을 당한 적이 있다고 말했다), 인종차별주의가 나라 전체를 좀먹고 있는 상황에서 이러한 해답들은 다른 무엇보다 가장 중요하다고 할 수 있다.

'그들'에서 '우리'로 관점 변화하기

50년여 전, 터키의 사회심리학자인 무자퍼 셰리프는 어떻게 해야 사람들이 '그들'에서 '우리'로 마음을 바꿀 수 있는지 알아내기 위해 실험을 진행했다. 그가 이 실험을 해야겠다고 처음 마음먹었던 건 그가 열두 살 되던 해였다. 바로 그리스 군인들이 터키의 이즈미르에 사는 주민들을 대학살했을 때였다. 무자퍼는 살해당하는 사람들의 줄에 서 있었는데 그때 한 군인이 그의 목숨을 구해줬다. 오랜 시간이 흐른 후, 프린스턴 대학교와 예일 대학교에서 저명한 교수가 된 무자퍼 셰리프는 무엇이 적대감을 없애는지 알아내는 일에 많은 시간을 바쳤다. 그리고 1954년 6월, 마침내 그는 그 유명한 '로버스 동굴 공원 실험'을 끝낸 뒤에야 그 답을 알아냈다.

셰리프는 스물두 명의 5학년 학생들을 오클라호마 시티 외곽에 있는 로버스 동굴 주립공원에서 열리는 여름캠프에 초대했다. 실험을 위해서 모든 소년들은 연령, 인구학적 특성, 사회적 배경이 비슷할 뿐만 아니라 심리적으로 안정되어 있는 상태여야만 했다. 캠프에 초대받기 전에는 소년들 중 누구도 서로를 알지 못했다. 그들은 그저 자신들이 재미있는 여름캠프를 떠날 것이라고만 생각했다. 소년들은 서로 다른 버스를 타고 도착했고, 도착한 뒤 곧바로 두 그룹으로 나뉘었다. 두 그룹은 서로 다른 오두막집에서 지내도록 했으며, 다른 사람들의 존재에 대해서는 일체 알지 못하도록 하였다.

첫째 주에 각 그룹은 캠프를 탐색하고, 팀 깃발을 만들고, 그룹 이름을 짓는 등 '우리'에 대한 강한 유대감을 형성했다. 그런 다음 두 그룹은 텐트 치기, 야구 경기, 줄다리기 같은 캠프 시합들에서 서로 겨뤘다. 이때 한 그룹에게는 의도적으로 더 좋은 음식과 오락거리를 주고 더 좋은 대우를 해 줬다. 그러자 예상한 대로 두 그룹 사이에 적대감이 커지기 시작했다. 주먹다짐이 벌어졌고, 상대 그룹을 조롱하고 비하하는 말들이 오고갔으며 급기야 두 그룹 모두 상대 그룹과 아무것도 함께 하고 싶어 하지 않아 했다.

이제 셰리프는 소년들의 적대감을 없애는 방법을 찾아야 했다. 셰리프는 경쟁을 유발하는 과제들을 없애고, 모두에게 상을 주고, 영화를 보거나 밥을 먹는 등 함께하는 시간을 늘렸지만 그럼에도 불구하고 갈등은 계속 남아 있었다. '어떻게 해야 이들의 적대감을 없앨 수 있을까' 고민을 거듭하던 셰리프는 마침내 해답을 발견했다. 셰리프는 두 그룹에게 '서로 협동할 수밖에 없는' 문제들을 던져줬다.

처음에는 식수 문제였다. 목마른 소년들은 고장 난 파이프를 서로 힘을 합쳐서 수리해야만 했다. 파이프를 고치고 난 소년들은 일제히 크게 기뻐했다.

여기에서 끝이 아니었다. 이번에는 트럭이 문제였다. 매우 더웠던 어느 날, 소년들이 도보여행을 마친 후 캠프로 돌아가려는데 갑자기 캠프트럭이 고장 났다(물론 셰리프와 연구진들이 고의로 고장 낸 것이었다). 두 그룹이 캠프로 돌아갈 수 있는 유일한 방법은 함께 트럭을 고치는 방법뿐이었다. 힘을 모아 트럭을 고친 소년들은 엔진에 시동이 걸리자 한꺼번에 환호성을 질렀다. 이들 사이의 적대감은 점점 사라지고 있었다. 심지어 소년들은 함께 했던 즐거운 시간들을 기념하기 위해 단체사진을 찍어야 한다고 주장했다. 드디어 셰리프는 두 그룹이 서로 잘 지낼 수 있는 방법을 발견해 낸 것이다.

"모두에게 관련된 현실적이고 강력한 최우선 목표를 달성하기 위해 서로 협동할 때 적대감은 사라집니다." 셰리프는 설명했다.

이는 반드시 기억해야 할 중요한 발견이다. 공감력을 활성화하는 핵심 열쇠는 적절한 사회적 환경을 만들어서 아이들이 같은 관심사와 정서적 경험을 공유하게 하고, 서로를 배려하는 법을 배우게 만드는 것이다. 경쟁적 환경에서는 대립이 커질 뿐만 아니라 관용과 친화적 행동을 억누르는 결과를 낳을 수도 있다. 실제로 수백 개의 연구에서는 경쟁이 아이들의 공감력과 이타주의를 손상시킬 수 있다는 사실들을 보여주고 있다. 또 다른 유명한 사회심리학자로부터 아이에게 협동을 권장하고, 공감력을 키워주고, 학업성취도를 높여주는 환경을 만드는 법을 배워보도록 하자.

'지그소(Jigsaw)' 퍼즐 솔루션

1971년, 엘리엇 아론슨은 텍사스 대학교 사회심리학과의 학과장으로 재직하던 중 오스틴시의 교육감에게 긴급 호출을 받았다. 일촉즉발의 상황을 진정시켜달라는 것이었다. 당시 인종차별철폐국제조약(*1969년 국제연합총회에서 만장일치로 채택된 인종차별철폐에 관한 국제조약)이 맺어지면서 백인, 흑인,

라틴아메리카계 청소년들이 처음으로 같은 교실에서 공부하게 되면서 폭동이 일어났고 그들 사이에서는 적대적인 분위기가 형성됐다. 이 상황을 진정시키기 위해 아론슨은 '지그소(불규칙한 모양 조각으로 나누어진 그림을 원래대로 맞추는 퍼즐) 교실'이라는 방법을 생각해 냈다. 결과적으로 이 방법은 인종갈등뿐만 아니라 '우리'와 '그들' 사이의 분열을 줄여 주었으며, 아이들이 서로 배려하는 법을 배우도록 하는 데 도움을 주었다.

아론슨은 4~6학년 학생들을 여러 인종이 섞인 작은 팀들로 쪼갠 다음, 게티즈버그 전투 같은 역사적 사건이나 지구의 공전궤도 같은 과학적 원리 등을 다루는 합동수업을 듣게 했다. 이때 각 팀원들에게는 해당 과목의 한 부분씩 학습한 다음 그것을 팀원들에게 가르쳐야 하는 책임이 주어졌다. 다른 학생의 지식과 기여에 따라 성적이 바뀔 수밖에 없었기 때문에 팀원간의 협동이 반드시 필요했다.

처음에 학생들은 서로 협동하는 것을 싫어했다. 그렇지만 함께 수업을 들으며 협동을 한 지 몇 주가 지나자 학생들은 점점 서로를 좋아하기 시작했고 마침내 '그들'이 '우리'로 바뀌게 되었다.

"심리 테스트를 통해 측정해 보니 학생들이 가진 편견이 감소했고 서로 다른 인종 출신의 학생들과 쉬는 시간에 함께 어울려 놀기까지 했어요." 아론슨이 말했다.

셰리프의 로버스 동굴 실험과 마찬가지로 아론슨의 접근법은 학생들에게 공동의 목적을 위해 협동하도록 만들었다.

그 이후로, 수천 개의 교실에서 아론슨의 수업 방식을 사용했고 학생들의 시험 성적과 학교에 대한 애정은 높아졌으며, 장기 결석률은 낮아졌다. 또한 이 접근법은 학생들이 협동, 의사결정, 의사소통, 감정조절 등과 같은 중요한 협동 기술들을 발달시키는 데 도움을 주었다. 이뿐만이 아니었다. 앞서 언급한 것들보다 훨씬 더 중요한 일이 이 교실들에서 일어났다. 바로 학생들의 공감력이 높아진 것이다. 아론슨은 다음과 같이 말했다.

"만약 아이들이 하루에 한 시간씩만이라도 서로 협동한다면 외모가 다르다는 이유로 전혀 관심을 갖지 않았던 사람들이라고 할지라도, 그들에 대한 공감력이 커지기 시작할 것입니다."

아론슨이 가장 자부심을 크게 느꼈을 때는 몇 년 전에 지그소 교실에 참여했던 한 소년으로부터 편지를 받았을 때였다. 카를로스는 멕시코계 미국인이었으며, 말에는 항상 강한 억양이 묻어 나왔고, 가난한 동네 출신이었으며, 항상 '그들'에 머물러 있던 아이 중 한 명이었다. 카를로스는 반 친구들이 자신을 어떤 식으로 따돌렸는지 그리고 아이들이 자신을 얼마나 잔인하고 적대적으로 대했는지 똑똑히 기억했다. 그러나 지그소 교실에 들어선 순간, 모든 것이 바뀌었다. 카를로스가 속한 그룹의 아이들은 조금씩 카를로스를 돕기 시작했다. 학생들은 카를로스가 가진 퍼즐 조각이 필요했기 때문이다.

"잔인하고 적대적이라고 생각했던 아이들은 곧 제 친구가 됐어요. 저는 제가 사실은 그렇게 멍청하지 않다는 사실을 깨달았습니다. 그뿐만이 아니라 스트레스도 줄어 들었고, 자신감이 꽃을 피우기 시작했죠." 카를로스는 편지에 이렇게 썼다. "그리고 오늘 저는 하버드 대학교 로스쿨 합격 통지서를 받았습니다."

상대를 알아간다는 것은 '그들'을 '우리'로 바꾸고 '나'를 '우리'로 바꾸기 위한 첫 번째 단계이다. 다른 사람들과 많은 것을 공유할수록 서로에게 동질감이 더욱 커지게 되고 무관심이나 적대감이 줄어들게 되며 마침내 공감력도 커지게 된다.

"누군가가 당신에게 여드름이 난, 키 작고 뚱뚱한 어떤 아이가 썩 괜찮은 아이라고 반복해서 말할 수도 있어요." 아론슨이 말한다. "그렇지만 그 아이와 함께하면서 그 아이가 따뜻하고 재미있고 재치 있다는 사실을 직접 느끼는 것보다 더 좋은 방법은 없을 것입니다."

셰리프와 아론슨은 이러한 협동의 경험을 통해 아이들이 다른 사람들의 감정과 욕구를 이해하는 법을 배우고 공감력이 꽃을 피울 기회가 생긴다는 사실을 알려 주었다. 게다가 가장 좋은 소식은 우리가 이러한 연구 결과들을 가정, 학교, 공동체에서 사용해서 아이들의 삶을 풍요롭게 만들고 아이들이 공감력의 7번째 핵심 습관을 배우도록 도울 수 있는 방법이 수십 가지나 있다는 점이다.

아이의 협동심을 길러 주려면 어떻게 해야 할까?

이 책을 쓰면서 나는 학교에서 아이들의 협동심과 공감력을 길러 주기 위해 사용할 수 있는 많은 방법들을 찾았다. 가장 인상적이었던 방법 중 하나는 워싱턴 DC의 모리 초등학교에서 사용하는 것으로, 한 달에 한 번씩 학교 전체 조회시간을 갖는 것이다. 캐롤린 앨버트−가비 교장은 다목적실에 330명의 초등학생들을 거대한 원 모양으로 앉혀 두고 조회를 한다. 이 시간 동안 아이들은 서로 인사를 나누고, 학교의 좋은 일들을 공유하고, 서로 격려하고, 사회적 기술들을 연습한다. 또한 이 경험은 학생들에게 자신이 따뜻한 학습공동체의 일원이라고 느끼도록 해 준다. 이 환경은 사회심리학자들이 공감력을 촉진한다고 이야기하는 환경이다.

학교에서 학생들을 가르치던 시절, 나 역시 매일 아침에 학급 조회시간을 가졌다. 학생들에게 옆에 앉아 있는 친구에게 친절한 말을 건네라고 하고, 하루 일과를 함께 논의하도록 하고, 특별한 화제나 고민거리를 공유하도록 하며 하루를 시작했다. 나는 학생들이 친구들과 유대감을 느끼며 그들의 마음을 알아차리고 의사소통능력, 관점수용력, 문제해결능력 등 협동에 필요한 여러 자질들을 배울 수 있는 자리를 만들고 싶었다.

그러던 어느 날, 이 조회시간이 아이들에게 얼마나 큰 영향력을 발휘했는지 깨닫게 된 일이 일어났다. 내가 교실에 들어서자, 크리스티가 울고 있고 다른 학생들이 그 아이를 위로하고 있는 광경이 눈에 들어왔다. 이야기를 들어 보니, 크리스티가 쉬는 시간에 괴롭힘을 당했고 그 때문에 학생들이 크리스티를 돕기 위해 긴급회의를 소집한 것이었다.

나는 아이들이 서로의 감정에 깊이 공감하고, 문제 상황에 대해 해결책을 모색하고, 상대방의 의견을 존중하며 경청하고, 그런 다음 서로 협동하여 친구의 문제를 해결하는 과정을 고스란히 지켜봤다. 아이들은 쉬는 시간마다 교대로 크리스티와 함께 있어 주며 문제를 해결하는 것으로 결론을 내렸다. 이 모든 것을 지켜보던 나는 커다란 자부심을 느꼈다. 모두가 함께한 아침 조회시간이 아이들에게 '우리'라는 유대감을 쌓아 주었고, 이 유대감이 마침내 아이들이 학급 친구를 위해 움직이게 만들었다.

아이들이 서로의 관점을 이해하는 동시에 편안한 환경에서 문제 상황을 해결할 수 있는 또 하나의 훌륭한 방법 중 하나는 회의시간을 활용하는 것이다. 또한 아이들은 회의를 통해 경청하는 자세를 배우며, 격려와 협동심 그리고 다른 사람의 관점을 수용하는 태도 등과 같은 중요한 사회적·정서적 기술들을 익힐 수 있다. 이러한 기술들은 꾸준한 연습을 통해서만 얻을 수 있다. 지름길은 없다.

효과적인 가족회의, 학급회의, 학교전체회의를 위한 8가지 조언

1. 안건에 대해 유연한 자세를 취하라

주제는 무한하다. 지난주에 있었던 일, 앞으로의 계획, 전자기기 사용시간, 용돈, 형제간 갈등, 학교 친구나 가족 구성원이 서로를 위해 베푼 훌륭한 일, 고민거리 등 무엇이든 괜찮다. 빈 상자를 두어서 의논하고 싶은 주제가 생길 때마다 그 상자 안에 넣도록 한 다음, 가족들이 그 문제를 다음 안건에 포함시킬 수 있도록 하라. 만약, 아이가 무언가에 불만을 가지고 있다면 이렇게 말하라.

"그걸 안건에 포함시키렴. 그럼 회의시간에 함께 의논할 수 있을 거야."

2. 정기적으로 회의를 가지라

대부분의 가정과 학교에서는 일주일에 한 번, 아이들의 연령에 맞추어서 10~30분의 회의시간을 가진다. 가족 구성원 모두에게 알맞은 시간을 정한 후, 모두가 회의에 참석할 수 있도록 하자.

3. 서로의 역할을 바꾸라

한 주마다 역할을 바꾸도록 하면 아이들이 회의에 더욱 적극적으로 참여할 것이다. 의장은 안건에 집중한다. 시간 기록원은 회의의 시작과 끝을 알린다. 의원들은 규칙이 잘 준수되고 있는지 확인한다. 기획자는 회의를 공고한다. 서기는 회의를 기록한다. 회의록을 써서 의사결정을 기록하고, 이전의 회의록을 검토하고, 가정이나 학급의 훌륭한 기억장치가 되게 하라.

4. 열린 소통을 하라

명확한 규칙을 세워서 모든 구성원의 의견이 동등하게 받아들여지고, 모든 사람이 일정한 발언시간을 가지고, 섣부르게 판단하지 않도록 하라. "나는~"으로 시작하는 문장을 이용하여 각 구성원이 서로의 감정과 생각을 이해하도록 도와라. 그리고 아이들에게 "엄마가 ~라고 말했어요", "아빠는 ~라고 생각해요"처럼 자신이 들은 말을 다른 말로 바꾸어 표현하는 법을 가르치라.

5. 칭찬을 하라

몇몇 가정에서는 그 주에 가족들이 한 노력을 칭찬한 후에 가족회의를 시작한다. 아이들이 칭찬을 어떻게 해야 할지 감을 잡을 때까지, "~가 ~했을 때 정말로 고마웠어요" 혹은 "~해 줘서 고맙습니다"와 같은 칭찬 문구를 아이가 잘 보이는 곳에 붙여 놓아도 좋다.

6. 회의를 통해 결정을 내리라

합의를 통해 다양한 방향의 해결방안을 정한 다음, 모든 사람이 하나의 해결방안에 동의할 때까지 대화를 지속하라. 회의 시간에 내린 결정은 최소한 다음 회의 시간까지 모두 지켜야 하고, 그 결정은 오직 다음 회의에서만 바꿀 수 있다.

7. 문제를 공정하게 해결하라

브레인스토밍(*Brainstorming, 자유로운 토론으로 창조적인 아이디어를 끌어내는 것) 기법을 이용하여 문제를 해결하라. 문제를 말한 다음 구성원들이 말하는 모든 아이디어들을 적은 후(이때 섣부른 평가는 금물이다), 각 아이디어의 장점과 단점을 논의하라. 그런 다음 각 구성원에게 자신의 의견을 발표할 기회를 준 후, 모두에게 알맞은 해결방안이 무엇인지 결정하도록 하자.

8. 긍정적인 분위기를 유지하라

회의는 즐거운 분위기로 마무리하라. 지난주의 가장 재미있었던 일이나 가장 좋았던 일을 서로 이야기할 수도 있을 것이다. 혹은 쿠키를 먹거나, 보드게임을 하거나, 서로를 꽉 안으며 마무리하는 것도 좋다.

공감력 강화하기: 협동적으로 문제를 해결하기 위한 'STAND' 규칙

협동을 잘하는 사람들은 모든 사람들이 만족하는 방향으로 문제를 해결할 수 있도록 노력한다. 또한 협동하는 행위는 상대방과 함께 문제 상황을 인식하고 함께 성공을 경험하게 함으로써 공감력을 높여 준다. 다음 규칙을 이용하여 아이가 다른 사람의 감정과 상황을 고려하면서도 사회적 갈등을 평화적으로 해결하는 습관을 배우도록 도와라. '참고 견디다'라는 뜻의 영단어 'STAND'의 각 철자들은 문제해결에 필요한 5단계를 차례대로 가리킨다. 한 번에 한 가지의 기술을 가르친 다음 아이가 5가지 기술을 모두 합쳐 자신만의 'STAND' 규칙을 이용할 수 있게 하는 것이 좋다.

1단계: S= Stop, look, and listen to feelings(멈추고, 보고, 감정에 귀를 기울이라)

문제해결의 첫 번째 단계는 침착함을 유지하는 것이다. 일단 침착함을 잃지 않으면 왜 자신이 화가 났는지 이해하기 시작하고 그런 다음 문제에 대한 답을 찾을 수 있다.

"느리고 깊게 호흡을 하면서 평정을 유지하렴. 아니면 침착해질 때까지 잠시 나갔다 오렴."

"그 사람에게 관심을 기울여봐. 표정이 어때 보이니?"

2단계: T= Take Turns Telling the problem(차례대로 돌아가면서 문제에 대해 이야기하라)

다음과 같은 규칙을 제시하며 아이들이 돌아가면서 문제에 대한 자신의 감정을 이야기하도록 하라.

"정중하게 들어야 해. 끼어들면 안 돼. 다른 아이의 입장에 서면 어떤 기분이 들지 느끼도록 노력해 봐."

'너'가 아닌 '나'를 주어로 하여 느낌을 이야기하면 상대를 깎아내리지 않고도 문제에 집중할 수 있다. 예를 들어보자.

사미어: "나는 나한테 차례가 한 번도 안 와서 화가 났어."

케빈: "음, 나는 몹시 화가 났어. 나도 조종기를 쓰고 싶어."

그런 다음 각 아이에게 상대방이 한 말을 다시 반복하게 한다.

사미어: "그러니까 너는 네게 차례가 안 온다고 생각하기 때문에 화가 났구나."

케빈: "그리고 너는 내가 너한테 선택권을 주지 않는다고 생각해서 화가 난 거고."

3단계: A= List Alternatives(대안들을 열거하라)

공정한 해결책을 찾기 위한 대안들을 브레인스토밍하라.

"상대방을 깎아내려서는 안 돼. 양쪽 모두에게 도움이 되는 아이디어를 생각해 내야 해. 알겠니?"

이때, 타이머를 설정해서 시간을 제한하는 것은 어린 아이들이나 집중력이 짧은 아이들에게 도움이 될 수 있다. 아이들의 연령과 문제해결 기술에 따라 브레인스토밍하는 시간을 조금씩 연장해도 좋다.

사미어: "제비뽑기를 해서 누가 먼저 할지 결정할 수 있어."

케빈: "손님이 항상 선택한다는 규칙을 정해 놓을 수도 있어."

사미어: "모두에게 한 번씩 차례가 가도록 교대로 할 수도 있어."

4단계: N= Narrow choices(범위를 좁히라)

안전하지 않거나, 누군가가 불편해하거나, 가능하지 않거나, 가정이나 학교에서 정한 규칙에 어긋나는 대안을 제거하는 방법을 이용해 해결방안의 범위를 좁히도록 하자.

> 사미어: "손님이 항상 선택한다는 규칙은 정하지 말자. 집이 아니라 운동장에서 놀 수도 있으니까."
>
> 케빈: "아무도 제비뽑기를 가지고 있지 않을 수도 있어."

5단계: D= 가장 좋은 대안을 선택하라(Decide the best choice)

이제 남아있는 대안들 중 모두가 동의하는 가장 좋은 대안을 선택하라. 일단 결정을 내린 후에는 모두가 그것을 지키는 것으로 합의하라.

> 사미어: "유일하게 하나 남은 방법은 교대로 하는 거야. 지난번에 누가 마지막에 했는지 기억하기만 하면 돼. 찬성하니?"
>
> 케빈: "그래, 그걸로 합의하자."

아이가 '그들'이 아닌 '우리'라고 생각하도록 돕는 방법

닥터 수스의 동화『스니치들The Sneetches』은 새처럼 생긴 가상의 생물들에 대한 이야기를 그리고 있다. 동화에 등장하는 스니치들은 일부 스니치들의 배에 별 무늬가 있다는 점만 제외하면 모두가 한 치의 오차도 없이 똑같이 생겼다. 그리고 이 작은 별 무늬가 '우리' 대 '그들'의 분열을 가져온다. 배에 별 무늬가 있는 스니치들은 '나르시시스트'이다. 이들은 자신이 다른 스니치들보다 더 우월하다고 생각한다. 그렇기 때문에 과도하게 자신을 뽐내며, 배에 별 무늬가 없는 다른 스니치들을 깔보고 무시한다. 반면, 배에 별 무늬가 없는 평범한 스니치들은 배에 별 무늬가 있는 스니치들과 어울리지 못해 우울해한다. 그러다 마침내 양쪽 모두는 배에 별 무늬가 있든 없든 자신들이 실제로는 모두 같다는 사실을 깨닫는다. 닥터 수스는 아이들에게 공감력에 대한 완벽한 교훈을 가르쳐준다.

"외모가 다르다는 이유로 '우리'와 '그들'을 나눠서는 안 된다. 결국 우리는 모두 '우리'니까."

1. '우리'라는 뜻을 가진 말을 사용하라

자신에의 지나친 몰입은 공감력을 떨어뜨린다. 그러므로 아이들과 이야기 할 때에는 의도적으로 '그들'이나 '나'를 뜻하는 말 대신, '우리'를 뜻하는 말로 바꿔 말하도록 하라.

"'우리'가 뭘 해야 하지?"

"어떻게 하는 게 '우리'에게 더 좋을까?"

이 같은 언어의 미묘한 변화는 아이들이 삶이 '나 자신'에 의해서만이 아니라 '우리'를 중심으로 함께 돌아간다는 사실을 깨닫게 도와줄 수 있다.

2. 시야를 넓히라

아이가 학교에나 방과 후에, 혹은 여름캠프에서 다양한 문화와 다양한 신념을 가진 사람, 다양한 연령과 다양한 인종을 경험할 수 있는 기회를 마련해 주도록 하라. 또한 당신은 아이에게 다양성을 존중하는 열린 마음을 보여 주어야 한다. 앞에서도 언급했듯, 아이는 그런 당신을 보고 배우는 법이니 말이다.

3. 유사성을 찾으라

아이가 자신이 다른 사람들과 공통적으로 가지고 있는 무언가를 찾도록 하여, 사실은 그들과 다르지 않다는 사실을 깨닫도록 도와라.

아이: "그들은 피부가 검어요."

부모: "그렇지만 그들은 우리 교회에 다니고 너처럼 기타도 친단다."

아이: "그들은 저와 달라요."

부모: 많은 면에서 너는 다른 사람들과 다르단다. 그렇다면 그들이 너와 비슷한 점을 찾아볼까? 너희들 다 축구를 하는구나. 또 뭐가 있을까?"

4. '너와 마찬가지로'를 강조하라

아이가 다른 아이들과 공유하고 있는 일반적인 두려움, 꿈, 감정, 걱정, 기쁨에 대해 생각해 보도록 도와라.

"맞아. 그 아이는 다른 나라에서 왔어. 그렇지만 따돌림을 당하면 그 아이의 기분이 어떨까?"

"맞아. 그 아이는 다른 언어를 사용해. 그렇지만 그 아이가 가지고 있는 걱정거리 중 네가 가지고 있는 걱정거리와 같은 게 뭐가 있을까?"

이처럼 계속해서 다른 사람들에 대한 아이의 시야를 넓혀 주자. 그러면 아이는 자신이 다른 사람들과 차이점보다는 공통점이 더 많다는 사실을 알게 될 것이다.

5. 사실만을 받아들이도록 가르치라

고정관념을 없애는 좋은 방법은 아이들에게 다른 사람의 단정적인 말들을 가려서 듣도록 하는 것이다. 가령, "그들은 절대 ~하지 않아" 혹은 "그들은 항상 ~해"와 같은 말은 '우리'와 '그들' 사이를 갈라놓게 한다. 만약 가족 중 누군가가 단정적으로 이야기를 할 때면 다른 가족이 "사실을 체크할 것!"이라고 부드럽게 말해 주도록 하자.

아이: "아시아 아이들은 항상 좋은 성적을 받아요."

부모: "사실을 체크해! 모든 아시아 아이에게 해당되는 말이니?"

아이: "여자애들은 리더로서 형편없어요."

아빠: "사실을 체크해 봐! 너희 학생회에서 훌륭한 리더로 활동하고 있는 여자아이들 이름을 대 보렴."

최근 하버드 대학교의 교수 리처드 웨이스보드가 미국 전역에 있는 다양한 중·고등학교에 재학 중인 2만여 명의 학생들을 연구한 결과, 학생들은 여자아이들이 학생회의 리더일 때보다 남자아이가 리더일 때 동조하고 힘을 실어 줄 가능성이 더욱 높았다. 여자아이들의 리더십은 사람들의 편견 때문에 약해지고 있다. 실제로는 남자아이와 다르지 않은데도 말이다. 우리는 아이들이 편견을 지운 채, 사실만을 받아들이도록 도와야 한다.

6. 다양한 문학작품을 이용하라

미국에서 2012년 출간된 어린이 책 중 유색인종에 관한 내용을 다루고 있는 책은 8퍼센트도 채 되지 않는다. 그러므로 아이들을 다양한 문화, 다양한 연령, 다양한 능력, 다양한 성별에 대해 긍정적으로 그리는 문학작품들을 접하게 하라. 아이의 시야를 넓히는 데 큰 도움이 될 것이다.

연령별 접근법

내 막내아들인 재크가 8학년이었을 때, 사회과목 교사인 조 앤 길 선생님은 헌법권리재단에서 후원하는 '우리나라의 역사적인 날(National History Day)'라는 프로젝트를 숙제로 냈다. 이는 역사적으로 중요한 주제로 독창적인 연구를 수행해야 하는 학술 프로젝트였다.

재크와 같은 팀인 던컨 매큐언과 팀 킨은 일본계 미국인이 강제수용소에 갇혀야 했던 사건에 강한 흥미를 느꼈다. 프랭클린 D. 루스벨트 대통령은 진주만 공격을 받은 이후 미국에 살고 있는 약 12만 명의 일본인들을 강제수용소에 가두라고 명령했다.

"하지만 그들 중 대부분은 미국 시민이었어요." 아이들이 말했다. "자신의 국민들에게 어떻게 그럴 수 있었을까요?"

아이들은 그 이유를 알아내는 것을 목표로 삼았다.

재크와 팀원들은 어린아이였을 때 강제수용소에 갇혔던 체리 이시마츠라는 여성과 인터뷰를 했다. 나는 그녀가 그 당시 상황에 대해 제대로 감을 잡지 못하는 열세 살짜리 남자아이들 3명에게 얼마나 참을성 있게 자신의 경험을 묘사했는지 아직까지도 생생히 기억한다. 그녀는 아이들이 조망수용능력(*Perspective Taking Ability, 다른 사람의 입장에 놓인 자신의 모습을 상상함으로써 그들의 감정, 생각 등을 추론하는 능력)을 이용하여 그녀의 이야기를 이해하도록 도왔다. 그리고 이 방법은 효과가 있었다.

"갑자기 누군가가 들이닥쳐서, 겨우 여행 가방에 들어갈 만큼의 짐을 싸라고 한 다음 곧바로 온 사방이 철조망으로 둘러싸인 강제수용소로 끌고 간다면, 너희는 어떤 기분이 들 것 같니?" 그녀가 물었다. "만약 너희 엄마와 아빠가 집이나 직장이나 한순간에 잃는다면 어떨 것 같니? 그리고 탈출을 시도한 사람은 무조건 총살하라는 명령을 받은 무장 경비병들이 24시간 내내 너희를 감시한다면 너희는 어떤 기분이 들까?"

아이들은 차별을 직접 경험한 사람의 생생한 이야기를 통해 차별이 미치는 악영향을 가슴깊이 이해하게 되었다. 두 시간에 걸친 인터뷰가 끝난 후, 아이들은 그녀에게 마음속에서 우러나온 감사의 인사를 건넸다.

그렇게 아이들은 함께 모험을 시작했다. 그리고 그 모험은 상상할 수 없을 만큼 큰 결과를 낳았다. 먼저 아이들은 각자 해야 할 일을 나누었다. 그렇지만 그들의 목표는 뚜렷했다. 바로 일본계 미국인의 강제수용소 이야기를 다른 사람들에게 널리 알리겠다는 것이었다. 아이들은 자세한 사실을 파악하기 위해 더 많은 피해자들을 인터뷰했고, 인터뷰가 깊이 진행될수록 분노를 감추지 못했다.

이에 더해 아이들의 아버지들은 아이들이 사건을 '직접 체험'하게 해, 피해자들의 마음이 어땠을지 느껴보고 당시의 상황을 더욱 깊이 인지할 수 있도록 도와주기로 했다. 아이들을 당시 체리 이시마츠가 수용되었던 '만자나 전쟁 이주 센터'로 데려다주었다. 그곳에서 하룻밤을 보내는 동안, 아이들은 피해자들이 왜 이곳에서 외로움과 좌절감, 두려움의 느꼈다고 이야기했는지 가슴깊이 이해할 수 있었다. 단지 숙제 때문에 시작한 프로젝트였지만, 어느새 아이들의 마음속에는 피해자들이 당한 부당함을 전 세계에 알려야겠다는 생각이 자리 잡고 있었다.

나는 아이들이 학교대회, 지역대회, 카운티 대회에서 이 이야기를 널리 알리며 계속해서 우승을 이어나가는 것을 감탄의 눈으로 지켜보았다. 그리고 아이들이 캘리포니아주에서 1등을 차지했을 때는 환호성을 질렀으며, 메릴랜드 대학교에서 열린 전국대회에서 1등을 했을 때는 눈물을 흘리고 말았다.

이 과제를 통해 아이들은 역사 그 이상의 것들을 배웠다. 이들은 직접 몸으로 부딪히며 협동과 연민, 부당함과 인종차별주의에 대해 배웠다.

이처럼 편견을 없애는 가장 좋은 방법은 아이들이 '그들'에서 '우리'로 변화할 수 있도록 의미 있는 다양한 경험을 하는 것이다. 그리고 그 모든 일은 공감력에서부터 출발한다.

알파벳은 추천 연령과 활동 적합 연령을 가리킨다.

Ⓛ=Little Ones(어린아이), Ⓢ=School Age(만 6~12세 사이의 초등학생),

Ⓣ=Tweens and Olders(10대 초반과 그 위의 아이), Ⓐ=All Ages(모든 연령)

• 아이의 일과를 조절하라 Ⓐ

한 조사에 따르면 아이들 중 80퍼센트는 더 많은 자유 시간을 가졌으면 좋겠다고 이야기한다. 또한 아이들 중 41퍼센트는 해야 할 일이 너무 많기 때문에 큰 스트레스를 받는다고 응답했다. 아이의 스케줄을 체크해 보라. 한두 가지의 일정을 줄이면 친구들과 유대감을 쌓고 협동을 연습할 충분한 시간을 확보할 수 있지 않을까?

• 새로운 것을 알아내라 Ⓢ, Ⓣ

아이에게 매일 누군가에 대해 '새로운 한 가지'를 알아내도록 권해 보자. 새로운 무언가를 알아내기 위해서는 상대방의 말을 더 깊이 듣고, 질문을 던지고, 자기 자신보다는 상대방에게 더 집중해야 하는 법이다. 이때 'FACT 방법'은 아이들이 대화의 물꼬를 트는 데 유용한 네 가지를 기억하도록 해서 아이들이 새로운 친구를 사귀고, 인간관계를 강화하고, 공감력을 키우도록 도와줄 것이다.

▶ F= Favorites(가장 좋아하는 것): 음식, 스포츠, 팀, 영화, TV 프로그램, 책, 놀이장소

▶ A= Activities(여러 활동들): 즐거운 취미나 관심사

▶ C= Contacts(공통점): 좋아하는 교사, 코치, 친구, 팀원, 공통 친구

▶ T= Talents(재능): 특별한 기술, 관심사, 스포츠, 악기

일단 관계가 시작되면 아이들은 그 사람의 꿈, 걱정거리, 의견 등에 대해 더 깊은 질문들을 던질 수 있을 것이다.

• 성공보다는 팀워크를 칭찬하라 Ⓐ

아이의 성공보다는 일을 진행하면서 아이가 보인 팀워크 혹은 다른 사람을 격려한 행동을 칭찬하도록 하라.

"사만다에게 한 패스 정말 멋졌어."

"반 친구들의 의견을 잘 들어 주는 모습이 보기 좋구나."

또한 강렬한 경쟁욕구가 어떻게 아이들 사이를 갈라놓는지 설명해 주도록 하라.

"너희 팀이 이겼어. 하지만 네가 모든 공격을 독차지할 때 팀원들이 어떻게 느꼈을까?"

"너는 훌륭한 드러머야. 하지만 네가 자신이 '음악 천재'라고 말할 때 밴드의 반응 봤니?"

• 타인을 격려하는 일을 강조하라 Ⓐ

협동을 한다는 것은 한 팀에 속해 플레이를 하는 것과 같다. 그러므로 아이가 다른 사람들을 사기를 북돋워 주고, 협동심을 높일 수 있도록 "잘했어, 이대로만 하자!", "좋아, 계속 그렇게 해!", "우린 잘 해내고 있어!"와 같은 격려의 표현들을 가르치라.

• 정중하게 다른 의견을 내는 법을 연습시키라 Ⓐ

의견이 부딪히는 일은 어디에서나 발생하기 마련이다. 그러므로 이런 일이 생겼을 때, 아이가 정중하게 다른 의견을 제시할 수 있는 방법을 가르치도록 하라.

"네겐 다른 의견을 낼 권리가 있어. 만약 다른 의견이 있다면 침착하게 너의 생각을 이야기하도록 해. 가령, '~하기 때문에 동의하지 않습니다', '그렇군요. 저에게 다른 의견도 있습니다' 같은 표현을 사용할 수 있을 거야. 하지만 항상 정중함을 잃지 말아야 해. 그런 다음 모든 사람들의 의견을 잘 들으렴."

👤 협동심을 길러 주기 위해 알아야 할 5가지

1. 협동할 때 필요한 기술들(격려하기, 갈등 해결하기, 악수하기, 문제 해결하기 등)은 우리 몸의 근육과 비슷하다. 사용하지 않으면 사라져버리기 때문에 꾸준히 연습해야 한다.

2. 아이들이 다른 사람들과 유대를 맺고 협동할 기회가 더 많을수록 '나'가 아닌 '우리'를 생각할 가능성이 더 높아진다.

3. 아이를 다양한 상황에 노출시키고 다른 사람들에 대해 알 수 있는 기회를 제공하라. 아이는 공감력이 더 커진다.

4. 회의와 토론은 아이들이 사회적·정서적 기술을 연습하고 다른 사람들의 관점을 이해하도록 돕는 데 좋은 방법이다.

5. 대인관계에 필요한 여러 기술을 배울 수 있는 가장 좋은 방법은 관찰하고, 실천하고, 반복하는 것이다.

🖤 마지막 1가지

큰아들이 아홉 살이었을 때였다. 어느 날, 아이의 담임 선생님은 반 친구들 모두 양로원에서 노래를 부르는 자원봉사를 해 보자고 제안했다. 아이와 친구들은 몇 주일 동안 연습에 매진했다. 그런데 아들은 유독 자신 없어 했다. 할아버지, 할머니들과 함께한 경험이 많지 않기 때문이었다. 그렇지만 행사에 참여하고 집에 돌아온 아이는 두려움이 완전히 사라진 모습이었다. 오히려 아이는 자신의 '새로운 친구들'을 다시 만나고 싶어 안달이었다.

"할머니, 할아버지들도 우리들과 비슷했어요." 아들이 말했다. "음악을 좋아하고, 가족이 만나러 오지 않으면 외롭대요. 많은 아이들이 다시 놀러가고 싶어 해요. 엄마가 우리를 데려다줄 수 있어요?"

이 경험은 아들과 친구들이 나이 많은 새 친구들을 '그들'이 아닌 '우리'라는 관점에서 볼 수 있도록 해 줬다. 아이가 다양한 경험을 통해 다른 사람들에 대해 알 수 있는 기회를 가지면 아이의 공감력이 커진다. 또한 다른 사람들을 깊이 배려하고 세상에 긍정적인 변화를 일으키고 싶어 하는 아이로 자랄 수 있도록 하는 길이기도 하다.

제 3 장

공감력 실천하기

생각의 씨앗은 행동의 열매를 맺는다. 행동의 씨앗은 습관의 열매를 맺는다. 습관의 씨앗은 성격의 열매를 맺는다. 성격의 씨앗은 운명의 열매를 맺는다.

－찰스 리드

여덟 번째

도덕적 용기 고취시키기

"공감력이 뛰어난 아이는
기꺼이 위험을 무릅쓴다"

왕따와 같은 집단 따돌림은 이미 사회적 문제가 된 지 오래다. 미국의 50개 주는 이 문제를 해결하기 위해 수많은 정책을 만들었으며, 이러한 정책을 반영한 책자를 전 연령대의 교실에서 교육자료로 활용하고 있다. 그렇지만 우리는 정작 가장 효과적인 해결책을 간과하고 있는지도 모른다. 바로 '방관자들'의 공감력을 자극해 서로에게 관심을 기울이도록 하는 방법이다. 왕따를 목격한 아이들이 피해자의 편에 서면 괴롭힘은 눈에 띄게 줄어든다. 이것이 공감력의 다음 단계이다. 제1장에서 우리는 아이들이 공감력을 키우도록 도울 수 있는 방법을 배웠다. 제2장에서는 아이들이 공감력을 연습하도록 도울 수 있는 방법을 배웠다. 이제 제3장에서는 가장 중요한 부분을 배울 것이다. 바로 아이들이 평생 동안 공감력을 실천하며 살아가도록 도울 수 있는 방법이다.

언젠가 NBC 방송의 뉴스 프로그램 〈데이트라인Dateline〉 프로듀서가 방관자들을 주제로 한 에피소드를 촬영하려 하는데 내가 도와줄 수 있을지 부탁해 응한 적이 있다. NBC 뉴스의 저널리스트이자 앵커인 케이트 스노우가 방송 현장에 나가 있었고 나는 자녀교육 전문가로 참여했다. 그러고선 실험이 시작됐다. 일단 가해자, 추종자, 피해자 역을 연기할 아역배우들을 섭외했다. 그런 다음 프로듀서들은 '10대를 위한 리얼리티쇼'를 만들겠다고 광고하며 가짜 오디션 공고를 냈다. 그러자 전국 각지에서 수십 명의 10대 아이들이 유명해질 수 있는 절호의 기회를 잡기 위해 몰려들었다. 물론, 동행한 부모들에게는 '쇼'의 진짜 목적을 미리 밝혀두었다.

이 실험에는 6명의 아이가 필요했다. 오로지 6명의 아이들만 있는 대기실에서 3명의 아역 배우들은 가해자, 추종자, 피해자의 역할을 맡았고 나머지 3명의 아이들은 자신의 차례를 기다렸다. 신호가 떨어지자 몰래카메라가 돌아가기 시작했다. 아역 배우들은 자신이 맡은 역할을 충실히 연기했다. '가해자'는 '피해자'를 괴롭히고, '추종자'는 '가해자'를 지지하고, '피해자는' 점점 더 괴로워하는 역할이었다. 다른 방에서 영상을 보던 부모들은 자신의 아이가 피해자에게 도움을 베풀 것이라고 자신했지만, 그것은 대부분 그들만의 착각이었다. 촬영은 하루 종일 이어졌지만, 단 한 명의 아이도 피해자를 위로하거나, 가해자를 말리는 등의 행동은 보이지 않았다.

어느덧 오디션의 마지막 그룹의 차례가 되었다. 그때 한 아빠가 걱정하는 표정을 지으며 입을 열었다.

"저는 항상 루시에게 어려움에 처한 사람이 있다면 도와주라고 이야기해요. 루시가 그 말을 기억하고 있다면 좋겠군요."

부모가 평소 아이에게 도덕심이나 사회적 책임감을 요구하고 기대한다면, 아이는 그 기대에 부응할 가능성이 높다. 루시의 아빠는 실험에 참가한 아이들의 부모 중, 자신의 아이가 오디션보다 도덕적인 행동을 우선시할 것이라고 기대한 첫 번째 부모였다. 대부분의 부모는 자신의 아이가 오디션에서 뽑히는 것을 더욱 중요하게 생각할 것이라고 말했다.

이윽고 카메라가 돌아가고 3명의 아역 배우들은 연기를 시작했다. 하지만 이번에는 뭔가가 달랐다. 가해자가 피해자를 괴롭히려는 행동을 취하는 그 순간, 루시는 그러한 행동을 용납하지 않겠다는 태도를 분명히 했다. 또한 다른 아이들보다 훨씬 더 많이 피해자에게 관심을 기울였다.

괴롭힘이 점점 심해지자 루시는 피해자가 괜찮은지 확인했고, 팔짱을 낀 채 뒤로 물러나 방관하는 다른 아이들도 문제를 함께 해결하도록 하기 위해 노력했다. 그러나 다른 아이들이 꿈쩍도 하지 않자 루시는 가해자 앞을 가로막아 피해자를 감싸고, 괴로워하는 피해자를 따뜻하게 위로했다. 이 모든 것은 단 3분 안에 벌어진 일이었다. 루시는 피해자가 느끼는 고통을 함께 나누고 있었다. 실험이 진행되는 내내 루시는 차분하고, 용감했다.

루시의 행동을 보던 루시의 아빠는 몹시 흥분해 소리쳤다.

"루시가 고통 받는 친구를 위해 발 벗고 나섰어요!" 루시의 아빠가 소리 질렀다. "오, 저 애를 어떻게 사랑하지 않을 수 있겠어요!"

루시의 아빠뿐만이 아니었다. 제어실에 있던 프로듀서들은 환호성을 질렀고 카메라맨들은 눈물을 훔쳤다. 그리고 마침내 케이트 스노우가 괴롭힘이 모두 각본이었다고 설명하자 루시는 주저앉아서 안도의 눈물을 흘렸다.

"사실이 아니라니 정말 다행이에요!" 루시가 흐느꼈다. "저 아이가 정말 안됐다고 느꼈거든요. 그래서 저 아이가 힘들어하는 것을 보고만 있을 수 없었어요."

이 상황을 지켜보던 사람들은 모두 자신이 마법 같은 장면을 목격했다고 느꼈다. 한편으로 아무도 움직이지 않을 때 왜 루시만 문제상황을 해결하고자 애썼는지 궁금해했다.

"바로 공감력 덕분입니다." 내가 그들에게 말했다. "여러분은 공감력의 힘을 본 것입니다."

공감력은 루시가 어려운 상황에 처한 아이를 도와야겠다는 생각을 하게 만들었다. 하지만 루시가 행동으로 옮기도록 한 것은 바로 루시의 '도덕적 용기'였다. 그렇다면 도덕적 용기는 어떻게 생겨나는 것일까?)

도덕적 용기를 실천하는 법 배우기

도덕적 용기는 아이들이 자신의 공감력에 따라 다른 사람들을 돕도록 만드는 특별한 힘이다. 도덕성을 요구받는 일에 용기를 내는 것은 쉬운 일이 아니다. 때로는 위험이 따르고 다른 아이들에게 눈총을 받게 될지도 모른다. 하지만 도덕적 용기를 갖춘 아이들은 위험을 무릅쓰면서도 정의를 지키고자 한다. 이 아이들은 '나서서 행동하는 사람들(*Upstander, 아무것도 하지 않는 것이 많은 사람이 택하는 가장 쉬운 방법일 때, 나서서 행동하는 사람)'이다. 마음 깊숙한 곳에서 그것이 올바른 일이라고 생각하기 때문이다.

그렇다면 아이가 도덕적 용기를 갖추어야 하는 이유는 무엇일까? 도덕적 용기를 가진 아이는 그렇지 않은 아이보다 부정적인 상황을 마주했을 때 더 잘 이겨낼 수 있으며, 자신의 가치에 어긋나는 유혹을 거절할 용기를 가지고 있으며, 옳다고 믿는 일을 이루어내기 위해 더 열심히 노력한다. 이 밖에도 아이의 회복탄력성, 자신감, 의지력을 높여줄 뿐만 아니라 학습능력, 창의력, 수업집중력을 높여주는 데도 큰 도움을 준다.

이 장에서는 지금보다 더 복잡하고 불확실한 세상에서 살아갈 아이들에게 가장 필요한 덕목이 된 도덕적 용기에 대해 알아볼 것이다. 탐욕과 이기심으로 점철되고 진실이 실종된 오늘날에서 아이들에게 도덕적 용기를 길러주는 것은 매우 중요한 일이다.

문제가 발생했을 때, 방관하는 아이가 많은 이유는 무엇일까?

집단 따돌림이나 폭력이 일어난 상황에서 방관자의 역할에 대한 새로운 논의가 일었다. 이 덕분에 집단 따돌림을 막기 위한 방안에도 커다란 변화가 생겨났다.

방관자들이 괴롭힘을 당하는 아이들을 위해 문제 상황에 개입하게 되면 집단 따돌림은 그 즉시 혹은 10초 안에 57퍼센트 이상 중단된다. 그러나 대부분의 경우 단 19퍼센트의 방관자만이 문제 상황에 개입한다.

그들은 왜 도우려 하지 않는 걸까? 이에 대한 답을 구하기 위해 아르메니아, 대만, 멕시코, 르완다, 캐나다, 독일, 이탈리아, 해외 미군기지 및 미국 전역을 포함하여 전 세계 아이들 500명 이상을 인터뷰했다. 집단 따돌림 문제는 전 세계를 막론하고 모든 아이들의 고민 거리였다. 괴롭힘이 벌어지는 상황에서 아이들이 그 상황을 해결하기 위해 나서지 않는 이유는 종교, 문화, 인구통계학과 관계없이 모두 비슷했다.

무력감 : "멈추게 할 수 있는 방법을 몰랐어요."

대부분의 아이들은 집단 따돌림이 발생할 때, 적극적으로 나서고 싶었으나 아무도 구체적인 방법을 알려 주지 않았다고 말한다. 이러한 무력감은 아이들의 용기를 억누른다. 아이들에게 이러한 상황에서 어떻게 대응해야 하는지 구체적인 방법을 가르쳐 주도록 하자.

해결책 : 뒤에서 나올 '공감력을 강화하는 방법' 부분에서는 아이들이 문제 상황에 안전하게 접근할 수 있는 방법을 알려 주는 7가지 기술을 제시한다. 이를 참고해 아이에게 상황에 따른 다양한 방법들을 알려 주고, 아이가 가장 사용하기 편하다고 느끼는 방법들을 아이에게 연습하도록 해 습관으로 자리

잡게 하라.

애매한 기대 : "도와야 하는지 확신이 들지 않았어요."

아이들은 상황을 더 심각하게 만들거나, 스스로를 혹은 다른 사람들을 곤경에 처하게 하는 것을 두려워한다. 하지만 다른 사람이 자신에게 어떤 기대를 하는지 명확하게 알고 있고, 괴롭힘이 어떠한 것인지를 이해한다면 아이들은 기꺼이 나설 것이다.

해결책 : 아이가 다니는 학교가 집단 따돌림에 대해 어떤 해결책을 내세우고 있는지 살펴보라. 그리고 아이에게 아래의 집단 따돌림에 대한 정의를 가르쳐 주도록 하자.

- 집단 따돌림은 잔인한 행동이다.
- 집단 따돌림은 절대 우연히 벌어지는 일이 아니다. 괴롭히는 아이는 의도적으로 다른 아이에게 언어적, 정서적, 신체적 고통을 야기한다.
- 집단 따돌림은 힘의 불균형이다. 피해자는 스스로를 지킬 수가 없으며, 다른 사람의 도움이 필요하다.

또래들의 시선 : "고자질쟁이가 돼서 친구들을 잃고 싶지 않아요."

아이들의 삶에서 친구라는 존재는 매우 중요하다. 그렇기 때문에 많은 아이들은 친구들 사이에서 좋지 않은 평판을 얻는 것을 두려워한다.

해결책 : 괴롭힘이 발생한다면 교사나 어른들에게 익명으로 신고할 수 있다는 것을 알려 주자. 뿐만 아니라 아이의 학교에 익명상담전화, 웹사이트 익명게시판, 신고상자 등이 있는지 아이와 함께 알아보라. 또한 아이와 친구들이 '친절을 베푸는 것은 멋진 행위'라고 생각할 수 있도록 하여, 아이들의

인식을 바꿔 주자.

책임의 모호함 : "다른 누군가가 도와줄 거야."

방관자들은 주변에 또 다른 누군가가 있는 경우, 자신이 아니더라도 누군가는 그 문제를 해결하기 위해 나설 것이라고 막연히 생각한다. 그렇기 때문에 결국 아무도 문제에 개입하지 않게 된다.

해결책: 여러 연구에서는 '방관자 효과(*주위에 사람들이 많을수록 어려움에 처한 사람을 돕지 않게 되는 현상을 뜻하는 심리학 용어. '구경꾼 효과'라고도 한다)'에 관한 사회심리학 수업을 들은 학생들은 이러한 방관자 효과의 영향을 덜 받는다는 사실을 밝혀냈다. 아이와 함께 방관자 효과에 대한 다큐멘터리를 시청하거나 '착한 사마리아인'에 대한 연구를 살펴보라. '스탠퍼드 감옥 실험(*24명의 학생들을 무작위로 죄수와 교도관으로 나눈 뒤, 감옥에서 생활하도록 하며 그들의 행동을 관찰한 실험)'으로 유명한 스탠퍼드 대학교의 교수 필립 짐바르도는 아이들에게 상황인식기술을 가르쳐 여러 가지의 압박 상황에 맞서도록 대비시키면 아이들이 집단 따돌림을 목격하는 상황에서 적극적으로 나설 가능성이 더 높아진다고 주장한다.

과잉 공감 : "너무 기분이 안 좋아서 도울 수가 없었어요."

집단 따돌림이 피해자의 정서에 심각한 피해를 입힌다는 사실은 분명하다. 하지만 목격자 또한 심각한 심리적 스트레스에 시달릴 수 있다. 앞서 나온 일화에서 루시는 피해자가 고통스러워하고 있다고 생각하자 눈물을 보일 정도로 힘들어했다. 루시의 반응은 공감력이 매우 높은 아이들이 전형적으로 보이는 반응이다. 피해자를 돕지 못하면 덩달아 죄책감("도왔어야 했는데"), 두려움("다음 대상은 내가 될 수도 있어"), 과잉 공감("내가 괴롭힘을 당하는 것 같았어") 등이 생길 수 있다. 그렇기 때문에 반드시 아이들은 자기조절 기술을 배워야 한다. 자기조절 기술을 배운 아이들은 공감력과 협동심이 강해지기 때문이다.

해결책 : 아이들이 두려움, 죄책감 등의 감정으로 피로나 스트레스를 받고 있다면 "그 사람을 돕는 게 반드시 그 순간이 아니어도 괜찮아. 너의 마음이 편할 때 도와도 된단다"라고 이야기해 주자.

어른들의 미온적인 지지 : "우리 엄마는 절 믿지 않아요."

많은 아이들은 집단 따돌림을 겪거나 목격해도 어른에게 말하지 않은 이유가 '어른이 자신을 믿어 주지 않아서'라고 말한다. 심지어 일부 아이들은 어른들이 이 문제의 심각성을 알지 못한다고 이야기한다. 또 다른 아이들은 어른에게 말했다가 상황이 더 악화되거나 급기야는 자신이 다음 대상이 될까 봐 걱정한다.

해결책 : 아이들이 위험한 상황에서 다른 사람을 도울 용기를 발휘하는 일은 아이들이 어른들의 도움을 받을 수 있다고 믿을 때만 가능하다. 그렇기 때문에 어른들은 집단 따돌림이 아이들에게 미치는 파괴적인 영향을 반드시 이해해야 한다. 아이가 당신을 신뢰할 수 있도록 아이의 말을 잘 들어 주고 아이를 믿어 줘라. 그리고 당신이 아이를 지지하고 있다는 사실을 거듭하여 상기시켜 주도록 하자.

아이가 도덕적 용기를 갖추기 위한 첫 걸음은 바로 우리 어른들이 아이들의 말을 잘 들어 주고, 그들을 믿어 주는 것이다. 우리가 관심을 기울이고 있다는 사실을 아이들이 알 수 있도록 말이다.

과학이 말하는 것: 도덕적 용기를 발휘하는 이유

"어떤 사람은 위험을 무릅쓰면서까지 다른 사람을 도우려고 하는데, 어떤 사람들은 왜 거들떠보지도 않는 걸까?"

나는 이 질문에 대해 오랫동안 고민해 왔다. 공감력의 부족이 어떤 식으로 인류의 어두운 면을 증가하게 만들었는지 알고자 르완다 집단학살을 연구했고 아우슈비츠 강제수용소와 다하우 강제수용소(*나치 독일의 강제 수용소로서 독일에 최초로 개설된 곳. 뒤이은 다른 강제 수용소들의 원형이 되었으며, 제2차 세계 대전 당시 30개국이 넘는 나라에서 20만 명의 죄수들이 이곳에 수감되었다. 약 3만 5천여 명의 죄수가 다하우 강제 수용소에서 목숨을 거둔 것으로 추정된다)를 방문했다. 케이프타운에 있는 블라인드 스트리트에 가보기도 했다. 이곳에 있는 백인들은 아파르트헤이트(*Apartheid, 남아프리카 공화국의 극단적인 인종차별정책)가 실시되는 동안 흑인들을 마치 유령처럼 취급했다.

이 같은 사례들을 보았을 때, 공감력과 도덕적 용기가 약해지면 아이들의 미래에 어떤 위험이 닥칠지 쉽게 예상할 수 있다.

우리는 왜 돕지 않을까?

심리학 교수인 존 달리와 빕 라탕은 이 질문에 대해 연구하기로 마음먹고 몇 가지 사회심리학 실험들을 진행했다. 이들은 지하도, 호텔 객실, 길모퉁이, 실험실 등의 장소에서 한 연기자가 긴급한 상황에 빠진 것처럼 연출했고, 실험이라는 것을 모르는 수십 명의 사람들이 그 문제를 돕고 나서기까지 얼마나 걸리는지를 측정했다.

한 실험에서는 실험 대상자들이 설문지를 작성하고 있을 때 갑자기 연기가 방 안으로 들어오는 상황을 연출했다. 다른 실험에서는 한 연기자가 치명적인 발작을 일으킨 시늉을 하면서 도와달라고 애원했으며, 또 다른 실험에서는 곤경에 빠진 여성 연기자가 다리를 다쳤다며 신음하는 소리를 듣게 했다. 이 중 과연 누가 도와줬을까?

방관자 효과

교수 존 달리와 빕 라탕은 공감력은 상황이 구체적일수록 효과가 있다는 사실을 깨달았다. 이를 심리학 용어로 '책임의 분산(Diffusion of responsibility)'이라고 부른다. 더 많은 목격자들이 문제 상황에 함께 있을수록 책임감을 느끼는 사람들은 더 줄어들고, 도와준다고 하더라도 행동으로 옮기는 데까지 걸리는 시간은 더 길어진다. 사람들이 문제 상황에 개입하지 않는 이유는, 내가 아니더라도 다른 누군가가 문제를 해결할 것이라고 생각하기 때문이다. 그렇지만 피해자가 자신의 친구인 경우에는 결과가 달라진다. 이 경우에는 실험 대상자 중 95퍼센트가 실험 시작 후 3분 안에 상황에 뛰어들었다. 심지어 그 피해자와 아주 잠깐 마주친 사이라고 해도, 그렇지 않을 때보다 반응이 더욱 빨랐다.

또한 방관자들은 어떤 일이 벌어지고 있는지를 잘못 해석하거나 다른 사람들이 현재 벌어지고 있는 일을 수용하고 있다고 부정확하게 추정하기도 한다. 이 같은 현상을 '다원적 무지(Pluralistic Ignorance)'라고 부른다. 혹은 상황의 심각성을 부정하거나, 피해자의 고통을 잘못 해석하거나, 자신이 반응을 해서 상황을 더 나쁘게 만들까 봐 두려워하기도 한다. 그렇지만 문제에 개입하지 않은 사람들도 진심으로 염려하고 초조해하고 가슴을 떨었다. 피해자의 고통에 대해 공감하면서도 돕지 않는 경우가 많았는데 '무엇을 해야 할지를 몰랐기' 때문이었다.

존 달리는 심리학자 대니얼 뱃슨과 또 다른 실험을 했다. 이 실험에서는 신학생들을 모집한 다음 교회에 가서 '착한 사마리아인' 우화에 대해 강연

할 것을 지시했다. 그런데 이들은 교회에 가던 중 한 남자가 땅바닥에 털썩 주저앉아 신음 소리를 내며 도움을 요청하고 있는 모습을 목격한다. 신학생들이 어떤 반응을 보였는지는 그들이 강연에 늦었는지의 여부에 따라 크게 달라졌다. 자신에게 시간이 많다고 생각한 학생들 중 3분의 2는 가던 길을 멈추고 남자를 도왔지만 자신이 늦었다고 생각한 학생들은 오직 10퍼센트만이 그렇게 했다. 이타주의에 대한 강연을 할 예정이었는데도 말이다!

아이들 또한 자신들이 돕지 않는 이유는 '지각을 하게 돼서', '곤경에 처하고 싶지 않아서'라고 말한다. 그러므로 누군가를 돕는 것은 약속에 늦는 것보다 항상 더 중요하다는 사실과, 만약 아이가 지각 때문에 질책을 받는다면 당신이 도와줄 것이라는 사실을 아이에게 분명하게 알려 주기 바란다.

방관자 효과는 아이들에게도 영향을 미친다

방관자 효과가 어른들에게만 적용되는 것은 아니다. 최신 과학 연구 결과는 방관자 효과가 매우 어린 아이들에게도 영향을 미친다는 사실을 증명했다. 독일 막스플랑크 연구소의 연구자들은 다섯 살짜리 아동들 60명을 모집하여 실험을 진행했다. 한 방에 3명의 아이들을 두었다. 그중 2명의 아이들은 무엇을 해야 할지 미리 지시를 받았다. 세 번째 아이가 바로 실험 대상자였다. 아이들은 앞으로 그림에 색을 칠할 예정이라고 생각했다. 그런 다음 한 여성 실험자가 '실수'로 테이블에 물을 엎지르고는 "닦을 게 필요한데!"라며 탄식했다. 가까이에 놓여 있는 종이수건을 흘끗 보면서 말이다. 그런데도 아무 아이도 돕지 않는 경우에는 이렇게 물었다.

"누가 저기에 있는 종이수건 좀 건네줄 수 있니?"

당신의 아이라면 어떻게 반응할 것 같은가? 단 실험자들이 아이의 수줍음은 조건에서 미리 배제했다는 사실을 유념하기 바란다. 연구 결과 다섯 살짜리 아이들은 다른 아이들이 옆에 있으면 다른 사람을 더 적게 돕는다는 사실이 밝혀졌다. '책임의 분산' 효과가 어린 아이들에게도 영향을 미치는 것이다.

왜 어떤 아이들은 용감한가?

『선악의 심리학The Psychology of Good and Evil』을 저술한 어빈 스토브는 수십 년 동안 남을 해치는 사람은 어떤 사람이며, 남을 돕는 사람은 어떤 사람인지에 대한 연구와 실험을 진행했다. 스토브의 실험은 다음과 같다. 한 젊은 여성이 교실에서 두 아이들과 함께 놀고 있다가 잠시 어디 갔다 오겠다고 말하고선 교실 밖으로 나간 후 문을 닫는다. 그런 다음 아이들에게 커다란 굉음과 함께 옆에 있는 놀이방에서 한 아이의 비명 소리가 들려 준다.

아이가 다섯 살인 경우 둘 중 최소한 한 명은 옆 놀이방으로 달려가서 도왔고, 초등학교 2학년 학생들의 경우에는 돕고자 한 아이의 비율이 무려 90퍼센트나 되었다. 하지만 이 연령대 이후에 아이들의 용기는 하향곡선을 그리기 시작했다. 4학년 학생들은 40퍼센트만이, 6학년 학생들은 단 30퍼센트만이 다른 아이의 비명 소리에 반응했다. 스토브는 이러한 '용기 하락 현상'을 방지하기 위해서는 아이에게 다른 사람을 도와야 한다는 사회적 책임감을 심어 주고 어릴 때부터 아이 내면에 자리한 영웅을 강하게 만들어 주어야 한다고 단호히 주장한다.

또한 아이들은 나이가 어릴수록 걱정거리를 더 많이 공유하곤 한다. 그리고 그러한 전략은 아이들이 침착함을 유지하고 다른 사람을 돕게 만든다. 10대 아이들은 두려움을 자기 안에 감추고 덜 개입하려 하는 경향이 있다. 그러므로 아이에게 힘든 상황에서는 걱정거리를 친구와 의논하라고 용기를 북

돌봐 주자.

과학이 말하는 것

아이들에게 도덕적 용기를 키워 줄 수 있다고 하더라도, 일부 요소들('책임의 분산' 같은)은 아이들의 '다른 사람을 돕고자 하는 마음'을 억제할지도 모른다. 하지만 방관자 효과를 발견한 심리학자인 존 달리는 밝은 희망을 이야기한다.

"적절한 방법을 알려 주고 위기상황에 긍정적으로 반응하도록 미리 가르친다면, 대부분의 사람들은 방관자라는 정체성을 쉽게 뛰어넘을 수 있습니다."

이러한 희망적인 관점은 아이들에게도 여지없이 적용된다.

아이에게 도덕적 용기를 길러 주려면 어떻게 해야 할까?

켈리 라이언스와 그녀의 다섯 살짜리 아들 로키는 친구네 집에 놀러갔다가 운전을 하며 집에 돌아오는 길이었다. 로키는 잠에 들어 있었다. 켈리가 앨라배마주의 구불구불한 2차선 시골길을 따라 운전하던 중 그들이 탄 픽업트럭이 도로에 움푹 팬 곳에 지나갔고 차가 홱 뒤집혀서 20피트 깊이의 협곡으로 굴러 떨어졌다. 로키는 기적적으로 아무 데도 다치지 않았지만 켈리는 심각하게 부상을 입고 자동차의 문에 널브러져 있었다.

트럭이 폭발할지도 몰라 두려웠던 켈리는 아들에게 어서 몸을 피하라고 말했다. 엄마의 말을 듣고 언덕을 올라가던 로키는 갑자기 언덕 중간쯤에서 멈춘 다음 엄마를 돕기 위해 재빨리 다시 내려왔다. 켈리는 이미 의식을 잃어가고 있었다. 하지만 아직 유치원생인 로키는 젖 먹던 힘을 다해 엄마를 찌ㄱ,러진 자동차에서 끌어낸 다음 엄마가 스스로 가파른 비탈 위로 천천히 조금씩 올라가도록 도왔다. 때때로 고통이 너무 극심해서 켈리는 다 포기하고 싶었지만 로키는 그것을 용납하지 않았고 엄마의 곁을 절대 떠나지 않았다.

엄마가 포기하지 않도록 격려하기 위해 로키는 엄마에게 자신이 가장 좋아하는 책인 『넌 할 수 있어, 꼬마 기관차The Little Engine That Could』에 나오는 작은 기관차가 가파른 산을 올라가는 장면을 떠올려 보라고 이야기했다. 그다음 로키는 책에 나오는 후렴구를 자기만의 버전으로 바꿔서 반복해 말했다.

"엄마는 할 수 있어요, 엄마는 할 수 있어요, 엄마는 할 수 있어요!"

그러고는 45도 기울기의 비탈길을 기어 올라오는 내내 끊임없이 엄마를 응원했다.

마침내 언덕 위로 올라오자 로키는 지나가던 운전자를 불러 세우고 자신들을 병원에 데려가 달라고 부탁했다. 의사는 켈리의 부상이 엄청나게 심각했다고 말하며 어린 아이의 '할 수 있다' 정신이 아이 엄마의 생명을 구했다고 칭찬했다. 로키의 용기 있는 행동은 전국 뉴스에 방송됐지만 정작 로키는 자신이 전혀 특별한 일을 한 게 없다고 말했다.

"누구라도 그렇게 했을 거예요. 저는 그걸 한 것뿐이에요."

아이가 내면의 영웅을 발견하도록 돕기

모든 아이가 이렇게 엄청나게 어려운 상황에 대단한 용기와 자신감을 가지고 대응하는 것은 아니다. 하지만 과학 연구는 로키가 행한 것과 같은 용기 있는 행동은 양육으로 충분히 길러질 수 있다고 주장한다. 다음은 아이의 도덕적 용기를 북돋을 수 있는 5가지 방법이다.

1. 사회적 책임감을 기대하라

앞에서 나왔던 루시의 아버지는 평소 루시에게 '나는 네가 다른 사람을 배려할 것이라고 기대해'라고 말했다. 로키의 아빠는 로키에게 '아빠가 옆에 없을 때 엄마를 잘 돌보렴'이라고 말했다. 아이들은 부모와 친구들이 자신이 도움이 필요한 사람들을 도우리라고 기대한다고 생각하면 더 기꺼이 다른 사람들을 돕는다.

2. 모범을 보이라

아이에게 당신이 믿는 신념을 옹호하는 모습을 보이라. 당신이 안전하기만 한 곳에서 걸어 나오는 모습을 보여 주면 어떨까? 가령 고소공포를 이겨내고 케이블카에 타는 것처럼 말이다. 부모가 위험을 무릅쓰고 다른 사람들을 돕는 모습을 보는 아이들은 부모와 같은 행동을 할 가능성이 더 높다.

3. 영웅을 소개하라

아이들에게는 용기를 고취시키는 영웅들이 필요하다. 그러므로 당신의 아이가 매력을 느낄 만한 영웅을 찾아보라. 간디나 테레사 수녀, 에이브러햄 링컨, 넬슨 만델라처럼 현실에서 찾을 수도 있고 마틸다, 허클베리 핀, 도로시 게일, 해리 포터처럼 소설 속에서 찾을 수도 있다.

4. 모든 것을 해결해 주려 하지 말라

항상 아이의 문제를 아이 대신 해결해 주면 아이는 다른 사람들의 돕는 손길에 점점 더 의존하게 된다. 만약 당신이 아이를 '과한 도움'을 주고 있다면 아이에게 주도권을 건넴으로써 아이가 자신감을 키우도록 하라.

자신의 의견을 말하거나, 친구에게 사과하거나, 고민을 털어 놓거나 하는 등의 일들을 아이가 직접 하게 하라. 아이들이 자신의 능력에 믿음을 가지고 그 능력을 스스로에게 증명할 기회를 가질 수 있을 때에만 도덕적 용기를 키울 수 있다.

5. 작은 용기에서부터 시작하라

모든 두려움은 대면하는 일에 용기가 필요하다. 그러므로 용기의 크기에 연연하지 말고 아이가 노력할 수 있도록 격려하라. 크리스타 호프먼은 세 살짜리 딸아이를 안고 가는 대신 용기를 북돋워 주는 방법으로 아이가 스스로 다리를 건너도록 했다.

"용기를 내, 클라라!" 크리스타가 말했다. "넌 할 수 있어."

클라라 역시 스스로에게 "용기를 내, 클라라!"라고 계속 반복적으로 말했고 결국 성공했다. 이처럼 아이들은 작은 일들을 직접 해 봄으로써 용기를 배워 나간다.

공감력 강화하기: 문제 상황에 현명하게 개입하기

아이들이 도덕적 용기를 발휘하여 다른 사람들을 옹호하는 것은 아이들 사이의 집단 따돌림을 막을 수 있는 가장 좋은 방법일지도 모른다. 그렇지만 우선 아이들은 문제 상황에 현명하게 개입하는 방법이나 도움을 청하는 방법부터 배워야 한다. 다음은 내가 오랫동안 수백 명의 아이들에게 가르친 몇 가지의 방법이다. 한 번에 한 가지 방법에 집중하도록 가르치기 바란다. 그렇게 하면 나중에 각각의 방법들은 습관으로 자리 잡을 것이고 나중에 아이는 이 모두를 이용하여 다른 사람들을 위해 나서서 행동할 수 있을 것이다.

1. 다른 친구에게 도움을 요청하라

다른 방관자에게 동맹을 제안하라. 다음과 같은 말을 해서 당신을 돕게 만들어라.

"저건 비열한 행동이야! 저 아이는 저렇게 행동해서는 안 돼."

혹은 도움을 요청하라.

"자, 어서 함께 도와 줘!"

2. 신뢰하는 어른에게 말하라

아이에게 '알리기(누군가가 다치지 않게 막는 것)'와 '고자질하기(누군가를 곤경에 빠뜨리는 것)' 사이의 차이를 가르쳐라.

"만약 누군가가 다칠 것 같으면 어른을 찾거나 119에 전화해서 도움을 청하렴."

3. 긍정적인 관점을 이용해 무효화시키라

나서서 행동하는 사람들은 긍정적인 관점을 이용하여 루머를 막거나 모멸적인 발언에 대응한다.

"나도 거기에 있었는데 그런 말은 들어 보지 못했어."

"나도 그 애와 잠깐 알고 지냈는데 내가 아는 얘기와 다른데?"

4. 자리를 피하라

구경꾼들의 수를 줄이면 괴롭히는 아이의 힘을 약화시킬 수 있다. 그러므로 다른 아이들이 그 자리에서 떠나도록 만들어라.

"안 올 거니?"

"너희 모두 여기서 뭐하고 있어?"

다른 아이들이 자리를 뜨게 만들 수 없다면 본인만이라도 자리에서 떠나라. 계속해서 그곳에 머문다면 학대 행위를 부추기는 것과 마찬가지다.

5. 주의를 다른 곳으로 돌리게 만들라

주의를 다른 곳으로 전환하는 것은 모여 있는 무리를 흩어지게 하고, 피해자가 도망칠 수 있도록 하며, 괴롭히는 아이가 다른 쪽으로 관심을 돌리게 만들 수 있다. 효과적으로 주의를 돌릴 만한 몇 가지 방법은 다음과 같다. 첫째는 질문을 던지는 것이다("너 그러다가 정학당할지도 모른다는 거 알고 있어?"). 둘째는 주의를 딴 데로 돌리는 것이다("발리볼 게임 한판 어때?"). 셋째는 거짓 핑계를 대는 것이다("선생님 오셔!"). 네 번째는 방해하는 것이다("어젯밤에 농구 경기 봤어?").

6. 아이의 행동이 가져올 결과를 이야기하라

앞에 나서는 아이가 하는 말을 듣고 방관자들은 하던 일을 잠깐 멈추고 결과에 대해 생각해볼 수 있다. 또한 아이들은 어떤 일이 잘못인 '이유'를 알면 그 일에 개입할 가능성이 더 높다.

"그 애가 다칠 수도 있어."

"다른 애들이 너에 대해 그렇게 말한다면 기분이 어떨 것 같니?"

아이가 결정적인 순간에 도덕적 용기를 발휘하도록 돕는 방법

내가 가장 보람을 느꼈던 경험 중 하나는 미 육군 군사시설에서 일하는 정신건강 상담사들을 훈련시킨 일이었다. 이들의 임무는 부모가 해외에 파병돼 있는 동안 군인 가족의 아이들이 생활을 잘 해 나갈 수 있도록 돕는 일이었다. 그곳에 있는 동안 몇몇의 지휘관들은 나에게 미 해군의 특수부대원들을 위한 최신 훈련 기법을 알려 줬다. 신경과학자들이 만든 이 기법은 특수부대원들이 공포에 반응하는 방식을 변화시켜서 그들이 대혼란의 와중에도 통제력을 잃지 않도록 하는 데 그 목표가 있었다.

나는 매우 단순한 이 4가지 방법을 아이들에게도 가르칠 수 있겠다고 생각했다. 이 4가지 전략들은 아이의 회복탄력성을 높여주고, 아이가 결정적인 순간에 도덕적 용기를 발휘하도록 도와주고, 공포가 짓누르는 순간에도 공감력을 잃지 않게 해 준다. 또한 아이들은 더 적극적으로 자신의 공감 욕구에 따라 행동하고 자신의 도움이 필요한 사건에 개입하거나 의견을 밝히게 된다.

첫 번째 기술 : 긍정적인 자기 대화

특수부대원들이 공포심을 억제하기 위해 가장 먼저 배우는 것은 "자기 자신에게 긍정적인 말을 하라"는 것이다. 아이가 침착함을 유지하고 도덕적 용기를 키우는 데 도움이 되는 어휘들을 익히도록 도와라. 다음과 같은 말을 할 수 있다.

"나는 침착한 상태예요. 통제력을 잃지 않았어요."

"난 괜찮아질 거예요."

"나는 용감해요."

혹은 앞에서 로키 라이언스가 엄마의 생명을 구하기 위해 사용했던 "난 할 있어!"와 같은 말도 좋다.

두 번째 기술 : 가상 시뮬레이션

어떤 일에 앞서 가상으로 시뮬레이션을 해 본다면 실제 상황이 벌어질 때 스트레스를 덜 받을 수 있다. 올림픽 금메달리스트인 수영 선수 마이클 펠프스는 경기 중에 일어날 수 있는 모든 상황을 머릿속으로 시뮬레이션한 덕분에 베이징 올림픽게임 때 물이 그의 고글 안에 들어왔을 때에도 공황 상태에 빠지지 않았다고 이야기했다. 그는 결승선에 도달하려면 정확히 몇 번의 손놀림이 필요한지 미리 반복적으로 상상해 왔고 결국 또 하나의 금메달을 따냈다.

"저는 매 순간 최악의 경기, 최악의 상황을 상상합니다." 펠프스가 말했다. "이 방법으로 만일에 생길지 모르는 일에 대비하는 거죠. 어떤 일이 일어나더라도 당황하지 않도록 계획을 갖추어야 합니다."

버스를 잘못 타는 일 같은 일에 대한 걱정을 줄이려면 아이에게 미리 유사시 계획을 세워 놓게 하라. 그런 다음 아이가 그 계획을 마음속으로 자주 되새겨보도록 도와라.

"나는 일어나서, 아침을 먹고, 버스정류장까지 걸어가서, 버스를 탈 거야. 버스 번호를 잊어버릴지도 모르니까 신발 안쪽에 써 놨어."

세 번째 기술 : 시간을 작은 단위로 쪼개기

스트레스가 높은 상황에서는 공황 상태에 쉽게 빠지기 때문에 차분하게 사고하기가 힘들다. 그래서 미 해군 특수부대원들은 매우 짧은 시간 단위마다의 목표를 세우라고 훈련받는다. 스트레스가 매우 심한 상황에서는 오직 다음 단계를 완수하는 일에만 신경 쓰는 것이다. 이렇게 하면 혼란이 잦아든다. 단, '매우' 가까운 미래에 일어날 긍정적인 어떤 일을 상상해야만 한다.

아이가 야구 경기를 끝까지 뛰지 못할까 봐 걱정한다고 가정해 보자. 아이는 일단 한 번을 끝낸다는 목표를 세운다. 그러고 나서 한 번 성공하면 두 번, 뒤이어 세 번을 끝내는 것에 대해서만 생각하게 한다. 만약 아이가 학교에 등교한 첫 날을 무사히 보내지 못할까봐 걱정한다면 일단 쉬는 시간을 잘 보내는 것을 상상하고, 점심시간을 상상하고, 집에 돌아오는 것을 상상하면 된다.

네 번째 기술 : 심호흡하기

스트레스를 줄이는 가장 빠른 방법은 심호흡을 하는 것이다. 심호흡은 두 뇌에 산소를 공급해, 즉각적인 이완 반응을 야기하기 때문이다. 그러므로 아이가 스트레스를 받는 것 같다면 심호흡을 하라고 가르치라. 방법은 다음과 같다. 2초 동안 숨을 들이마신 다음, 3초 동안 숨을 참고, 4초 동안 숨을 내쉰다. 그런 다음 다시 시작한다(이를 2-3-4 호흡법이라고 부른다). 더 어린 아이들을 위해서는 '드래곤 호흡법'이라고 부르라.

"숨을 깊이 들이마신 다음 걱정거리를 내뿜으렴. 멀리 날아가도록 말이야. 마치 용이 불을 내뿜는 것과 비슷하지."

연령별 접근법

도덕적 용기를 갖추는 것의 시작은 공감력일 때가 많다. '공감'은 두 소년으로 하여금 집단 따돌림을 당하는 반 친구에게 조용한 지지의 메시지를 보내게 만들었고 이들의 행동은 전 세계에 영향을 주었다.

캐나다 노바스코샤주에 있는 센트럴킹스 농업고등학교의 학기 첫 날이었다. 한 9학년 학생이 분홍색 폴로셔츠를 입은 채 학교로 걸어 들어왔다. 이 소년은 한 무리의 12학년 남학생들에게 무자비하게 괴롭힘을 당했다. 이들은 소년을 '동성애자'라고 부르면서 한 번만 더 분홍색 옷을 입고 오면 후회하게 만들어 주겠다고 윽박질렀다.

이 사건을 전해 들은 또 다른 12학년 학생인 트래비스 프라이스와 데이비드 셰퍼드는 이 사건에 대해 듣고서 격분했고 뭔가를 해야겠다고 생각했다. 이들은 모아 놓은 용돈을 털어서 할인 점포에서 여성용 분홍색 민소매 티셔츠(이들이 찾을 수 있는 분홍색 셔츠가 이것밖에 없었다)를 75벌 구입했다. 그런 다음 소셜미디어에 글을 올려, 반 친구들 모두 그다음 날 분홍색 티셔츠를 입어 이 소년을 지지하자고 제안했다. 괴롭힌 아이들과 정면으로 부딪치지 않고도 다른 아이들이 그들의 행동을 용납하지 않는다는 사실을 알릴 수 있는 계획이었다.

프라이스는 이 계획을 부모님에게 알렸다. 부모님은 계획을 지지했지만 먼저 학교 측에 알려야 한다고 주장했다. 이에 프라이스는 학교에 전화를 걸었고, 만약 이 사건 때문에 싸움이 벌어진다면 징계될 수 있다고 경고를 받았다. 그 순간, 프라이스는 '도덕적 딜레마'에 빠졌다.

"저는 괴롭힘을 당하는 게 어떤 기분인지 알고 있었어요. 학교에 가고 싶지 않은 기분이 어떤 것인지도 잘 알았죠. 저는 그 아이에게 자신이 혼자가 아니라는 사실을 보여 주고 싶었어요." 프라이스가 말했다. "우리에게는 선택권이 있었죠. 우리는 결과에 연연하지 않고 그 아이를 위해 앞으로 나서기로 선택했어요."

결국 공감력과 도덕적 용기가 승리를 거뒀다. 그리고 프라이스와 셰퍼드의 '분홍색 바다' 운동이 시작됐다.

이들은 같은 학교에 다니는 1,000여 명 중 몇 명이나 운동에 참여할지 알 수 없었다. 하지만 그다음 날, 괴롭힘을 당했던 열세 살짜리 아이가 학교 안으로 걸어 들어왔을 때, 수백 명의 학생들이 분홍색 옷을 입고 그를 기다리고 있었다. 머리부터 발끝까지 분홍색으로 치장한 학생들도 많았다. 그 누구도 입을 열어 설명하지 않아도 분홍색 물결은 그들이 괴롭힘 당한 아이를 지지하기 위해 뭉쳤다는 사실을 의미한다는 걸 모두가 알고 있었다. 그리고 그 괴롭힘은 모두 사라졌다.

이들의 '분홍색 바다' 운동은 그냥 사라지지 않았다. 이들의 사연은 뉴스에 소개되어 전국으로 퍼져 나갔으며, 시간이 더 흐른 후에는 다른 나라에까지 퍼져 나갔다. 그 후로 분홍색 셔츠는 집단 따돌림에 대한 반대를 의미하는 국제적인 상징이 됐고, 그 뒤로 매년 1년에 하루, 수십 나라에서 약 600만 명 이상의 사람들이 분홍색 옷을 입고 '분홍색 셔츠의 날'을 기념한다. 이 모든 일은 곤경에 처한 친구를 돕고자 했던 두 소년의 공감력과 도덕적 용기에서 시작됐다.

다음은 아이들이 도덕적 용기를 발휘하고 서로를 위해 나설 수 있도록 돕는 방법들이다.

> **알파벳은 추천 연령과 활동 적합 연령을 가리킨다.**
>
> ⓛ=Little Ones(어린아이), ⓢ=School Age(만 6~12세 사이의 초등학생),
>
> ⓣ=Tweens and Olders(10대 초반과 그 위의 아이), ⓐ=All Ages(모든 연령)

• 용기 띠를 만들라 ⓛ, ⓢ

앨버타주에 있는 세인트도미니크 초등학교는 매달 '용기'라는 주제에 대해 가르친다. 선생님들은 용기를 주제로 한 책(버나드 와버의 『용기Courage』, 윌리엄 스타이그의 『용감한 아이린Brave Irene』 등)을 읽어 주고 아이들은 스스로에게 용기를 주는 긍정적인 말을 한 문장씩 이야기하도록 한다.

"저는 새로운 일을 시도하는 걸 즐겨요."

"저는 올바른 일을 할 용기를 가지고 있어요."

또한 이 학교는 학생들에게 매일 하나씩 용기 있는 행동을 실천하라고 격려한다. 가령, 새로운 누군가에게 자기 자신을 소개하기, 새로 전학 온 친구에게 같이 놀자고 제안하기, 다른 사람을 도와주기 위해 나서기 같은 일들이다. 성공사례는 종이 띠에 적은 후 다른 종이 띠와 연결해서 '용기 띠'를 만든다. 용기 띠는 복도를 죽 걸려 있었고 많은 학생들은 자랑스럽게 자신의 행동을 공유했다. 당신의 아이들이 용기의 의미를 이해하고 자기 내면의 영웅을 발견하도록 돕기 바란다.

• 'HEART 전략'을 이용하라 Ⓐ

많은 아이들은 다른 사람들이 부당하게 취급받는 것을 보면서 괴로워한다. 이때 생기는 문제를 '과잉 공감(Empathy overarousal)'이라고 부른다. 만약 이런 상황에서 다른 사람을 돕지 않는다면 아이들은 죄책감에 시달릴 수도 있고, 고통을 덜 느끼기 위해 자신의 공감력을 억누를 수도 있다. 그러므로 아이들에게 이렇게 가르치라.

"너무 늦었다는 이유로 친구에게 네가 신경 쓰고 있다는 사실을 알려 주지 못할 이유는 없단다."

이 방법으로 그 현장에서, 혹은 나중에라도 아이가 안심을 하도록 도와라.

▶ H = Help(도와라): 응급처치를 하라. 다른 사람들에게 도움을 요청하라. 망가진 것을 치우라.

▶ E = Empathize(공감하라): "그 애가 나한테도 그렇게 했어. 엄청 무서웠어.", "네가 어떤 기분인지 알아."

▶ A = Assist(지원하라): "도움이 필요하니?", "선생님 찾아볼게.", "교무실에 데려다줄게."

▶ R = Reassure(안심시키라): "다른 아이들에게도 생기는 일이야.", "나는 여전히 네 친구야.", "선생님들이 도와주실 거야."

▶ T = Tell how you feel(자신이 어떤 기분인지 말하라): "네 잘못이 아니야.", "정말 유감이야.", "그게 사실이 아니라는 거 알아."

• '슈퍼맨 신화'를 버리라 Ⓐ

많은 아이들은 용감하게 행동하려면 겉모습이 슈퍼맨 같아야 한다고 지레 짐작한다. 힘을 이용하지 않고도 조용하지만 용감한 행동으로 세상을 변화시킨 사람들의 이야기를 들려주어서 그러한 신화를 떨쳐버리게 하라.

▶ 피 위 리즈: 최초의 메이저리그 '흑인' 야구 선수 재키 로빈슨은 등판한 첫 경기에서 자신의 피부 색깔 때문에 관중들에게 야유를 받았다. 이때, 재키 로빈슨의 백인 동료인 피 위 리즈가 로빈슨에게로 걸어가서 어깨에 팔을 두르자 야유를 보내던 관중들은 용기와 연민의 조용한 제스처에 일제히 조용해졌다.
"그는 한 마디도 하지 않았습니다." 나중에 로빈슨이 말했다. "다만 제게 소리를 지르고 있던 녀석들을 죽 훑어보며 조용히 응시했죠."
아이에게 피터 골른벅이 쓴『팀메이트Teammates』를 읽어 주자. 이 책은 야구 역사를 바꾼 감동적인 순간을 그리고 있다.

▶ 마하트마 간디: 비폭력 시민 불복종 운동의 지도자인 마하트마 간디는 소년 시절에 극도로 수줍음을 많이 탔고 다른 사람과 대화도 잘 못했다. 그래서 매일 학교수업이 끝나면 집으로 달려오곤 했다.

▶ 로자 파크스: 흑인 시민권 운동가인 그녀는 흑인 차별이 심하던 시절 버스에서 백인 승객에게 자리를 양보하기를 거부했다. 그녀는 '조용조용 말하고, 소심하고, 수줍음이 많았다'고 한다.

• S.O.S 안전 판단력을 가르치라 ⑤, ⓣ

필립 짐바르도는 자신의 저서 『루시퍼 이펙트The Lucifer Effect』에서 용감한 사람들은 누군가가 곤경에 처해 있거나 곧 그렇게 될 것이라는 신호를 잘 포착한다고 말한다. 그리고 이러한 습관들은 훈련을 통해 습득할 수 있다고 말한다. 이에 짐바르도는 '영웅들'이라는 이름의 교육과정을 제안한다. 아이들에게 상황인식능력을 가르치고 힘든 상황에서도 용기를 발휘할 수 있도록 돕는 커리큘럼이다. 다음은 안전 판단력을 키우기 위한 3가지 기술이다. 이 기술을 이용해서 아이들은 위험을 피할 수 있고 개입하는 것이 더 안전한지 다른 사람의 도움을 청하는 것이 더 현명한지 판단할 수 있다.

▶ S = Safety first(안전이 최우선이다)

만약 위험요소가 너무 크거나 누군가가 다칠 수 있는 상황이라면, 다른 사람에게 도움을 청하라! 미안함보다 안전함이 항상 더 낫다.

▶ O = Assess Options(선택권을 가늠해 보라)

스스로 이 상황을 다룰 수 있는 기술과 선택권이 있는지 여러 가지를 심사숙고한 다음 자기 자신과 그 상황에 가장 좋은 것을 선택하라.

▶ S = Use your Sense detector(자신의 직감을 믿어라)

마음 깊은 곳에서 옳다고 느껴지는 것과 본능이 자신에게 말해주는 것에 따르라. 보통 직감은 늘 맞다.

• 독서 모임을 시작하라 Ⓐ

워싱턴에 있는 한 중학교에서 있었던 일이다. 이 학교의 교장선생님은 우연히 학교에서 선배 여학생들이 후배 여학생들을 괴롭히는 것을 본 후, 어떻게 하면 좋을지 고민하다가 독서 모임을 만들기로 했다. 교장선생님과 선배 여학생들은 일주일에 한 번 만나서 레이철 시먼스가 쓴 『소녀들의 심리학Odd Girl Out』을 함께 읽고 다음과 같은 대화를 나눴다.

"집단 따돌림에 대해 어떻게 생각하니?"

"집단 따돌림을 경험해 본 적이 있니?"

"네가 괴롭힘을 당한다면 친구가 어떻게 해 주면 좋겠니?"

이러한 대화는 학생들의 생각을 바꿔 주었고 여학생들은 또래 친구들이 집단 따돌림에 반대하고 자신의 친구들이 자신을 방어해 주기를 바란다는 사실을 깨달았다. 아이의 친구들 그리고 그 부모들과 독서 모임을 시작해 보는 게 어떤가?

· 가정에서 용기 의식을 행하라 Ⓐ

학습 장애가 있는 세 아이를 둔 한 아빠는 아들들이 앞으로 살아가며 마주하게 될지 모르는 여러 어려운 상황들에 맞설 용기를 심어 주고 싶었다. 그래서 그는 빌 마틴 주니어가 쓴 『매듭을 묶으며Knots on a Counting Rope』를 아이들에게 읽어 줬다. 커다란 장애물들에 맞닥뜨리면서도 그 산들이 자신의 길을 가로막지 않도록 힘을 잃지 않는 한 시각장애를 가진 소년에 대한 이야기였다. 그런 다음 그는 아들 한 명 한 명에게 작은 밧줄을 하나씩 건넸다.

"힘든 때도 있을 거야. 하지만 용기가 너희들이 포기하지 않도록 도와줄 거야." 그는 말했다. "'어두컴컴한 산'을 넘을 때마다 밧줄에 매듭을 묶으렴. 용기의 매듭이야."

그는 아들들에게 '한 번에 한 걸음씩' 용기를 내는 방법을 가르쳐 줬고 인생의 고난과 역경을 이겨낼 수 있도록 도왔다. 아이들에게 곤경에 대처하는 힘을 부여하는 용기 의식을 가정에서 행해 보라.

👤 도덕적 용기를 길러 주기 위해 알아야 할 5가지

1. 아이들은 올바른 양육 스타일, 경험, 훈련을 통해 내면에 숨어 있는 영웅을 발견한다.

2. 모범 보이기, 격려하기, 기대하기, 인정하기는 아이의 도덕적 용기를 키워 주는 데 도움이 된다.

3. 다른 사람들을 위해 앞에 나서서 행동하는 아이들은 어떤 보상도 기대하지 않고 사심 없이 다른 사람들을 돕는다.

4. 유전자만이 아이의 도덕적 용기를 결정짓는 것은 아니다. 아이들은 다른 사람을 돕기 위해 나서서 목소리를 높이는 방법을 배워서 습득할 수 있다.

5. 도덕적 용기의 씨앗은 모든 발달 단계에서 잘 보살펴야 한다.

💬 마지막 1가지

용기를 주제로 한 영화 중 내가 가장 좋아하는 영화는 〈우리는 동물원을 샀다〉이다. 영화에 나오는 한 장면은 특히 강렬하다. 10대 아들이 아빠에게 자신이 한 여자아이에게 푹 빠져 있지만 만약 용기를 발휘해서 그 사실을 고백하지 않으면 관계가 끝나 버릴 것이라고 고백한다. 아빠는 대단히 귀중한 조언을 해 준다.

"있잖아. 때때로 20초의 미친 용기가 필요할 때가 있단다. 그냥 말 그대로 20초 동안 쑥스러움을 꾹 참고 용기를 내는 거야. 엄청난 일이 벌어질지도 몰라."

아이를 부드럽게 살짝 밀어 주면 아이는 자신의 안전지대에서 걸어 나와 자기 내면의 힘을 발견한다. 우리의 임무는 아이가 '20초의 용기'를 발견하도록 돕는 것이다. 그러면 아이들은 공감력과 도덕적 정체성이 자신에게 시키는 대로 문제에 개입하고 다른 사람을 도와 올바른 일을 할 것이다.

미래의 혁신가와 이타적 리더

"공감력이 뛰어난 아이는 변화를 만든다"

12월의 어느 추운 밤이었다. 열한 살인 트레버 페렐은 살아남기 위해 몸부림치는, 필라델피아의 노숙자들에 대한 TV 뉴스를 보고 있었다. 교외 지역의 침실 5개짜리 집에 사는 트레버는 길거리에서 잠을 자는 사람들이 있다는 사실을 도저히 믿을 수가 없었다. 그래서 트레버는 직접 그 현장을 볼 수 있도록 도심지역으로 자신을 태워다 달라고 부모님에게 부탁했다.

자넷 페렐과 프랭크 페렐 부부는 트레버를 보호한다는 이유로 아이의 말을 들어주지 않는다면 아이가 잘못된 가치관을 배울 것이라고 생각했다. 트레버는 자신이 아끼는 베개와 노란색 담요를 챙겼고 그들은 12마일을 달려서 필라델피아의 도심으로 향했다. 곧이어 보도에 한 노숙자가 쓰러져 있는 것을 발견한 트레버는 그가 하수구의 쇠창살 문 위에 누워 있는 것을 두 눈으로 보고도 차마 믿을 수 없었다. 트레버는 자동차에서 내려 뒤에 아빠를 세워둔 채로 땅바닥에 무릎을 꿇었다.

"아저씨, 여기 담요 받으세요."

트레버는 이렇게 말하면서 그 남자에게 자신의 베개와 담요를 건넸다.

믿기지 않는 표정으로 트레버를 쳐다본 그 남자는 이내 트레버가 이제껏 본 것 가운데 가장 커다란 미소를 지으면서 밝은 얼굴로 말했다.

"고맙구나."

트레버가 그 순간을 다시 떠올리며 이렇게 말했다.

"자동차에 타고 떠나면서 뒤를 돌아봤어요. 아저씨의 얼굴이 더 편안해 보였어요." 트레버는 미소를 지었다. "마음속에서 좋은 기분이 흘러나왔어요. 무언가를 성취한 듯한 느낌이었어요."

트레버는 '공감력의 도약(Empathetic Breakthrough)'을 경험한 것이었다. 이는 두 개의 마음이 연결되어 서로에게 공감할 때 일어나는 현상이다. 과학에서는 이것이 나와 상대방간의 격차를 줄이고, 공감력을 활성화하고, 연민과 용기에 따라 행동할 가능성을 높이는 핵심 요소라고 말한다. 그다음 날, 트레버는 부모님에게 다시 한번 현장으로 가 줄 것을 부탁했다. 이번에는 두 개의 담요를 더 가지고 갔고 훨씬 더 많은 사람들에게 식량과 위안이 필요하다는 사실을 깨달았다. 트레버는 그들 중 누구의 이름도 몰랐다. 그래서 더 친밀한 관계를 맺기 위해 자신이 만나는 사람들에게 별명을 지어 주기로 결심했다. 공감력이 발휘되는 순간이었다.

그리고 또 그다음 날 밤, 트레버와 아빠는 다시 한번 현장으로 돌아가서 엄마의 오래된 코트, 집에 있는 여분의 담요들, 집에서 만든 땅콩버터 샌드위치 수십 개를 필요한 사람들에게 나눠 줬다. 이날 이후 트레버는 말했다.

"겉모습으로만 사람들을 판단해서는 안 돼요. 언뜻 심술궂은 사람처럼 보일지 몰라도 가까이 다가가면 다들 착하고 친절한 사람인걸요."

다른 6학년 학생들은 숙제를 하거나 TV를 보는 동안, 트레버의 삶은 극적으로 바뀌고 있었다. 노숙자들에 대한 관점도 마찬가지였다. 그들은 남들과 다르게 살고 겉으로 달라 보일지 몰라도 트레버와 똑같이 감정과 욕구를 가지고 있었다.

그 이후로도 트레버는 짧게나마 계속 그곳을 방문했고 돌아올 때마다 더 많은 담요와 방한용 옷을 모은다는 내용의 전단지를 동네 곳곳에 붙이기 시작했다. 얼마간의 시간이 지나자 서서히 기부가 들어왔고, 트레버와 함께하겠다는 자원봉사자들이 찾아왔다. 트레버는 캠페인을 멈출 수가 없었다. 트레버는 스스로가 일으키는 변화를 목격하고 있었다.

"할 수 있을 때까지 이 캠페인을 계속 할 거예요." 트레버가 말했다. "정말 쉬운 일이에요. 누구라도 할 수 있어요."

트레버는 혁신가가 되어가고 있었다. '혁신가'란 사회 문제를 인식하고 해결책을 마련하는 일에 전념하는 사람을 말한다. 그리고 많은 혁신가들이 그러한 것처럼, 트레버 또한 다른 사람들에게 어려운 상황에 처한 이들을 적극적으로 도우라는 영감을 주기 시작했다.

2년 후, 열세 살이 된 트레버는 약 250명이 속한 단체를 이끌게 되었다. 로널드 레이건 대통령은 국정연설에서 미국 전역의 수백만 명의 국민들에게 트레버를 소개했고 그를 '우리의 마음속 영웅'이라고 표현했다.

트레버의 캠페인은 필라델피아의 노숙자들에게 총 3백만 번 이상의 식사를 제공했다. 이 모든 일은 한 열한 살짜리 소년이 우연히 한 TV 뉴스를 들으면서 시작됐다.

변화를 일으키는 방법 배우기

노숙자에게 베개를 건네고 그가 짓는 감사의 표정을 본 그때 트레버의 삶은 완전히 변화했다. 생전 처음 만난 두 다른 사람이 정서적으로 동화된 순간이었다. 일반적으로 공감력은 이 같은 순간들의 기저에 놓여 있고, 개인 간의 깊은 유대감에 의해 활성화된다. 이 경험들은 결코 미리 계획된 것이 아니라 대개 매우 찰나에 일어난다. 부드러운 자극이든 강한 충격이든 이 순간들은 아이가 세상을 전혀 새로운 관점으로 바라보게 만든다.

나는 이것을 '공감력의 도약'이라고 부른다. 공감력의 도약이 일어나면 어떤 사람(혹은 단체)에 대한 새로운 이해와 함께 마음이 열리고 '나 그리고 다른 사람'이었던 관계가 '우리'로 바뀐다. 새로운 깨달음은 아이들로 하여금 누군가가 아파하고 있고, 도움을 필요로 하고 있으며 혹은 부당하게 취급받고 있다는 사실을 인식하도록 돕는다. "올바르지 않다"라는 깨달음은 아이들의 공감력을 자극하여 상황을 바로잡고, 경계를 허물고, 문제와 싸우고, 잘못이 바로잡힐 때까지 망설이지 않게 만든다. 이 아이들이 혁신가가 되고 세상을 더 나은 곳으로 만드는 사람들이 된다. 변화를 일으키려는 마음은 오롯이 공감력으로부터 시작한다. 혁신가들은 문제를 보고서 뒤로 물러서는 것이 아니라 문제 상황에 적극적으로 개입해서 변화를 만들어 내는 사람들이다. 다음은 세상을 더 나은 곳으로 만들고 있는 이타적 아이들의 사례이다.

• 여섯 살인 딜런 시겔은 단짝 친구가 불치병 진단을 받자 친구를 도와야겠다는 생각으로 『초콜릿 바Chocolate Bar』라는 책을 썼다. 이 책은 100만 달러 이상의 판매 수익을 냈고, 이 돈으로 딜런의 친구는 새로운 치료를 받을 수 있게 됐다.

• 아홉 살인 레이첼 휠러는 아이티의 아이들이 가난한 환경 때문에 진흙 쿠키를 먹고 판지로 만든 집에 산다는 이야기를 듣고 변화를 일으켜야겠다고 마음먹었다. 레이첼이 말했다.

"그냥 앉아서 어떻게 하겠다고 생각만 하고 있어선 안 돼요. 직접 나가서 그렇게 해야만 해요."

레이첼은 빵을 판매하고, 집에서 만든 냄비받침을 팔고, 기부를 요청했다. 3년도 채 되지 않아 레이첼은 25만 달러가 넘는 기금을 마련했다. 아이티의 한 지역에 침실 두 개짜리 콘크리트 집을 27채나 지을 수 있는 돈이었다. 현재 그 지역에는 '레이첼의 마을'이라는 별명이 붙어 있다.

이타적인 아이들은 최고의 '공감력자'들이다. 이들은 다른 사람의 고통을 느끼거나 사회문제를 인식했을 때 의욕적으로 해결책을 찾는다. 칭찬이나 트로피, 보상, 대학입학원서 등을 위해서가 아니다. 가슴의 열정에 따라 움직이는 것이다. 이것이 바로 공감력의 힘이다!

우리가 올바른 경험과 효과적인 방법을 제공해 준다면 모든 아이는 혁신가가 될 수 있다. 이 마지막 장에서는 아이들을 이타주의적인 리더로 키워낼 수 있는 방법에 대해 이야기할 것이다. 우리는 아이들에게 변화를 일으키는 여러 기술들을 가르쳐 줄 수 있다. 크든 작든 상관없다. 아이들은 마음 속 깊은 곳에서 무엇이 올바른 일인지 이미 알고 있기 때문이다. 아이들은 인도적인 세상을 만들기 위한 가장 큰 희망이다. 그리고 모든 일은 공감력에서부터 시작한다.

아이가 혁신가가 되도록 돕는 것은 왜 어려울까?

모든 아이들이 선량한 성품을 지니고 태어나지만 특정한 문화와 양육방식은 아이들이 리더나 혁신가가 될 수 있는 잠재력을 북돋워 주기도 하고 저해하기도 한다. 다음은 아이의 공감력과 이타적 리더십 잠재력을 제한하는 3가지 장애물들이다.

명성에 좌우되는 '영웅들'

요즘 아이들은 위인보다 연예인, 유튜버 등 유명인사를 동경한다. '명성'을 가장 중요하게 여기는 까닭이다. 이러한 가치의 변화는 아이들의 공감력을 위태롭게 할 수 있다. 대부분의 유명인사들은 '자신의' 지위, '자신의' 명성, '자신의' 브랜드를 과시한다. '우리'가 아닌 '나'를 강조하는 이 현상은 아이들의 자기중심주의를 증가시키고 다른 사람들에 대한 배려를 감소시킨다.

'유명해지고 싶다'는 아이들의 트렌드는 2007년 UCLA의 한 연구에서 처음 주목을 받았다. 그 이전의 연구에서는 '유명해지고 싶은' 열망은 16가지 항목의 가치 목록에서 최하위 수준이었다. 이후 아이들의 나르시시즘은 지속적으로 증가했고 아이들의 공감력은 급락했다.

20년 전만 해도 아이들의 장래희망에는 교사, 소방관, 의사와 같이 다른 사람들을 돕는 직업이 상위를 차지하고 있었다. 그렇지만 요즘 10대 초반 아이들이 가장 선호하는 3가지 직업은 '스포츠 스타', '가수', '배우'이다. 이 같은 현상은 어떠한 가치가 중요한지에 대한 아이들의 세계관을 왜곡시킬 수 있다. 그리고 오늘날, '명성'은 '연민', '진실', '성품'을 분명히 제친 것으로 보인다. 실제로 60퍼센트의 대학생들은 유명인사가 자신의 신념과 태도, 가치관에 영향을 미쳤다고 인정한다.

'영웅적 상상 프로젝트(Heroic Imagination Project)'를 창설한 필립 짐바르도는 이 문제에 대해 이렇게 말한다.

"우리 문화가 가진 한 가지 문제는 영웅을 유명인사로 대체했다는 것입니다. 우리는 어떤 위대한 일도 하지 않은 사람들을 숭배하고 있습니다. 무엇이 중요한지 다시 돌아봐야 할 때입니다. 그 어느 때보다 진정한 영웅들이 필요한 때이기 때문입니다."

아이들이 혁신가가 되기 위해서는 보고 따라할 수 있는, 이타적이고 공감력이 뛰어난 리더들의 모범이 필요하다.

물질만능주의 세상

아이들은 유명해지기를 원하는 한편으로 연민, 관용, 관대함보다 재산, 외모, 소비가 더 중요하다고 여기는 자기중심적 사회에서 성장하고 있기도 하다. '내가' 어떻게 생겼는지, '내가' 걸치고 있는 브랜드, '내가' 가지고 있는 소유물들이 지나치게 강조된다. 이 물질만능주의적인 가치관은 아이들에게 분명하게 영향을 미치고 있다. 요즘 청소년 중 81퍼센트는 '부자가 되는 것'을 자기 세대의 가장 중요한 혹은 그다음으로 중요한 인생 목표로 꼽는다. 그리고 이는 공감력을 키우는 일에 또 다른 장애물로 작용한다.

물론, 아이들이 가난하기를 바란다는 말은 아니다. 그렇지만 과학 연구 결과 물질만능주의가 만연하지 않은 환경에서 성장하면 오히려 놀라운 이점을 얻을 수 있다고 한다. 여러 연구는 우리가 돈을 더 많이 소유할수록 다른 사람들의 감정에 덜 신경 쓰고 자신에게 더 몰입한다는 사실을 보여 주고 있다. 부는 다른 사람들에 대한 연민을 감소시킨다. 실제로, 경제적 지위가 낮은 사람들은 경제적 지위가 높은 사람들보다 더 다른 사람들을 많이 돕고 더 관대하다. 왜 그럴까? 대부분의 사람들은 취약한 환경에 처해 있을 때 다른 사람들에게 의지하며 문제를 해결한다. 그렇지만 돈이나 소유물을 더 많이 가지고 있을수록 다른 사람들을 덜 필요로 하고 자기 자신에게 의지하게 된다.

다른 사람들에게 관심을 기울이면 공감력 근육이 강화되고 사회적 유대는 더 끈끈해진다. 물질만능주의적인 세상에서, 아이들은 다른 사람들의 감정이나 욕구보다는 다른 사람들의 소유물, 패션, 외모에 집중할 때가 많다. 그렇기 때문에 감사, 관용, 연민과 같이 인격을 함양하는 내면의 자질들은 인생의 우선순위에서 하위 순위로 밀려나고 있다.

우리가 아이들에게 주는 많은 소유물들이 정말로 아이들을 더 행복하게 만드는 것일까? 과학계에서는 만장일치로 "결단코 아니다"라고 말한다. 행복하고 자신의 삶에 만족하는 아이들보다 불행한 아이들이 더 물질만능주의적이라는 사실이 밝혀진 것이다. 또한 소유에 대한 집착은 행복을 감소하게 할 뿐만 아니라 불안을 증가시키기도 한다. 아이에게 베푸는 즐거움을 알려주자. 만약, 당신의 아이가 뭔가를 사 달라고 간청하면, 지갑을 한쪽에 치워두고서 아이에게 다른 사람을 위해 선행을 해 보라고 격려하자. 처음에는 통하지 않을 수도 있지만 일관적으로 해 나가다 보면 아이는 '내가 무엇을 소유하고 있는지보다 내가 어떤 사람인지가 더 중요하다'는 메시지를 알아챌 것이다.

아이에게 '과도하게 개입하는' 양육 스타일

미국의 대학에 진학한 아이들을 전국적으로 조사한 결과, 자녀에게 과도하게 개입하는 부모 아래에서 자란 아이들의 문제적 성향이 높았다. 이 같은 부모들의 10대 아이들은 모범적인 학생기록부와 성적표를 자랑하지만, 너무 많은 대학생들이 나약한 내면의 힘으로 인해 고통을 겪고 있었다. 심지어 아이들의 정신 건강, 자신감, 공감력도 위협을 받고 있다.

- 과도하게 간섭하는 부모를 둔 학생들은 새로운 아이디어와 새로운 활동에 덜 개방되어 있다. 또한 '나름의 책임을 부여받고 부모에게 매일같이 감시당하지 않은 학생들'보다 더 불안이 심하고 더 의존적이다.
- 아이의 일에 과도하게 개입한다면 아이의 정상적인 발달에 문제를 일으킬 수 있다. 자립적인 성인이 되기 위해 필요한 중요한 기술들을 연습

하고 연마할 기회를 제한하기 때문이다.

- 과도하게 간섭하는 부모를 둔 학생들은 심리적 행복 수치가 낮고 불안 장애나 우울증 때문에 약물 치료를 받을 가능성이 더 높다.

아이를 위해 항상 문제를 해결해 주고, 숙제를 해 주고, 갈등 상황에서 구해 주면 아이는 변화를 일으키는 데 필수적인 기술들인 문제 대처 방법, 의사 결정 방법, 문제 해결 방법, 공감하기 같은 핵심 기술들을 배우기가 힘들다. 또한 이렇게 하면 아이에게 불안한 메시지가 전달된다.

"내가 도와줄게. 너 혼자서는 못 하니까."

아이를 세세한 점까지 지나치게 관리하면 아이는 자신감과 자존감은 낮아지고 다른 사람들을 돕기 위해 필요한 용기는 줄어든다. 공감력이 뛰어난 리더를 배출하는 일에 과잉보호를 하는 양육 스타일이 방해가 되는 이유가 바로 여기에 있다.

또한 아이를 과잉보호하면 아이가 스트레스와 역경에 스스로 대처하는 법을 연습할 수 있는 기회가 줄어든다. 다른 사람에게 공감을 하는 일, 즉 다른 사람의 고통과 괴로움을 느끼는 일은 쉽지 않다. 자신감과 대처 기술이 부족하면 아이들은 서로를 위로하는 대신 공감하는 마음을 억눌러 버릴 수 있다. 그렇기 때문에 우리는 뒤로 물러나서 아이가 세상에 자신의 이름을 알리기 위해 앞으로 나아가는 모습을 묵묵히 지켜봐 주어야 한다.

그렇다면 부모는 무엇을 해야 할까?

다행인 것은 물질만능주의적이고, 명성만을 추구하고, 아이의 일에 과도하게 신경쓰는 문화 속에서도 우리는 공감력이 뛰어난 리더들을 키워 낼 수 있다는 것이다. 하지만 그렇게 하기 위해서는 우선 아이들의 내면부터 채워 주어야 한다. 공감력이 뛰어난 아이는 '자신의 정체성이 자신의 외모나 소유물보다 더 중요하다'는 사실을 안다. 이러한 신념이 모여서 미래의 혁신가를 만든다. 혁신가의 씨앗이 될 아이의 부모는 아이에게 어린 시절부터 "'내'가 아닌 '우리'가 중요하다"는 메시지를 심어 주었을 가능성이 높다.

과학이 말하는 것: 아이를 혁신가로 키우는 방법

오랫동안 학계를 지배했던 관점은 아기들의 정신적 능력은 '작은 빈 서판 (*Little Blank Slates, 인간은 누구나 환경에 따라 얼마든지 달라질 수 있다는 이론)'에 불과하다는 것이었다. 그렇지만 유아에 대한 연구가 발달하기 시작하면서 생각했던 것 이상으로 훨씬 더 많은 일들이 아기들의 내면에서 일어나고 있다는 사실이 밝혀졌다. 유아인지과학센터에서는 예일 대학교의 교수 카렌 윈의 지도 아래 대단히 흥미로운 연구가 이루어졌다. 카렌 윈은 극히 짧은 시간 동안에만 집중할 수 있는 유아들에게 적합한 특별한 인형극을 만들었다. 연구 결과는 아기들의 능력에 대한 기존의 통념을 정반대로 뒤집는 것이었다. 아기들은 인정 많은 '친절한 사람들'을 눈에 띄게 더 좋아한다는 사실이었다.

첫 번째 인형극에서는 아기에게 주인공이 가파른 언덕을 올라가려고 두 번 애쓰다가 실패하는 모습을 보여 줬다. 세 번째 시도에서, 언덕을 오르는 주인공은 뒤에서 밀어주는 '조력자'에게 도움을 받거나 아래로 미는 '방해자'에게 방해를 받는다. 연극이 끝난 다음 조력자와 방해자를 나타내는 나무 블록 캐릭터가 든 쟁반을 아기에게 보여 주면, 생후 6~10개월인 아기들의 거의 대부분은 '조력자' 블록으로 손을 뻗는다. 결론은 명확하다. 아기들은 친절한 사람들을 좋아한다.

또 다른 연구에서는, 아기들에게 3개의 털북숭이 인형이 무대에 나와 인형극을 시작하는 모습을 보여 줬다. 털북숭이 인형 중 하나가 상자를 열려고 안간힘을 쓰자 '친절한' 인형이 구하러 와서 상자 여는 것을 도와줬다.

그런 다음 같은 장면이 반복됐다. 하지만 이번에는 다른 인형이 갑자기 나타나서 상자를 쾅 하고 닫아버렸다. 아기들은 친절한 인형과 심술궂은 인형 중 누구를 더 좋아할까? 결과를 알아내기 위해 연구자는 아기에게 '친절한' 인형과 '심술궂은' 인형을 내밀었다. 이번에도, 아기들 중 4분의 3 이상이 한 치도 망설이지 않았다. 아기들은 친절한 조력자 인형을 선택했고 나쁜 짓을 한 인형은 매우 싫어했다. 아기들의 선택은 인형이 다른 인형에게 어떻게 대하는지에 기초하고 있었다. 아직 기거나 말을 하거나 기저귀도 채 못 뗐지만, 아기들은 '착한 사마리아인'을 분명히 더 좋아했다.

이뿐만이 아니라 세 살이 된 아기들은 다른 사람들을 기분이 나아지게 만들려고 애쓰고 심지어 친절함을 발휘해 낯선 사람이 어려운 임무를 완수하는 것을 돕기도 한다. 연구자인 펠릭스 워네켄과 마이클 토마셀로는 기발한 실험을 설계했다. 한 어른이 도움이 필요한 것처럼 연기를 하게 한 후 생후 18개월인 아기가 어떻게 반응하는지를 관찰한 것이다. 가령, 어른이 빨랫줄에 수건을 널려고 애쓰다가 '뜻하지 않게' 빨래집게를 떨어뜨린다. 그런 다음 빨래집게에 손이 닿지 않는 척한다. 이런 상황에서 걸음마기 아기들은 실험자의 얼굴 표정과 몸짓에서 그가 도움이 필요한 것처럼 보이면 실험자를 도왔다. 심지어 생후 14개월밖에 안 된 아기도 기어와서 빨래집게를 집어줬다. 연구자들이 도와달라고 직접 말하지 않았음에도 말이다. 아이들은 실험자에게 도움이 필요하다는 사실을 알았고 도움을 주고 싶어 했다.

착한 사마리아인은 어디로 가버렸을까?

아기들은 아주 어린 나이에도 다른 사람을 위로하고, 돕고, 친절하게 행동한다. 그런 행동에 어떠한 보상이나 엄마와 아빠의 칭찬을 기대하지 않는다. 하지만 여섯 살이 되면 아이들의 배려 본성은 차차 사라지기 시작한다. 한 보고서에 따르면 현재 유치원생들 중 20퍼센트가 집단 따돌림 같은 비열한 행동에 참여하고 있다고 한다.

심지어 10대 아이들은 다른 사람을 돕는 일은 고려조차 하지 않고 있다. 하버드 대학교에서 수천 명의 10대들을 조사한 바에 따르면 10대 중 대다수는 "개인적 성공이 다른 사람들에 대한 염려보다 더 중요하다"고 답했다. 공감력이 뛰어나고 공정한 리더들을 키워 내고 싶다면 이러한 연구 결과들이 암울하게 느껴질 수밖에 없다.

그렇다면 그 몇 년 사이에 대체 무슨 일이 일어나기에 5명 중 1명의 아이는 '친절한 사람'이 되고자 하는 본능을 잃어버리기 시작하면 것일까? 과학 연구에 따르면, 아이들이 착한 사마리아인 본능을 가지고 있는 것은 사실이지만 아이들의 '도움 근육'을 지속적으로 운동시켜 주지 않으면 이는 곧 사라져 버린다고 한다. 우리는 아이들의 '타고난 선한 마음'을 당연하게 생각하고 있는지도 모른다. 그렇지만 이는 결코 당연한 것이 아니며, 이러한 생각은 다른 사람들을 배려하는 아이들을 키워 내는 데 걸림돌이 될 수 있다.

아이에게 혁신가의 사고방식을 길러 주려면 어떻게 해야 할까?

공감적 사고방식은 아이가 공감력에 시동을 걸고 다른 사람들을 돕기 위해 개입할지 그렇지 않을지 결정하는 중요한 요소이다. 『인간 본성의 더 밝은 면The Brighter Side of Human Nature』의 저자인 알피 콘은 이렇게 설명한다.

"자기 자신을 관대한 사람으로 생각하도록 북돋워 주는 일은 도움과 배려를 고취할 수 있는 가장 믿을 만한 방법인 것 같다."

심리학자인 캐롤 드웩, 카리나 슈먼, 자밀 재키는 공감력을 연마할 수 있다고 믿는 사람들은 공감력이 고정돼 있는 특성이고 향상시킬 수 없다고 생각하는 사람들보다 다른 사람의 감정을 이해하고 공유하는 일에 더 많은 노력을 기울인다는 사실을 발견했다.

우리는 '나와 비슷한' 사람들에게 공감하는 경향이 있다. 아이가 공감력에 대해 생각하는 방식을 변화시키라. 공감력은 향상될 수 있다고 믿게 하라. 그러면 아이는 '비슷하지 않은' 사람들에게도 공감할 것이다. 이 발견은 집단 따돌림, 인종갈등, 증오를 줄이는 데 도움이 될 뿐만 아니라 아이를 세상에 이름을 떨칠 이타적이고 공감력이 높은 리더로 만드는 데 도움이 된다.

1단계: 비유를 통해 공감력의 성장을 이해시키라
아이에게 이렇게 말하라.
"연습을 통해 공감력을 키울 수 있단다. 마치 운동을 하면 근육이 증가하는 것과 마찬가지야. 친절을 베푸는 법을 배우는 일은 첼로 연주하는 법, 야구 하는 법, 체스 두는 법 등을 배우는 일과 비슷해. 더 많이 연습할수록 다른 사람의 생각과 감정을 더 잘 이해할 수 있게 되지."

2단계: 노력을 강조하라
'결과'가 아닌 아이가 노력하는 '과정'을 강조하라. 또한 아이의 노력이 어떤 식으로 아이의 공감력을 향상시키는지 말해 주라.
"사람들의 감정을 읽는 능력이 좋아지고 있구나. 계속 노력하렴."
"심호흡을 연습하니까 통제력을 유지하는 데 도움이 되고 있구나."

3단계: 연습을 권하라

공감력 연구 분야의 권위자인 낸시 아이젠버그는 이렇게 말한다.

"자기 자신이 이타적이라고 생각하는 아이들은 미래에 다른 사람들을 더 많이 도울 가능성이 높습니다. 일반적으로 사람들은 자신이 가진 자아상과 일치하는 방식으로 행동하고 싶어 하기 때문이죠."

그러므로 아이들이 자기 자신을 이타적이라고 생각하도록 도와주라.

- 아이가 사용하지 않는 장난감들을 기부하게 하라.
- 아이에게 용돈의 일부분을 자선단체에 기부하라고 권장하라.
- 아이에게 '선물 없는 생일'을 제안하라.
- 다른 사람들을 도울 방법들을 찾아보라.
- 공감력은 연습할수록 강해진다는 사실을 아이에게 계속 상기시키라.

4단계: 아이의 도움이 주는 영향을 말하라

어빈 스타우브 박사는 다른 사람들을 도울 수 있는 기회를 제공받은 아이들이 스스로 다른 사람들을 더 잘 돕는 경향이 있다는 사실을 발견했다. 아이들의 도움이 가져올 영향을 짚어 주면 특히 더 그렇다. 그러므로 아이에게 자신의 봉사 경험에 대해 곰곰이 생각해 보라고 권하라.

"네가 도와줬을 때 그 사람이 어떻게 했니? 그 사람이 어떻게 느꼈을 거라고 생각하니? 넌 어떻게 느꼈니? 다른 사람을 돕는 일이 예전보다 더 쉬워졌니?"

그리고 아이에게 '너는 친절한 사람이고 너의 배려 노력이 큰 변화를 불러일으키고 있다는 것'을 자꾸 상기시켜 주라.

공감력 강화하기:
상대방에게 당신이 신경 쓰고 있다는 사실을 알리는 방법

샌디에이고의 한 유치원에 다니는 카일라는 아직 다섯 살도 되지 않았지만 혁신가가 될 자질을 이미 갖추고 있었다. 내가 한 파티에서 발가락을 쾅 부딪쳤을 때 맨 처음 달려온 사람은 바로 카일라였다. 네 살짜리 카일라는 상황을 판단하고 내 '부상'을 조심스럽게 들여다본 다음 내게 공감을 보였다. 호기심에 찬 얼굴은 염려하는 얼굴로 바뀌었고 카일라는 눈을 커다랗게 뜨고 나를 올려다보면서 말했다.

"발가락한테 미안해요. '아야' 한 데에 밴드 필요해요? 내가 도와요."

카일라는 말은 서툴렀지만 분명하게 공감의 메시지를 보내고 있었다. 카일라의 부모는 다른 사람을 배려하도록 카일라를 키우고 있었고 카일라가 매우 어린 나이임에도 다른 사람을 분명하게 돕고 있었다. 아이들은 나이에 관계 없이 다른 사람의 고통을 알아차릴 수 있다. 하지만 자신이 무엇을 해야 할지 모른다면 공감력이 차츰 낮아질 수 있다. 나이에 상관없이, 변화를 일으키는 사람들은 장애물을 발견하고 해결책을 발견한다. 이들의 부모는 이들을 다른 사람들을 돕도록 키운다.

아이에게 다음의 4가지 단계를 가르치라. 그러면 아이는 도움이 필요한 사람과 자신이 염려하고 있다는 사실을 보여 줄 것이다.

1단계: 감정을 읽으라

상대의 감정을 읽으라. 상대가 속상하거나, 슬프거나, 화가 나거나, 불만스러워 보이는가? 만약 그렇다면 도움이 필요할 지도 모른다. 확실치 않다면 그 사람에게 어떤 기분인지 물어봐서 명확하게 하라.

"슬퍼요?"

"속상해 보여요."

"괜찮아요?"

2단계: 분석하라

무엇이 문제인가? 어떤 것들이 그 사람을 힘들게 하고 있는가? 상황을 분석하라.

"상대방이 도움을 필요로 하거나 원하는 것처럼 보이는가?"

"이 사람을 돕는 일이 불편하진 않은가?"

3단계: 상대의 의견을 존중하라

만약 당신이 불편하지 않다면(그리고 상대가 도움을 원하는 것처럼 보인다면) 도움을 제안하라.

"뭘 해 줄까요?"

"도와줄까요?"

만약 상대가 혼자 있어야 하는 것처럼 보인다면 존중하라. 나중에 상대를 위로하거나 도울 수 있다. 그게 더 적절할지도 모른다.

4단계: 공감하라

상대에게 당신이 염려하고 있다는 사실을 알리라.

"유감이에요."

"기분이 나아지길 바라요."

아이가 혁신가가 되도록 돕는 방법

아만다 펄린은 초등학교 1학년이었을 때 우연히 담임선생님의 딸이 암으로 고통받고 있다는 사실을 알았다. 아만다는 선생님을 돕고 싶었지만 쿠키를 구워 선물하는 일 정도로는 충분하지 않다고 느꼈다. 그래서 아만다는 가족들에게 크리스마스 장식품을 만들어 판매해 기금을 모으자고 설득했다. 플로리다주 보카레이턴 지역에 살던 페를린의 가족들은 도움을 베푸는 일에 빠져들었다. 아만다의 엄마인 메릴린이 말했다.

"우리는 항상 교육과 가치를 중시했습니다. 하지만 여섯 살짜리 아만다가 다른 사람을 도우면서 어떻게 영향을 받는지 보고서 자녀양육방식을 바꿨죠. 우리는 다른 사람을 돕는 일이 아이들의 인생에서 항상 가장 우선순위가 되도록 하자고 결심했습니다."

아만다의 부모는 세 아이들과 함께 앉아서 베푸는 법을 배울 수 있는 방법들에 대해 논의했다. 세 아이 모두에게 자신에게 가장 중요한 일을 선택하도록 했고 메릴린과 돈 부부는 아이들을 지원했다. 이때를 계기로 세 아이 각자는 혁신가로 변신했다.

에릭은 열두 살 때 빈곤 아동들에게 무료로 신발을 나눠 주는 '스텝 업(Stepp'n)' 프로젝트를 시작했다. 이 프로젝트는 에릭이 바르미츠바(*유대교에서 13세가 된 소년의 성인식)에서 받은 돈을 기부하면서 시작됐다. 에릭은 이 돈으로 빈곤한 가정의 6형제를 위해 신발을 구입했다. 그 후로 에릭은 지역의 상점과 신발제조사들에서 기부를 받아 2만 켤레 이상의 새 신발을 빈곤 아동들에게 전달했다.

채드는 열다섯 살 때, 우연히 한 소녀가 치과 치료를 받아야 함에도 불구하고 그 소녀의 가족이 치료비를 댈 여력이 없어 치료를 포기한 사실을 알게 됐다. 그래서 채드는 500명의 치과의사에게 편지를 써서 도움을 구했다. 나중에 채드는 '닥터 어돕트(Doc-Adopt)'라는 프로젝트를 시작했다. 가난하거나 방치된 아이들과 그 지역의 의사를 연결해 무료로 의료 서비스를 받을 수 있게 하는 캠페인이었다. 현재 성형외과 의사인 채드는 지속적으로 자신의 시간과 의학전문기술을 기부해서 제3세계에 사는 아이들을 돕고 있다.

또한 아만다는 '해브 앤드 허그(To Have and to Hug)'라는 프로젝트를 시작했다. 아만다가 말했다.

"인형을 꽉 껴안으면 기분이 정말 좋아요. 다른 아이들도 인형을 안으면 얼마나 기분이 좋겠어요."

아만다는 열 살이었을 때 새 봉제인형을 쉼터, 위탁가정, 병원에 있는 아이들에게 나눠주기 시작했고 총 수백 개가 넘는 장난감들을 나눠 줬다.

수년간, 펄린 가족의 아이들은 많은 상을 받았고 심지어 오프라 윈프리 쇼에도 출연했다. 그리고 이들의 돕기 행진은 계속됐다. 현재 성인이 된 이 아이들은 지금도 계속해서 활동을 이어가고 있다. 채드가 말했다.

"사람들은 변화를 일으키는 일이 정말 쉽다는 사실을 잘 모릅니다."

대부분의 부모도 마찬가지다.

1. 당신의 아이가 가장 관심을 가지는 이슈를 찾으라

성공적인 혁신가는 자신에게 큰 의미가 있는 목표를 달성하기 위해 의지를 확고히 한다. 아이와 함께 지역의 다양한 단체에서 봉사활동을 한 다음 아이가 어떤 사안에 가장 관심을 보이는지 눈여겨보며 시작할 수도 있다. 아이는 혼자 일하는 것 혹은 다른 사람들과 함께 일하는 것 중에서 어떤 것을 더 좋아하는가? 실외에서 혹은 실내에서? 자신보다 더 어린 아이들과 함께 혹은 더 나이 많은 아이들과 함께? 이슈를 아이의 열정, 관심, 스타일과 맞추라.

2. 가능성에 대해 생각해 보라

일단 아이가 가장 관심을 가지는 무언가를 알아냈다면 아이가 변화를 일으키는 방법들을 생각해 낼 수 있도록 도와라. 현실적이고 아이가 가장 헌신하고 싶어 하는 아이디어들로 범위를 좁히라. 새 쉼터를 짓는 일 같은 거창한 일 대신 이웃들에게 코트를 기증하라고 이메일을 보내는 일 같은 작은 일부터 시작하는 것이 더 좋다고 말해 주라.

3. 계획하라

아이가 자신의 계획에 대해 충분한 시간을 가지고 충분히 고민할수록 성공할 확률은 더 커진다. 아이가 필요한 자원과 사람들의 목록을 작성하게 도와라. 만약 장난감을 기증하겠다는 계획을 세웠다면 아이에게 전단을 만들어서 게시판에 붙이라고 권하라. 아이에게 계획을 당신에게 미리 말해야 하고 어른 없이 낯선 곳에 가서는 안 된다고 강조하라.

4. 가까운 곳에서 시작하라

해외에도 큰 문제들이 있지만 당신의 지역 공동체에도 큰 문제들이 많다. 아이와 함께 지역의 푸드 뱅크, 아동병원, 무료급식소에서 자원봉사를 하는 것은 어떤가. 아니면 아이가 음식 기부받기 행사를 개최하도록 도운 후 기부받은 음식을 아이와 함께 나눠 주라.

5. 직접 얼굴을 마주하라

공감력은 다른 사람과 서로 얼굴을 맞댈 때 가장 잘 활성화된다. 마릴린 펄린은 아이가 도움을 받는 상대와 직접 접촉할 수 있는 프로젝트를 선별하라고 제안한다. 아동복지관에 장난감을 기증할 수도, 양로원에 책을 배달할 수도 있다.

6. 지속적으로 행하라

일회성 봉사 활동은 아이의 공감력을 키워 주는 데 충분하지 않다. 마릴린은 매주, 매달 혹은 매년 반복할 수 있는 프로젝트를 선택하는 것이 좋다고 말한다. 그렇게 하면 아이는 다른 사람들을 돕는 습관을 들일 수 있을 것이다.

연령별 접근법

열두 살인 크레이그 키엘버거는 아침식사를 하다가 우연히 충격적인 뉴스를 들은 후, 공감력이 도약하는 것을 경험하였다. '미성년 노동에 맞서 싸우던 12세 소년 살해당하다'라는 제목의 뉴스였다. 뉴스의 주인공인 이크발 마시가 네 살 때, 그의 어머니는 마시를 노예 상인에게 팔아 넘겼다. 마시는 6년 동안 하루에 14시간씩 쇠사슬에 묶인 채로 카펫을 짜야 했다. 틈틈이 기회를 노리던 마시는 마침내 탈출에 성공해 자유의 몸이 되었고, 그 후로 미성년 노동에 반대하는 운동을 펼쳐 이름을 알렸다. 그러던 어느 날, 마시는 자전거를 타고 집으로 돌아오는 길에 살해당하고 만다. 크레이그가 말했다.

"저는 오늘날에도 노예제도가 있으리라고는 생각도 하지 못했어요. 도대체 어떤 부모가 자식을 노예 상인에게 팔아넘길 수 있죠? 누가 아이를 쇠사슬로 묶고 카펫을 짜게 만드는 거죠?"

자신의 관점과 어긋나는 상황에 대한 충격이나 불신은 변화를 불러일으키는 출발점이 될 때가 많다. 크레이그는 왜 아무도 이러한 아이들을 도와주지 않는지 이해할 수가 없었다.

어느 날, 크레이그는 학급 친구들에게 연설을 해도 되는지 담임교사에게 물었다. 그러고는 크레이그는 이크발에 관한 기사와 아동노동 관련 통계를 정리한 자료를 친구들에게 나눠줬다. 그런 다음 자신을 도와 아동의 권리를 위해 싸울 자원봉사자를 모집했다. 11명의 친구들이 손을 들었고 그렇게 해서 '프리 더 칠드런(Free the Children)'이 탄생했다. 크레이그가 조직의 리더를 맡았고 크레이그의 집은 운동 본부가 됐다.

"10명 남짓이 함께 할 수 있는 작은 일들을 하기 시작했죠." 크레이그가 말했다. "극적인 일은 없었어요. 일단 정치지도자들과 대기업의 대표들에게 탄원서를 돌렸어요. 그런 다음 몇몇은 학교와 종교 단체, 지역 공동체 단체에서 연설을 했어요. 바로 그때부터 눈덩이가 커지기 시작했죠."

현재 '프리 더 칠드런'은 어린이들을 돕는 조직 중 전 세계에서 가장 큰 규모를 자랑하고 있다. 45개국에서 230만 명 이상의 아이들이 참여하고 있다. 이들은 5만 명의 빈곤아동들을 위해서 학교를 지었다. 주로 생일날 받은 용돈을 모아서 마련한 기금으로 현지로 자원봉사 여행을 떠나서 벽돌을 하나하나 쌓았다.

2006년에 크레이그는 어린이 버전의 노벨상이라고 불리는 '세계어린이상'을 수상했다. 또한 '프리 더 칠드런'은 노벨평화상 후보에 세 차례나 올랐다. 이는 모두 크레이그가 자기 또래인 아동 노예에 대한 기사를 읽고서 두 손 놓고 있을 수 없어서 시작된 일이었다.

혁신은 예기치 못한 경험이 아이의 마음을 뒤흔들 때 시작되는 경우가 많다. 평범한 날들에 그러한 놀라운 순간을 경험한 아이들이 있다. 이들의 감동적인 노력은 아이들이 혁신가가 되도록 도울 있는 방법에 대해 우리에게 가르쳐 준다.

알파벳은 추천 연령과 활동 적합 연령을 가리킨다.

Ⓛ=Little Ones(어린아이), Ⓢ=School Age(만 6~12세 사이의 초등학생),

Ⓣ=Tweens and Olders(10대 초반과 그 위의 아이), Ⓐ=All Ages(모든 연령)

• 하나부터 시작하라 ⓐ

내가 인터뷰한 모든 혁신가들은 상대와 직접 얼굴을 마주 대했을 때 그를 돕고자 하는 마음이 생겼다고 말했다. 오리곤 대학교의 교수 폴 슬로빅은 인간의 두뇌는 고통 받고 있는 다수보다는 한 사람의 힘든 사람에게 공감할 가능성이 더 높다는 사실을 발견했다. 슬로빅은 "우리는 도움이 필요한 사람의 수가 늘수록 그들에 대한 정서적 유대감이 줄어드는 경향이 있습니다. 자신이 하는 일이 변화를 일으키지 않을 것이라고 느끼기 때문입니다. 자기효능감과 관련이 있지요"라고 설명한다. 아이가 변화를 일으킬 수 있는 능력에 자신하지 못할수록, 아이의 공감력과 도덕적 용기가 활성화될 가능성은 더 줄어든다.

미시건주에 사는 초등학교 3학년 학생인 케이든은 학교 구내식당에 줄을 서 있던 중, 한 학생이 점심값을 낼 돈이 없다는 이유로 식사를 하지 못하는 장면을 보았다. 이런 일이 다시는 벌어지지 않았으면 좋겠다고 생각한 케이든은 빈 병을 모으기 시작했고 친구들에게도 기부를 요청했다. 점심을 제대로 먹지 못하는 아이들의 어려움을 해결하기 위해서였다. 케이든의 '선행 나누기' 운동에 대한 소식은 널리 퍼져 나갔고 아이들, 어른들, 사업체들의 넉넉한 기부 덕분에 2주 만에 약 2만 달러가 넘는 돈이 들어왔다. 케이든의 학교와 미시건주의 아이들에게는 충분한 돈이었다.

아이에게 한 사람을 도움으로써 변화를 일으킬 수 있다는 사실을 알려 주라. 한 아이에게 공부를 가르쳐주거나, 한 노인에게 책을 읽어 주거나, 혹은 새로 이사온 이웃에게 친절하게 자주 인사하는 것만으로 충분하다.

• 뉴스를 이용하라 ⓢ, ⓣ

아이가 세계의 문제에 대해 배우며 글로벌 의식을 높이고 문제는 어느 곳에나 있다는 사실을 알도록 도와라.

"아버지는 항상 아침식사 시간에 식탁에 신문을 펴 놓고 읽었습니다. 그 방법으로 우리를 아버지의 일상과 전 세계에서 일어나고 있는 일들 속으로 안내했습니다." 크레이그 키엘버거가 말했다. "보통 기사 하나를 토론 주제로 삼고 5~10분 정도 그 주제에 대해 이야기를 나눴습니다. 그런 다음 부모님은 해결책과 실행방안에 대해 생각해 보라고 권하면서 토론을 한 차원 더 끌어올렸습니다."

아이가 어떤 주제(집단 따돌림, 인종차별주의, 빈곤, 인신매매 등)에 관심을 보이면, 그 문제를 해결할 실행방안에 대해 아이가 생각해 보도록 도와라.

• 아이를 의견충돌에 대비시키라 Ⓢ, Ⓣ

혁신가는 자신의 관점을 옹호하는 법을 연습해야 한다. 다른 사람들이 만류할 때 흔들리지 않기 위해서 말이다.

비비안 하는 여덟 살 때 아동노동학대를 당하고 있는 두 네팔 소년의 사진을 봤다. "뭔가를 해야 해요"라고 비비안은 아빠에게 말했고, 그들은 레모네이드를 파는 가판대를 세웠다. 그러고선 매일 손님들에게 장사가 목적이 아니라 기부가 목적이므로 '원하는 대로' 돈을 내라고 말했다. 비비안은 6개월 동안 아동노동학대 반대 단체들을 위해 10만 달러 이상의 기금을 모았다. 쉽지만은 않았다. 비비안이 말했다.

"다른 사람들이 어떻게 생각할지에 대해 걱정하거나 다른 사람들이 낙담시키도록 내버려두어서는 안 돼요. 용기가 필요하죠."

아이가 자신의 의견에 반대하는 이들에게 대응할 수 있도록 도와라. 아이는 연습을 통해 자신의 관점을 강화하고 목소리를 찾는 능력을 강화할 수 있다. 그럼으로써 다른 사람들을 옹호할 수 있을 것이다.

• 혁신가들에 대한 이야기를 공유하라 Ⓐ

아이들은 다른 아이가 변화를 일으키는 모습을 보면 자신도 다른 사람을 도와주고 싶어 한다.

펜실베이니아주에 사는 초등학교 2학년 학생인 크리스천 벅스는 친구가 없는 아이들에게 공감하고서 운동장에 '친구 벤치'를 만들면 좋겠다고 생각했다. 외로운 아이가 벤치에 앉아서 다른 친구들에게 대화 상대가 필요하다는 신호를 보내면 다른 아이들이 그 아이에게 같이 놀자고 요청하는 것이다. 크리스천은 자신의 혁신적인 아이디어를 교장선생님에게 말했고 곧 운동장에 벤치 하나가 생겼다. 지역 신문은 벤치 사진을 실었고 이 이야기는 금세 입소문이 났다. 전 세계에서 수백 명의 학생들이 이 벤치를 설치해서 친구를 사귀게 도와줄 것을 학교에 요청했다.

• 자신에게도 소홀히 하지 말라 Ⓢ, Ⓣ

변화를 일으키는 일은 그리 쉽지 않다. 노숙자 문제, 아동노동학대, 사이버 괴롭힘 등과 같은 어려운 문제들에 있어서는 특히 그러하다. 아이가 다른 사람의 고통에 대해 지나치게 흥분하지 않도록 보호하라. 지나치게 흥분하다 보면 도움이 필요한 사람들을 오히려 덜 돕게 되고 그 결과 공감력 격차가 더 커질 수 있다. 아이가 다음과 같은 ABC 스트레스 조절방법을 이용해서 정서적 고통에 대처할 수 있도록 가르치라.

"자신부터 잘 돌봐야 해. 그래야 다른 사람들을 도울 수 있단다."

▶ A= Aware(알아차리라)
아이에게 자신의 감정에 관심을 기울이는 법을 가르치라.

"내 기분이 어떻지?"

"나한테 뭐가 필요하지?"

아이가 약간의 거리를 두거나 처음에는 더 강도가 낮은 프로젝트에 참여하는 법을 배우도록 도와야 할 수도 있다. 자기조절은 공감력에 있어 매우 중요하다. 아이들은 다른 사람의 상황에 대해 쉽게 지나치게 흥분하기 때문에 특히 그러하다.

▶ B= Breathe(호흡하라)

느린 심호흡에 집중하면 스트레스가 줄어든다. 5장에 나온 '마음 챙김 호흡' 부분을 참고하도록 하자.

▶ C= Calm(진정하라)

어떤 방법이 아이가 긴장을 푸는 데 도움이 되는지 알아보라. 가령, 운동하기, 친구들과 어울리기, 재밌는 영화 보기, 기도하기, 조립하기 등이 있을 수 있다. 스트레스를 완화시켜주는 건강한 방법을 찾아보라! 가족 전체가 연습하면 더욱 더 좋다.

• 경계를 확장하라 Ⓐ

아이의 안전지대를 확장하여 아이가 다양한 경험을 할 수 있도록 하라. 무료급식소, 양로원, 노숙자 쉼터 등 다양한 곳에서 많은 경험을 하게 하라. 이 만남들은 자신에게만 몰두하는 아이들에게 특히 영향을 많이 미칠 수 있다. 이들에게는 '나' 너머의 세상을 볼 수 있는 자극이 필요하다. 마음을 넓혀 주는 이러한 경험은 아이의 인생을 풍요롭게 할뿐만 아니라 아이의 공감력 또한 키워준다. 그 결과 아이는 공감력 높은 리더가 되어서 세상에 변화를 일으키고 싶어 할 것이다.

👤 아이를 혁신가로 길러 주기 위해 알아야 할 5가지

1. 아이의 '도움 근육'을 키워 주는 일은 반드시 지속적으로 진행해야 한다. 그러므로 다른 사람들을 돕는 일을 아이 유년기의 일상으로 만들어라.

2. 자기 자신이 이타적이라고 생각하는 아이는 다른 사람들을 도울 가능성이 더 높다. 아이들은 스스로 생각하는 자아상과 어울리는 방식으로 행동하기 때문이다. 아이가 자기 자신을 조력자로 여기게끔 도와라.

3. 다른 사람들을 돕고 위로할 기회가 주어진 아이들은 그렇지 않은 아이들보다 다른 사람들을 더 잘 도우며 공감력도 뛰어나다.

4. 공감력을 노력으로 키울 수 있다고 믿는 사람들은 공감력이 가장 필요한 때에, 있는 힘껏 노력하여 상대방에게 공감을 할 가능성이 더 높다. 아이가 공감력, 배려, 친절, 용기와 같은 성격 특성들은 연습을 통해 키울 수 있다고 믿게 도와라.

5. 아이들은 가까이 있는 사람들에게 공감하는 경향이 있다. 그러므로 아이가 다양한 사회적 배경과 다양한 경험을 가진 사람들과 교류할 수 있도록 도와라.

💛 마지막 1가지

미네소타주의 스틸워터에 사는 아홉 살짜리 소년 네이트 드레이퍼스는 추운 겨울 날 길을 걷다가 한 장면을 보고 커다란 감동을 느꼈다. 네이트는 말했다.

"한 남자가 있었어요. 그가 차에서 내리더니 재킷을 벗어서 길거리에 있는 노숙자에게 줬어요. 저는 그 사람의 행동에 깊이 감동을 받았고 저도 그런 행동을 하고 싶다고 생각했어요."

네이트는 가족의 도움을 받아 동네에 종이상자를 나눠준 후 79벌의 코트를 모아서 노숙자 쉼터에 거주하는 사람들에게 전달했다.

"정말로 마음이 따뜻해졌어요."

과학자들은 네이트가 느낀, 마음이 따뜻해지는 만족감을 '헬퍼스 하이(*Helper's high, 격렬한 운동 후에 맛보는 도취감을 뜻하는 영어 단어 'Runner's High'로부터 파생되었다)'라고 부른다. 일단 '기부의 기쁨'을 알게 되면 점점 더 많이 돕고 싶어진다. 심지어 생물학적인 근거도 있다. 다른 사람을 도울 때 신체에서 세로토닌(*Serotonin, 뇌의 시상하부 중추에 존재하는 신경전달물질로 행복의 감정을 느끼게 함)이 분비되어서 따뜻하고 기분이 좋아지는 느낌이 드는 것이다.

아이들이 '행복과 성공'을 누리도록 돕고자 하는 고민 속에서 우리는 정작 중요한 사실을 간과하고 있는지도 모른다. 아이들에게 다른 사람들을 도우라고 격려하면 아이들은 커다란 기쁨을 느끼고 세상에 마음을 연다. 이것만이 전부가 아니다. 다른 사람들을 위해 일하면 아이들은 자기 자신을 혁신가로 생각하게 된다. 긍정적인 변화를 일으키고 다른 사람들이 따라하게끔 영감을 주는 사람 말이다.

그리고 이 모두는 공감력으로부터 시작된다. 이러한 씨앗을 뿌리고 잘 키우면 아이들은 성공과 행복, 의미 있는 삶에 반드시 필요한 공감력을 갖출 수 있다.

공감의 힘 :
성공에 필수적인 공감력을 키워 주는
7가지 방법

이 책을 저술하는 과정에서 나는 전 세계를 돌아다니며 수백 명의 연구자들과 이야기를 나누고 500명이 넘는 아이들과 심층 인터뷰를 했다. 나는 공감력을 키울 수 있는 무수히 많은 방법들을 목격했지만 그중에서 가장 효과적인 방법은 항상 현실적이고, 의미 있고, 아이의 욕구와 일치하는 방법이었다. 다음은 전 세계의 어른들이 아이의 공감력을 키워주기 위해 사용하는 가장 창조적인 방법들이다.

1. 호의적인 환경을 만들어라

공감력은 '내'가 아닌 '우리'에 초점을 맞춘다. 공감력을 키우는 방법 중 단순하지만 쉽게 간과되는 방법은 더 호의적인 문화를 만드는 것이다. 호의적인 환경에서 지내는 것만으로도 다른 사람들에 대한 공감력이 높아지고 더 친절해진다. 바누아투는 '지구상에서 가장 호의적인 나라'라고 불리는 남태평양의 작은 섬 국가, 바누아투는 이러한 사실을 잘 보여 준다. 이곳에서는 어디를 가든 사람들이 웃으며 진심으로 안부를 물었으며 진짜로 상대에게 관심이 있는 것처럼 보였다. 호의는 전염성이 강해서 일단 이들의 인사를 받고 나면 자기도 모르는 새에 바로 답인사를 하고 미소를 짓게 된다. 바누아투의 국민들에게 그토록 호의적인 이유를 묻자 그들은 매우 단순한 대답을 내놓았다.

"모두가 그렇게 하니까요."

상대에게 호의를 가지면 그에게 관심을 더 기울이고, 그의 감정 신호를 관찰하고, 그의 감정과 욕구를 더 잘 받아들이게 된다. 그리고 단순히 지나치는 대신 미소를 지으며 그 사람의 존재를 인정하게 된다.

공감력은 사람들 사이의 유대감을 토대로 만들어진다. 지극히 개인주의적이고 24시간 인터넷에 연결돼 있는 오늘날, 우리는 더 호의적이고 배려하는 문화를 만들 수 있는 방법들을 찾아야 한다. 그리하여 아이들이 다른 사람의 눈으로 세상을 바라보고, 다른 사람의 귀로 듣고, 다른 사람의 마음으로 느끼도록 도와야 한다.

2. 장벽을 무너뜨려라

공감력 연구 분야의 권위자인 마틴 호프먼은 우리가 직접적으로 관계를 맺고 있는 사람들이나 '자신과 비슷한' 사람들에게 더 공감하고 신경을 쓸 가능성이 높다고 말한다. '자신과 비슷하지 않은' 사람들을 만날 수 있도록 아이의 친교 범위를 확장해 주면 공감력으로 향하는 길이 열린다. 나는 아프가니스탄의 수도 카불에서 사람들 사이의 장벽을 무너뜨리는 가장 창의적인 방법을 목격했다.

'스케이티스탄(Skateistan)'은 스케이트보드 타기를 이용해서 아프가니스탄의 아이들에게 교육 기회와 자율권 기회를 만들어 주기 위해 2007년에 시작된 운동이다. 참가자 대부분 일을 하는 아이, 글을 읽거나 쓸 줄 모르는 아이, 저소득층 아이, 장애를 가진 아이 등 이들은 수없이 많은 장벽에 직면해 있다. 스케이티스탄 참가자 중 40퍼센트는 여자아이들이다. 이 나라에서는 여자가 자전거를 타거나, 남자와 어울리거나, 교육을 받는 것이 금지되어 있다는 사실을 생각하면 40퍼센트는 매우 놀라운 숫자이다. 1,500명의 여자아이들이 일주일에 3번 스케이트보드 학교에 다니고 있고 오후에는 전쟁으로 폐허가 된 지역을 남자아이들과 나란히 누비며 스케이트보드를 탄다.

〈뉴욕타임스The New York Times〉, 〈롤링스톤Rolling Stone Magazine〉, 〈베니티 페어Vanity Fair〉 등 유명 잡지에 작품을 싣는 유명 사진작가 노아 애브람스는 카불에서 스케이드보드를 타는 아이들의 사진을 찍었다. 그는 자신이 본 놀라운 장면을 내게 설명해 줬다. 아프간의 여자아이들은 위풍당당한 기세로 스케이드보드를 탔다. 앞으로 넘어져도 바로 벌떡 일어났고 남자아이들보다 더 잘 타는 여자아이들도 많았다. 애브람스가 말했다.

"여자아이들이 남자아이들과 나란히 스케이트보드를 타면서 '동등하게(적어도 스케이드보드 위에서만은)' 여겨지는 모습은 정말 평생 잊을 수 없는 장면이었습니다. 남자아이들이 이 순간을 영원히 기억하기를 바랍니다. 그리고 어른이 되어서 현재와 다르게 여성을 대우하기 기대합니다."

우리는 아이를 어릴 때부터 다양한 경험에 노출시키고 아이의 친교 범위를 확장시켜줘야 한다. 공감력에는 한계가 있다. 우리는 자신과 비슷한 사람들에게 가장 관심을 기울인다. 그러면 공감력 격차가 계속 커질 수밖에 없다. 아이가 신경 쓰는 사람들의 범주를 넓힐 수 있는 기회를 찾아보기 바란다.

3. 아이가 자신의 목소리를 내게 하라

요즘 아이들은 인터넷 및 SNS에 과잉 연결된 세상에서 자라고 있고 자신들도 대화보다는 문자로 소통하는 것이 더 좋다고 인정한다. 그렇지만 공감력은 얼굴을 맞대고 이야기를 할 때 커지기 때문에 우리는 대화의 기술이 사라지지 않도록 노력해야 한다. 티베트의 고대 세라 사원에서 매일 하는 전통 의식에서 실마리를 찾을 수 있다. 평일 매일 오후마다 수도승들은 1419년에 만들어진 안뜰에 모여서 불교철학을 이해하기 위해서 1시간 동안 토론을 벌인다. 서서 질문을 던지는 '도전자'와 앉아서 도전자의 질문에 대답을 하는 '방어자'가 토론을 벌인다. 그리고 수도승들은 토론 시간에 몸 전체를 이용한다. 주장을 밝힐 때마다 격렬하게 박수를 치고 과장되게 옆 사람과 손바닥을 마주 친다. 그러고선 다음 토론을 주의 깊게 듣기 위해 숨을 죽인다. 모두 동지애와 순수한 즐거움에서 우러나온 행동이다. 토론자들은 교리의 핵심을 암기한 것과 주제를 이해한 것에만 의존해야 하고 서로에게 쉬지 않고 연속으로 질문을 던져야 한다. 책이나 공책은 허용되지 않는다. 나는 세계 곳곳에서 온 기자들과 함께 이 토론을 지켜봤다. 비록 한 마디도 알아들을 수 없었지만 공감력을 키워주는 매우 중요한 방법을 보고 있다는 사실은 알 수 있었다. 바로 '목소리 연습'이다. 수도승들은 서로 얼굴을 마주 보고 자신의 견해를 말로 표현하고 다른 사람들의 생각과 감정을 듣는 연습을 매일의 규칙으로 삼고 있었다.

도덕적 용기와 도덕적 정체성이 없으면 공감력은 약해질 수밖에 없다. 아이들이 자신이 무엇을 지지하는지 알아야 하고 자신의 목소리를 이용해 다른 사람들을 옹호하는 연습을 해야 하는 이유이다. 이 수도승들은 자기주장을 확실히 하고 자신의 신념을 설명하는 연습을 매일같이 반복했다. '평화의 씨앗 캠프'에서 10대 아이들은 서로의 관점을 이해하기 위해 날마다 대화의 시간을 갖는다. 나무마다 걸린 "잠시 멈추고 들어보세요."라고 적힌 표지판은 아이들이 하던 일을 잠시 멈추고 이야기를 나누도록 권장한다.

KIPP 공립학교는 'SLANT' 기술을 가르친다. 이는 각각 바르게 앉기(Sit up), 듣기(Listen), 질문하기(Ask questions), 고개 끄덕이기(Nod), 말하는 사람을 눈으로 쫓기(Track the speaker with your eyes) 등을 나타낸다. 모든 교실의 벽에 이 기술을 붙여놓고 매일 연습한다.

가족 모임이나 저녁식사 시간을 이용해서 자신의 견해를 밝히고, 다른 사람의 의견을 듣고, 정중하게 반대 의견을 말하는 법을 배우는 것도 디지털 네이티브 세대에게 매우 중요한 경험이다. 미국 비영리 교육재단인 커먼센스 미디어가 발표한 보고서에 따르면, 요즘 14~19세의 10대들은 하루에 거의 9시간을 '오락 미디어(소셜미디어 확인하기, 게임하기, 온라인 동영상 보기 등)'을 이용하며 보낸다고 했다. 이 시간은 이들이 잠을 자는 시간보다 더 길다. 또한 11~13세의 10대 초반 아이들은 하루에 대략 6시간씩 '오락 미디어'를 이용한다. 더구나 유아는 전체의 3분의 1 정도가 스마트폰이나 태블릿PC 같은 디지털 기기를 이용하고 있다. 인터넷에 24시간 접속해 있는 세상이 되었지만 결코 대화의 기술을 잊어서는 안 된다. 대면을 통한 의사소통은 공감력을 키우는 데 매우 중요하다. 그러므로 인터넷에 접속하지 않는 시간을 정해놓으라. 이 시간에 아이가 현실에 있는 주변사람들에게 관심을 기울이고, 대면 의사소통과 자기표현을 연습하고, 다른 사람들의 관점과 감정에 대해 경청하게 하라.

4. 체스처럼 인터넷을 이용하지 않는 게임을 하라

공감력은 다른 사람의 생각과 감정을 이해하고 그 사람의 입장에 서 볼 수 있는 능력이다. 나는 아르메니아에 있는 한 학교에서 관점수용력에 대한 흥미로운 수업에 참관했다. 그곳에서는 초등학교 학생들이 체스 두는 법을 배우고 있었다. 아르메니아는 아이들의 성품과 리더십을 길러 주는 것을 목표로 모든 초등학교 1학년 학생들에게 의무적으로 체스 수업을 듣도록 한 최초의 나라이다. 이곳에서 나는 어린 학생들이 의무수업 교실에 들어가 체스 선생님에게 인사를 하고, 같은 나이의 상대와 얼굴을 마주보고 앉아 1시간 동안 일대일 체스 시합을 하는 모습을 지켜봤다. 학생들은 모두 일주일에 한 번씩 체스 시간을 가졌다. 여러 연구는 체스가 아이들의 인지능력, 대처능력, 문제해결능력을 향상시키고 사회적·정서적으로 발달하도록 하는 것과 깊은 관계가 있다고 밝히고 있다. 또한 체스는 창의력과 집중력을 향상시키고 국어 점수와 수학 점수를 높여 준다. 그렇지만 초등학교 1학년 학생인 나렉과 알만의 체스시합을 지켜보면서 나는 체스가 공감력을 키우는 강력한 방법이기도 하다는 사실을 깨달았다. 아이들은 서로 얼굴을 마주 보고 시합을 했고, 상대방의 다음 공격을 상상했고, 상대방의 정서적 신호에 관심을 기울였고("내 공격에 대해 자신만만해 하나? 아님 주저하고 있나?"), 그런 다음 '만약 ~다면'의 시나리오를 예측했다(만약 상대가 저 말을 움직인다면……). 나렉과 알만은 관점수용력에 필요한 여러 기술을 배우고 있었을 뿐만 아니라 재미있게 놀면서 관계를 쌓아 가고 있었다.

아이가 다른 사람의 관점을 예측하는 데 도움이 될 만한 방법들을 찾아 보라. 카드나 보드게임도 좋다("아빠가 다음 차례에 어떻게 공격할 것 같니?"). 영화 감상, 역할놀이, 변장 놀이 등 다른 사람의 입장에 서 볼 수 있게 도와주는 방법이면 무엇이든 좋다.

5. 부모들 간의 네트워크를 구축하라

공감력을 키우는 일에 관한 한, 부모보다 아이에게 크게 영향을 미치는 사람은 없다. 어떻게 하면 부모들이 공감력 키우기의 중요성을 알도록 도울 수 있을까?

사회적 기업가들의 가장 큰 네트워크인 '아소카'는 공감력의 중요성을 깨닫고, 5~17세의 아이를 둔 부모들을 대상으로 하는 단체인 '자녀교육 혁신(Parenting Changemakers)'이라는 단체를 만들었다. 비슷한 생각을 가진 부모들은 공동체를 형성한 다음 아이들이 공감력, 문제해결능력, 리더십, 협동 기술을 마스터하는 데 도움이 되는 방법들을 개발하였다. 또한 '아소카'는 전 세계의 명문 학교들로 이루어진 '혁신가 학교 네트워크'를 만들어 공감력과 혁신을 학생의 성과로 여기고 장려하는 교육의 학교 모범을 제시하였다.

최근, 크리시 가튼은 영유아부터 청소년까지의 자녀를 둔 부모들과 함께하는 5주간의 '자녀교육 혁신 담화' 행사에 참여했다. 그녀가 말했다.

"신선했어요. 자녀교육에 대해 지금까지와는 완전히 다른 대화를 나눴지요. 해야 할 일과 하지 말아야 할 일을 이분법적으로 나누어 이야기하지는 않았어요. 그 대신, 현재 아이들이 어떠한 세상에서 자라고 있는지, 그리고 아이들이 성공하기 위해서는 어떠한 기술들이 필요할지에 대화의 초점을 맞췄습니다."

빠른 속도로 변화하는 디지털 중심의 세상에서 아이들을 잘 키울 수 없는 법에 대해 이야기하다 보면 자신의 자녀교육 방식이 어떤지, 그 방식을 공감력 강화와 어떻게 조화시킬 것인지 고민하게 된다. 다음은 부모그룹 토론을 위한 몇 가지 주제들이다. 배우자와 이에 대해 이야기를 나눠도 좋다.

• 현재 존재하지 않는 직업들이 미래에 생겨날 상황에서 아이가 글로벌 경제 안에서 성공하는 데 어떤 기술들이 필요할까?
• 아이가 빠르게 변화하는 세상을 대비할 수 있도록 하기 위해 부모는 무엇을 해야 하는가?
• 아이가 또래친구들과 건강한 인간관계를 맺도록 도울 수 있는 방법은

무엇인가?

- 어떠한 방법을 통해 아이가 자신과 환경이 다른 사람들에 대한 관점을 넓히고 다양성을 존중하도록 도울 수 있는가?
- 오직 성공만을 중요하게 여기는 문화에서 어떻게 아이의 공감력을 키워줄 수 있을까?
- 어떻게 하면 아이가 인종차별과 불평등이 아직 세계 곳곳에 존재한다는 사실을 이해하도록 도울 수 있을까?
- 어떠한 유형의 의미 있는 봉사 프로젝트를 아이에게 제안할 수 있을까?
- 아이에게 뭔가를 가르칠 수 있는 순간에 아이에게 공감력을 키워 줄 수 있는 방법은 무엇일까?

공감력을 키우는 방법에 대해 논의하는 부모그룹을 만드는 것도 좋은 방법이지만 또 다른 창의적인 방법들도 있다.

어떤 부모들은 매달 독서모임을 하면서 좋은 자녀교육서들을 읽으면서 토론을 하고 책에서 얻은 정보를 자녀교육에 적용하는 방법에 대해 이야기를 나눈다. 공감력 놀이 모임을 만드는 것도 한 가지 방법이다. 매주 엄마들과 아빠들이 아이를 데리고 서로의 집에서 번갈아가면서 만나서 다양한 공감력 강화 기술을 가르치고 연습하는 것이다. 10대 아이를 둔 부모들은 봉사 프로젝트 그룹을 만들어서 방학 동안 '사랑의 집 짓기 운동'에서 함께 집을 지을 수도 있다.

부모노릇을 하는 것은 어렵고 외로운 일이다. 그렇지만 인간의 삶에서 가장 중요한 역할이기도 하다. 자녀를 공감력이 뛰어난 아이로 키우고 싶어 하는 다른 부모들과 교류할 수 있는 방법을 찾으면 크게 도움이 될 것이다. 창의력을 발휘하라. 그리고 비슷한 생각을 가진 부모들과 네트워크를 만들어서 서로를 지지하라.

6. 배려하는 관계를 구축하라

나는 한 아이가 다른 아이에게 깊이 공감하는, 인간적인 순간들을 많이 목격했다. 그러한 순간은 항상 감동적이지만 가장 기억에 남는 순간 중 하나는 시카고의 빈곤층 지역에 있는 한 중학교에서 목격한 장면이었다. 미국 남북전쟁에 대한 수업을 하던 중, 학생들은 선생님이 게티즈버그 전투에서 북군의 조지 미드 장군과 남군의 로버트 E. 리 장군을 연기하는 모습을 넋을 잃고 보고 있었다. 그러고선 선생님은 학생들에게 각 장군의 입장에 대해 생각해 보라고 했다. 몇 분 후면 수업이 끝날 터였지만 선생님은 학생들에게 마지막 과제를 냈다.

"스포트라이트 시간을 가집시다."

선생님이 이렇게 말하자 학생들은 재빨리 책상을 옮겨 커다란 원을 만들고 원의 한가운데에 의자 하나를 놓았다. 그리고 목록에 있는 한 학생의 이름이 불렸다. 칼라가 벌떡 일어나 걸어와 중앙에 있는 의자에 앉았다. 그리고 아이들은 1분 동안 자신의 배려하는 능력을 보여 줬다. 각 아이들은 진심어리고 진실한 말을 하면서 칼라가 좋은 사람인 타당한 이유를 이야기했다. 쑥스러움을 잘 타는 중학생 아이들에게 쉬운 일은 아니었다. 선생님은 학생들에게 역사를 가르치는 일뿐만 아니라 다른 사람을 배려하는 법을 가르치는 일에도 뛰어났다. 칼라는 친구들에게 고맙다고 말했다. 칼라의 차례가 끝나자 한 명 더 스포트라이트를 받을 차례가 왔다.

제레미의 이름이 불렸다. 이 아이를 보고 나는 갑자기 혈압이 치솟았다. 이 아이는 불안해하고 있었다. 두 주먹을 꽉 쥔 채 온 몸이 긴장돼 있었고 눈

밑에는 다크 서클이 짙었다. 제레미가 의자에 앉은 후 나는 다른 아이들이 제레미의 불안을 제발 알아차려 달라고 기도하기 시작했다. 아이들은 나를 실망시키지 않았다. 아이들은 제레미의 고통을 알아차렸을 뿐만 아니라 몇몇은 제레미의 자세를 그대로 따라 했다. 아이들은 제레미와 함께 불안을 느꼈고 제레미를 돕기 위해 적절한 말들을 했다. 진심을 담으면서도 더 부드럽고 상대를 매우 배려하는 말들이었다.

"우리는 네가 우리 반에 있어서 좋아."

"넌 항상 눈에 띄어."

"지난주에 책 주울 때 도와줘서 정말 고마워."

30초도 채 지나지 않아 제레미의 몸에 변화가 일어났다. 제레미는 주먹을 편 다음 허리를 좍 폈고 심지어 옅은 미소마저 보였다. 친구들이 이야기를 마치고 나자 결코 잊을 수 없는 감동적인 순간이 찾아왔다. 제레미는 일어선 후 선생님을 포옹하고서 나지막이 속삭였다.

"이 수업이 얼마나 제게 큰 의미인지 아셨으면 해요." 그런 다음 조용히 덧붙였다. "이 수업은 제게 가족보다 더 의미가 커요."

나는 눈물을 참을 수가 없었다. 내 옆에 있던 여자아이들은 내가 마음 아파하는 것을 눈치 채고서 나를 위로하기 시작했다. 한 여자아이가 내 손등을 쓰다듬었고 다른 여자아이는 화장지를 건넸다. 세 번째 여자아이는 상황을 설명해줬다.

"제레미는 힘들게 살고 있어요. 제레미네 집을 보시면 알 거예요." 그 아이가 말했다. "이 교실은 제레미가 안전하다고 느끼는 유일한 장소에요."

그때 다른 아이가 몸을 기울이더니 덧붙였다.

"괜찮아요. 우리 모두 제레미가 어떤 일을 겪고 있는지 알고 있어요. 그래서 우리는 제레미가 자신이 배려 받고 있다고 느꼈으면 해요. 우리도 제레미의 고통을 함께 느끼고 있기 때문이에요."

아이의 공감력은 아이가 안전하고, 받아들여지고, 이야기를 들어준다고 느끼는 곳에서 문을 연다. 또한 따뜻한 관계는 배려를 부화시키는 인큐베이터나 마찬가지다. 자녀와 따뜻하고 친밀한 관계인 부모를 둔 아이가 공감력이 뛰어난 이유이다. 긍정적인 분위기인 학급이나 학교에서는 집단 따돌림이 더 적고 학생들이 소외감을 느끼지 않는 이유이기도 하다. 우리는 가정, 학교, 이웃, 조직 등에서 상대를 배려하는 문화를 만들기 위해 더 열심히 노력해야 한다. 그렇게 할 수 있다.

사회심리학자인 수전 핀커는 『빌리지 이펙트The Village Effect』에서 "사회적 유대감은 평균 150명 정도가 모인 공동체에서 가장 강하다"고 주장한다. 옥스퍼드 대학교에 재직 중인 진화심리학자 로빈 던바 또한 150명이 인간의 두뇌가 감당할 수 있는 의미 있는 관계의 최대치라고 주장한다. 점점 '공동체'가 무너지고 이주, 기술화, 도시화가 증가하고 있기 때문에 우리는 아이들에게 따뜻한 공동체를 만들어 주고 공감력을 키우도록 도와줘야 한다. 그렇게 할 수 있는 방법들이 매우 많이 있다.

- 스포트라이트 시간, 학급회의, 협동능력 키우기 활동 같은 기회들을 제공해 아이들이 서로에 대해 알아갈 수 있게 도와주자.
- 아이에게 새로운 그룹이 생겼다면 서로 어색함을 누그러뜨릴 수 있는 활동을 만들어서 아이가 불안함을 덜 느끼도록 도와라. 혹은 자기소개 시간을 가져서 아이들이 서로에 대해 더 잘 알 수 있게 하라.
- '뒤섞기 점심시간'을 이용해서 패거리들을 갈라놓고 학생들이 새로운 친구들과 함께 점심을 먹게 하라. 혹은 협동적 학습 전략이나 그림 맞추기 수업을 이용하여 아이들이 다양한 친구들과 협동하게 하라.

• 가족 저녁식사 시간이나 함께 있는 시간을 서로에 대해 듣고 배우는 기회로 활용하라.

"때때로 어른들은 우리에게 다른 사람을 배려하도록 하기 위해서는 작은 것들이 매우 중요하다는 사실을 잊곤 해요. 모든 아이들은 안전하고 보살핌을 받고 있다고 느껴야 하고 자신이 어딘가에 소속돼 있다고 느껴야 해요." '평화의 씨앗' 캠프에서 만난 한 10대아이가 내게 말했다. "우리에게 서로를 알게 될 기회를 주세요. 우리에게 시간을 주세요. 그러면 실망시키지 않을 거예요."

7. 아이에 대한 기대를 포기하지 말라

공감력의 씨앗은 부모와 아이의 관계 안에 심어진다. 아기는 부모와의 관계를 통해 신뢰, 애착, 공감, 사랑을 처음으로 배운다. 유명한 정신과 의사이자 『사랑받기 위해 태어나다Born for Love』의 저자인 브루스 D. 페리는 이렇게 말한다.

"아기들은 생애 초기에 특정한 경험들을 하지 못하면 배려하는 법과 소통하는 법을 배우지 못합니다."

세계 어디에서든, 모든 부모는 아이가 가진 공감력의 뿌리이다. 또한 모든 부모는 한 가지 바람을 가지고 있다. 바로 행복하고 사랑이 넘치는 가정을 꾸리는 것이다. 그렇지만 부모와 아이의 관계가 너무 불편한 나머지 아예 끊겨버리는 경우도 있다. 때때로 부모는 아이에게 공감하면서 아이의 관점에서 상황을 바라보려 하지 않고 그 결과 아이의 걱정거리, 두려움, 상처를 이해하지 못하기도 한다.

한 엄마가 아들과 힘든 시기를 보냈던 경험에 대해 얘기해 줬다. 그녀와 그녀의 남편은 이혼을 했고, 그 당시 10대였던 아들은 부모의 이혼을 엄마 탓으로 돌리며 엄마와 대화하기를 거부했다. 그래서 그녀는 아들에게 매일 짧은 편지를 쓰기로 결심하고 밤마다 아들의 베개 위에 편지를 두었다. 시합에서 운이 좋기를 바라는 내용, 아들과 대화하고 싶다는 내용, 좋은 하루를 보내기 바란다는 내용 등이었다. 편지는 언제나 "항상 사랑한단다. 엄마가"라는 문장으로 끝났다.

그녀는 몇 주일 동안 편지를 계속해서 썼지만 아들은 편지에 대해 일언반구도 없었다. 그러던 어느 날 그녀는 직장에 늦게 생겼는데 차고의 리모컨을 찾을 수가 없었고 남은 곳은 아들의 침실뿐이었다. 그녀는 정신없이 아들의 방을 뒤지다가 침대 밑에 오래된 상자가 숨겨져 있는 것을 발견했다. 그녀는 상자를 열면 담배가 있을 것이라고 생각했다. 하지만 용기를 내 뚜껑을 열어 보고서는 기절할 뻔했다.

상자 안에는 그녀가 아들에게 썼던 편지가 하나도 빠짐없이 들어 있었다. 그녀가 그날 저녁에 시거 상자를 보여 주자 아들은 얼굴이 하얗게 질렸다. 그리고 나서 매우 이상한 일이 벌어졌다. 아들이 울기 시작한 것이다. 그 동안 아이는 자신 때문에 부모가 이혼을 했다고 생각하고 부모의 결혼문제에 대해 자기 자신을 책망했던 것이다.

"아들에게 그 편지들을 써서 정말 다행이었어요." 그녀가 말했다. "이제와 생각해 보면 아이가 보낸 신호들을 제가 모두 놓친 것 같아요. 아이는 제게 화가 난 게 아니라 그저 상처 입고 무섭고 부끄러웠던 거예요. 아들이 어떤 기분일지 상상해 보려고 노력했으면 좋았을 텐데요."

공감력은 양방향으로 영향을 미친다. 아이에게 성공을 위한 커다란 강점을 만들어 주는 한편 부모와 아이 사이의 유대를 강화해 준다. 아이와의 관계를 튼튼하게 유지할 수 있는 방법을 찾고 아이와 늘 연결돼 있으라. 그리고 앞에서 소개한 공감력의 9가지 핵심 습관을 이용하여 아이를 더 깊이 이해하고 더 효과적으로 양육하기 바란다.

공감력은 인간성의 뿌리이고 아이들이 친절하고 다른 사람을 배려하는 사람으로 성장하도록 돕는 기반이며, 공감력은 아이를 더 행복하고 더 성공하게 만든다. 현대 사회에 공감력은 그 어느 때보다 더 중요하다. 다행인 점은 다른 사람들의 감정과 욕구를 이해하는 능력인 공감력을 연습과 실천을 통해 키울 수 있다는 사실이다. 아이들이 공감력을 잃지 않도록 돕는 일은 우리 어른들의 어깨에 놓여 있다.

셀카에 빠진 아이, 왜 위험한가?

-공감력이 아이의 미래를 좌우한다

초판 발행 2018년 11월 20일
지은이 미셸 보바 | **옮긴이** 안진희
펴낸이 신형건 | **펴낸곳** (주)푸른책들 | **등록** 제321-2008-00155호
주소 서울특별시 서초구 양재천로7길 16 푸르니빌딩 (우)06754
전화 02-581-0334~5 | **팩스** 02-582-0648
이메일 prooni@prooni.com | **홈페이지** www.prooni.com
카페 cafe.naver.com/prbm | **블로그** blog.naver.com/proonibook
ISBN 978-89-6170-682-7 13590

UNSELFIE
Copyright © 2016 by Michele Borba
Korean Translation Copyright © 2018 by Prooni Books, INC.
Korean edition is published by arrangement with Joëlle Delbourgo Associates, INC. through Duran Kim Agency.
이 책은 듀란킴 에이전시를 통한 저작권자와의 독점계약으로 ㈜푸른책들에서 출간되었습니다.
저작권법에 의해 한국 내에서 보호를 받는 저작물이므로 무단전재와 복제를 금합니다.

＊잘못된 책은 구입한 곳에서 바꾸어 드립니다.

＊보물창고는 (주)푸른책들의 유아·어린이·청소년·자녀교육 도서 임프린트입니다.

이 도서의 국립중앙도서관 출판시도서목록(CIP)은 서지정보유통지원시스템 홈페이지(http://seoji.nl.go.kr)와
국가자료공동목록시스템(http://www.nl.go.kr/kolisnet)에서 이용하실 수 있습니다.
(CIP제어번호 : CIP2018032143)

어린이는 우리의 미래
초록우산 (주)푸른책들은 도서 판매 수익금의 일부를 초록우산 어린이재단에 기부하여
어린이들을 위한 사랑 나눔에 동참합니다.